教育部职业教育与成人教育司推荐教材
中等职业教育技能型紧缺人才教学用书

电子基本知识及技能

(建筑智能化专业)

本教材编审委员会组织编写

主编 张仁武
主审 郑建文 吴伯英

中国建筑工业出版社

图书在版编目（CIP）数据

电子基本知识及技能/张仁武主编．—北京：中国建筑工业出版社，2006
教育部职业教育与成人教育司推荐教材．中等职业教育技能型紧缺人才教学用书．（建筑智能化专业）
ISBN 7-112-08613-2

Ⅰ．电… Ⅱ．张… Ⅲ．电子技术-专业学校-教材 Ⅳ．TN

中国版本图书馆CIP数据核字（2006）第080612号

教育部职业教育与成人教育司推荐教材
中等职业教育技能型紧缺人才教学用书

电子基本知识及技能
（建筑智能化专业）

本教材编审委员会组织编写
主编　张仁武
主审　郑建文　吴伯英

*

中国建筑工业出版社出版（北京西郊百万庄）
新华书店总店科技发行所发行
霸州市顺浩图文科技发展有限公司制版
北京建筑工业印刷厂印刷

*

开本：787×1092毫米　1/16　印张：16　字数：380千字
2006年10月第一版　2006年10月第一次印刷
印数：1—2500册　定价：22.00元
ISBN 7-112-08613-2
(15277)

版权所有　翻印必究
如有印装质量问题，可寄本社退换
（邮政编码100037）

本社网址：http://www.cabp.com.cn
网上书店：http://www.china-building.com.cn

本书是根据教育部颁布的《中等职业院校技能型紧缺人才培养培训指导方案》，中职建筑智能化专业《电子基本知识及技能》课程教学基本要求编写。

全书共分 6 单元。单元 1～单元 5 介绍了常用电子元件、基本放大电路及模拟集成电路、直流稳压电源、脉冲数字电路基础、数字集成电路的基本理论知识及相关内容的强化技能训练；单元 6 结合智能建筑的特点，提供了建筑实用电子线路制作综合技能训练课题。本书理论知识与技能训练课题结合紧密，建筑行业特点突出，具有较强的适用性，体现了职业教育的教材特色。

本书可作为中专或技校、职高等建筑智能化专业的教材，也可供有关技术人员自学和参考。

* * *

责任编辑：齐庆梅　牛　松
责任设计：赵明霞
责任校对：邵鸣军　王金珠

本教材编审委员会名单

主　任：沈元勤

委　员：（按拼音排序）

池雪莲	范斯远	范同顺	韩　砥	何　静
黄　河	李　宣	刘昌明	刘　玲	罗忠科
邱海霞	沈瑞珠	孙爱东	孙景芝	孙志杰
王建玉	王林根	吴伯英	吴建宁	谢忠钧
于　沙	张仁武	张旭辉	郑发泰	郑建文

出 版 说 明

为深入贯彻落实《中共中央、国务院关于进一步加强人才工作的决定》精神，2004年10月，教育部、建设部联合印发了《关于实施职业院校建设行业技能型紧缺人才培养培训工程的通知》，确定在建筑（市政）施工、建筑装饰、建筑设备和建筑智能化四个专业领域实施中等职业学校技能型紧缺人才培养培训工程，全国有94所中等职业学校、702个主要合作企业被列为示范性培养培训基地，通过构建校企合作培养培训人才的机制，优化教学与实训过程，探索新的办学模式。这项培养培训工程的实施，充分体现了教育部、建设部大力推进职业教育改革和发展的办学理念，有利于职业学校从建设行业人才市场的实际需要出发，以素质为基础，以能力为本位，以就业为导向，加快培养建设行业一线迫切需要的技能型人才。

为配合技能型紧缺人才培养培训工程的实施，满足教学急需，中国建筑工业出版社在跟踪"中等职业教育建设行业技能型紧缺人才培养培训指导方案"（以下简称"方案"）的编审过程中，广泛征求有关专家对配套教材建设的意见，并与方案起草人以及建设部中等职业学校专业指导委员会共同组织编写了中等职业教育建筑（市政）施工、建筑装饰、建筑设备、建筑智能化四个专业的技能型紧缺人才教学用书。

在组织编写过程中我们始终坚持优质、适用的原则。首先强调编审人员的工程背景，在组织编审力量时不仅要求学校的编写人员要有工程经历，而且为每本教材选定的两位审稿专家中有一位来自企业，从而使得教材内容更为符合职业教育的要求。编写内容是按照"方案"要求，弱化理论阐述，重点介绍工程一线所需要的知识和技能，内容精炼，符合建筑行业标准及职业技能的要求。同时采用项目教学法的编写形式，强化实训内容，以提高学生的技能水平。

我们希望这四个专业的教学用书对有关院校实施技能型紧缺人才的培养具有一定的指导作用。同时，也希望各校在使用本套书的过程中，有何意见及建议及时反馈给我们，联系方式：中国建筑工业出版社教材中心（E-mail：jiaocai@cabp.com.cn）。

中国建筑工业出版社
2006年6月

前 言

随着我国建筑业的蓬勃发展，智能建筑的兴起，建筑智能系统安装、维护、维修等技能型人才日益紧缺。

在建筑智能系统电气技术领域中，人们习惯上将它分为强电（电力）和弱电（信息）两部分。强电的处理对象是能源（电力），其特点是电压高、电流大、功率大、频率低，主要考虑的问题是减少损耗、提高效率；弱电的处理对象主要是信息，即信息的传送与控制，其特点是电压低、电流小、功率小、频率高，主要考虑的问题是信息传送的效果问题，如信息传送的保真度、速度、广度和可靠性等。信息是智能建筑不可缺少的内容，因此以处理信息为主的建筑弱电系统是建筑智能系统的重要组成部分，而学习智能建筑弱电系统安装、维护、维修技术的重要基础知识之一就是电子技术。

本书针对智能建筑的特点，将电子技术基础知识与技能训练结合，力求内容精简、够用，技能适用，体现行业特色。

本书为国内第一本具有建筑行业特色的中职电子技术基础知识与技能训练教材，适合中等职业学校建筑智能化专业学生，以及从事建筑智能系统安装、维护、维修的技术工作、技术员等使用。

在本书撰写过程中，得到了建筑行业的设计师、建设监理工程师、施工员和技术人员的大力帮助，谨此致以衷心的感谢。同时，由于作者能力有限，书中难免有不足或不当之处，恳请读者提出宝贵意见，以便今后不断改进。

目 录

单元 1 常用电子元件 ··· 1
　课题 1　电阻器与电位器 ··· 1
　课题 2　电容器 ··· 5
　课题 3　电感器与变压器 ·· 10
　课题 4　继电器 ·· 11
　课题 5　晶体二极管 ·· 12
　课题 6　晶体三极管 ·· 22
　课题 7　场效应管 ··· 30
　课题 8　晶闸管（可控硅） ··· 36
　实训课题一　常用元器件识别与检测 ·· 40
　实训课题二　电烙铁与焊接 ·· 54
　思考题与习题 ·· 61
单元 2 基本放大电路及模拟集成电路 ·· 63
　课题 1　晶体管基本交流放大电路 ·· 63
　课题 2　多级放大电路 ··· 74
　课题 3　场效应管放大电路 ··· 90
　课题 4　直流放大电路 ··· 92
　课题 5　模拟集成电器 ··· 98
　实训课题一　印制板的制作 ·· 108
　实训课题二　音频功率放大器的制作 ·· 113
　思考题与习题 ·· 118
单元 3 直流稳压电源 ··· 120
　课题 1　整流电路 ··· 120
　课题 2　滤波器 ·· 125
　课题 3　稳压管稳压电路 ··· 129
　课题 4　集成直流稳压电源 ·· 131
　实训课题　直流稳压电源实验 ··· 136
　思考题与习题 ·· 144
单元 4 脉冲数字电路 ··· 145
　课题 1　数字电路基本知识 ·· 145
　课题 2　基本逻辑门电路 ··· 158
　课题 3　晶体管-晶体管逻辑（TTL）"与非"门电路 ······················ 163
　课题 4　集成 MOS 门电路 ·· 170

实训课题一　计数、译码和显示电路的制作……………………………………… 175
　　实训课题二　数字频率计实验……………………………………………………… 180
　　思考题与习题………………………………………………………………………… 184
单元 5　数字集成电器 ……………………………………………………………… 185
　　课题 1　集成触发器………………………………………………………………… 185
　　课题 2　时序逻辑电路……………………………………………………………… 197
　　课题 3　半导体存储器……………………………………………………………… 204
　　课题 4　555 定时器………………………………………………………………… 213
　　课题 5　D/A、A/D 转换器………………………………………………………… 218
　　实训课题一　555 时基电路及其应用……………………………………………… 226
　　实训课题二　数/模、模/数转换器实验…………………………………………… 231
　　思考题与习题………………………………………………………………………… 236
单元 6　建筑实用电子线路制作综合技能训练 …………………………………… 238
　　实训课题一　电子门镜制作………………………………………………………… 238
　　实训课题二　门控自动开关照明灯制作…………………………………………… 240
　　实训课题三　声、光控电路应用制作……………………………………………… 242
主要参考文献 ………………………………………………………………………… 246

单元1 常用电子元件

知 识 点：通过本单元的学习，了解常用电子元件在电子线路中的功能，掌握元件的选用原则及使用注意事项。

教学目标：通过本单元的技能训练，能正确识别常用电子元件的型号，熟悉电子元件检测、焊接方法和运用电子参考资料及参考手册的能力。

课题1 电阻器与电位器

1.1 电阻器分类

电阻器是电子产品中用得最多的元件，在电路中常用来进行电压、电流的控制和传送。电阻器分类见表1-1。

电阻器分类　　　　　　　　　　　　　　　　　　　表1-1

按材料分	按结构分	按用途分
碳质电阻 碳膜电阻 金属膜电阻 线绕电阻等	固定电阻 可变电阻	精密电阻 高频电阻 高压电阻 大功率电阻 热敏电阻

1.2 电阻器的参数

电阻器的参数主要包括标称阻值、额定功率、精度、最高工作温度、最高工作电压、噪声系数及高频特性等，在挑选电阻器的时候主要考虑其阻值、额定功率及精度。至于其他参数，如最高工作温度、高频特性等只在特定的电气条件下才予以考虑。

1.2.1 标称阻值

电阻器的标称阻值通常在电阻的表面标出。标称阻值包括阻值及阻值的最大偏差两部分，通常所说的电阻值即标称电阻中的阻值，这是一个近似值。它与实际的阻值是有一定偏差的。标称值按误差等级分类，国家规定有E24、E12、E6系列，见表1-2。

E24、E12、E6 系列规定　　　　　　　　　　　　　　表1-2

阻值系列	最大误差	偏差等级	标 称 值
E24	±5%	Ⅰ	1.0, 1.1, 1.2, 1.3, 1.5, 1.6, 1.8, 2.0, 2.4, 2.7, 3.0, 3.3, 3.6, 3.9, 4.3, 5.1, 5.6, 6.2, 6.8, 7.5, 8.2, 9.1
E12	±10%	Ⅱ	1.0, 1.2, 1.5, 1.8, 2.2, 2.7, 3.3, 3.9, 4.7, 5.6, 6.8, 8.2
E6	±20%	Ⅲ	1.0, 1.5, 2.2, 3.3, 4.7, 6.8

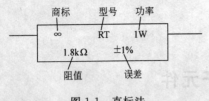

图 1-1 直标法

标称值表示方法：

标称值一般用直标法、文字符号、色标法和数码法来表示。

（1）直标法

直标法就是在电阻上直接标出电阻的数值。如图 1-1 所示。

（2）文字符号法

文字符号表示法是把文字、数字有规律地结合起来表示电阻的阻值和误差。文字符号规定见表 1-3、表 1-4。

单位文字符号　　　　　　　　　　　　　　　　　　　　　　表 1-3

文字符号	单　位	文字符号	单　位
R	欧姆（Ω）	G	吉欧姆（10^9Ω）
k	千欧姆（10^3Ω）	T	太欧姆（10^{12}Ω）
M	兆欧姆（10^6Ω）		

偏差文字符号　　　　　　　　　　　　　　　　　　　　　　表 1-4

文字符号	偏　差	文字符号	偏　差
D	±0.5%	J	±5%
F	±1%	K	±10%
G	±2%	M	±20%

文字符号法如图 1-2 所示。

图 1-2 文字符号法

（3）色标法

色标法是用不同颜色的色带或点在电阻器表面标出标称阻值和偏差值的方法。色标法分两种。

1）两位有效数字的色标法。普通电阻器用四条色带表示标称阻值和允许偏差，其中三条表示阻值，一条表示偏差。

两位有效数字的色标法电阻色环与数值对应关系见表 1-5。

两位有效数字的色标法电阻色环与数值对应　　　　　　　　　　表 1-5

颜色	黑	棕	红	橙	黄	绿	蓝	紫	灰	白	金	银	无色
第一位有效数	0	1	2	3	4	5	6	7	8	9			
第二位有效数	0	1	2	3	4	5	6	7	8	9			
倍率	10^0	10^1	10^2	10^3	10^4	10^5	10^6	10^7	10^8	10^9	10^{-1}	10^{-2}	
表示误差（%）											±5	±10	±20

【例1-1】 电阻器上的色带依次为绿、黑、橙和无色,求电阻器值及其误差。

【解】 查表1-5得,第一位有效数:绿为5;第二位有效数:黑为0;倍率:橙为3;表示误差:无色为±20%。

则表示此电阻器值为:$50×10^3=5k\Omega$,其误差是±20%。

【例1-2】 电阻器上的色带依次为红、红、黑和金,求电阻器值及其误差。

【解】 查表1-5得,第一位有效数:红为2;第二位有效数:红为2;倍率:黑为0;表示误差:金为±5%。

则表示此电阻器值为:$22×10^0=22\Omega$,其误差是±5%。

2) 三位有效数字色标法。精密电阻器用五条色带表示标称值和允许偏差,见表1-6。

表1-6 三位有效数字的色标法电阻色环与数值对应

颜色	黑	棕	红	橙	黄	绿	蓝	紫	灰	白	金	银
第一位有效数	0	1	2	3	4	5	6	7	8	9		
第二位有效数	0	1	2	3	4	5	6	7	8	9		
第三位有效数	0	1	2	3	4	5	6	7	8	9		
倍率	10^0	10^1	10^2	10^3	10^4	10^5	10^6	10^7	10^8	10^9	10^{-1}	10^{-2}
表示误差(%)		±1	±2			±0.5	±0.25	±0.1				

【例1-3】 电阻器上的色带依次为棕、蓝、绿、黑、棕,求电阻器值及其误差。

【解】 查表1-6得,第一位有效数:棕为1;第二位有效数:蓝为6;第三位有效数:绿为5;倍率:黑为0;表示误差:棕为±1%。

则表示此电阻器值为:$165×10^0=165\Omega$,其误差是±1%。

(4) 数码法

数码法用三位阿拉伯数字表示,前两位表示阻值的有效数,第三位数表示有效数后面零的个数。当阻值小于10Ω时,以xRx表示(x代表数字),将R看作小数点,如图1-3所示。

图1-3 数码法

1.2.2 电阻器的额定功率表示符号

电阻器有电流流过时会发热,如果温度过高就会被烧毁。图1-4表示在常温、常压下电阻器长期工作所能承受最大功率的表示方法。

图1-4 电阻器额定功率与对应符号

1.3 常用电阻器

(1) 碳质电阻

碳质电阻由碳粉、填充剂等压制而成,价格便宜但性能较差,现在已不常用。

(2) 线绕电阻

线绕电阻由电阻率较大、性能稳定的锰铜、康铜等合金线涂上绝缘层,在绝缘棒上绕制而成。阻值 $R=\rho L/s$,其中 ρ 为合金线的电阻率,L 为合金线长,s 为合金线的截面积。当 ρ、s 为定值时电阻值和长度具有很好的线性关系,精度高,稳定性好,但具有较大的分布电容,较多用在需要精密电阻的仪器仪表中。

(3) 碳膜电阻

碳膜电阻是由结晶碳沉积在磁棒或瓷管骨架上制成的,稳定性好、高频特性较好,并能工作在较高的温度下(70℃),目前在电子产品中得到广泛的应用。其涂层多为绿色。

(4) 金属膜电阻

与碳膜电阻相比,金属膜电阻只是用合金粉替代了结晶碳,除具有碳膜电阻的特性外,能耐更高的工作温度。其涂层多为红色。

(5) 热敏电阻

热敏电阻的电阻值随着温度的变化而变化,一般用作温度补偿和限流保护等。从特性上可分为两类:正温度系数电阻和负温度系数电阻。正温度系数的阻值随温度升高而增大,负温度系数的电阻则相反。

热敏电阻在结构上分为直热式和旁热式两种。直热式是利用电阻体本身通过电流产生热量,使其电阻值发生变化;旁热式热敏电阻器由两个电阻组成,一个电阻为热源电阻,另一个为热敏电阻。

(6) 贴片电阻

该类电阻目前常用在高集成度的电路板上,它体积很小,分布电感、分布电容都较小,适合在高频电路中使用。一般用自动安装机安装,对电路板的设计精度有很高的要求,是新一代电路板设计的首选组件。

1.4 电 位 器

电位器实际上是一种可变电阻器,可采用上述各种材料制成。电位器通常由两个固定输出端和一个滑动抽头组成。

电位器按结构可分为单圈、多圈;单联、双联;带开关;锁紧和非锁紧电位器。

按调节方式可分为旋转式电位器、直滑式电位器。在旋转式电位器中,按照电位器的阻值与旋转角度的关系可分为直线式、指数式、对数式。

常用电位器形状如图 1-5 所示。表 1-7 是电位器使用材料与标志符号。

电位器使用材料与标志符号　　　　表 1-7

类别	碳膜电位器	合成碳膜电位器	线绕电位器	有机实心电位器	玻璃釉电位器
标志符号	WT	WTH(WH)	WX	WS	WT

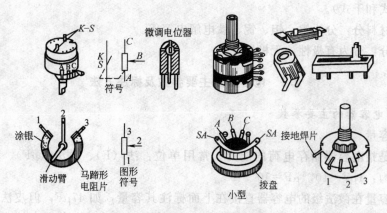

图1-5 常用电位器的外形和符号

1.5 用万用表测量电阻器、电位器的阻值

1.5.1 电阻器的测量

电阻器在使用时要进行测量，看其阻值与标称值是否相符。用万用表测量电阻时，应用万用表中的欧姆挡进行测量，测量电阻时应根据电阻值的大小选择合适的量程，以提高测量精度。同时，在测量时应注意手不能同时接触被测电阻的两根引线，以避免人体电阻的影响。

1.5.2 电位器的测量

如图1-5所示，电位器的引线脚分别为 A、B、C，开关引线脚为 K 和 S。首先用万用表测电位器的标称值。然后再测量 A、B 两端或 B、C 两端的电阻值，并慢慢地旋转轴，若这时表针平稳地朝一个方向移动，没有跳跃现象，表明滑动触点与电阻体接触良好，最后再测量 K 与 S 之间开关功能。

课题2 电 容 器

电容就是用来存储电荷的容器。比较简单的模型是两个金属板中间夹上一层绝缘材料，这层绝缘材料也可以是空气。图1-6所示为几种常用电容器的图形符号。

图1-6 电容器在电路中的电路图形符号

(a) 电容器一般符号；(b) 电解电容器；(c) 国外电解电容器；(d) 微调电容器；
(e) 单联可变电容器；(f) 双联可变电容器；(g) 穿心电容器

电容器在电路中通常用来隔直流、级间耦合及滤波等，在调谐电路中和电感一起构成谐振回路。在电子设备中，电容是不可缺少的组件。电容器的种类很多，其分类如下：

按结构分：分为固定电容器、半可变电容器、可变电容器。

按介质材料分：分为气体介质电容器、液体介质电容器、无机介质电容器、电解电容器（又分液式和干式）。

按阳极材料分：分为铝、钽、铌、钛电解电容等。

按极性分：分为有极性、无极性。

2.1 电容器的主要参数及标注方法

2.1.1 电容器的主要参数

(1) 电容量

电容量是指电容器储存电荷的能力。常用单位：法（F）、微法（μF）、皮法（pF）。三者的关系为：$1pF=10^{-6}\mu F=10^{-12}F$。

通常，容量在微法级的电容器直接在上面标注其容量，如 $47\mu F$，但皮法级的电容用数字标注其容量，如 332 即表明容量为 3300pF，即最后位为十的指数，这和用数字表示电阻值的方法是一样的。

(2) 其他参数

1) 额定直流工作电压：电容器在常温常压下长期可靠工作时所能承受的最大直流电压。如果电容器工作在交流电路中，交流电压的幅值不能超过电容额定直流工作电压。

2) 绝缘电阻：电容器的绝缘电阻是指电容器两极之间的电阻，或称漏电阻。漏电流与漏电阻的乘积为电容器两端所加的电压。绝缘电阻的大小决定了一个电容器介质性能的好坏。

国家规定了一系列容量值作为产品标称。固定电容器的标称容量系列见表 1-8。

固定式电容器标称容量系列 E24、E12、E6　　　　　　　　表 1-8

阻值系列	最大误差	偏差等级	标　称　值
E24	±5%	Ⅰ	1.0, 1.1, 1.2, 1.3, 1.5, 1.6, 1.8, 2.0, 2.4, 2.7, 3.0, 3.3, 3.6, 3.9, 4.3, 5.1, 5.6, 6.2, 6.8, 7.5, 8.2, 9.1
E12	±10%	Ⅱ	1.0, 1.2, 1.5, 1.8, 2.2, 2.7, 3.3, 3.9, 4.7, 5.6, 6.8, 8.2
E6	±20%	Ⅲ	1.0, 1.5, 2.2, 3.3, 4.7, 6.8

2.1.2 电容器主要参数的标注方法

(1) 直标法

直标法是指在电容器的表面直接用数字或字母标注出标称容量、额定电压等参数。

例如：电容器上标有"CY-8、620pF、200V"字样，就表示这一电容器是云母电容器，标称容量是 620pF，额定电压是 200V。

(2) 字母与数字混合标注法

1) 该种标注法的具体做法是：用 2~4 位数字和一个字母混合后表示电容器的容量大小。其中数字表示有效数值，字母表示数值的量级。常用的字母有 m，μ，n，p 等。字母 m 表示毫法（10^{-3}F），μ 表示微法（10^{-6}F）、n 表示纳法（10^{-9}F）、p 表示皮法（10^{-12}F）。

如：100m 表示标称容量为 100mF=100000μF，10μ 表示标称容量为 10μF，10n 表示

标称容量为 10nF=10000pF，10p 表示标称容量为 10pF。

2) 字母有时也表示小数点。

如：3μ3 表示标称容量为 3.3μF，3F32 表示标称容量为 3.32F，2p2 表示标称容量为 2.2pF。

3) 有的是在数字前面加 R 或 P 等字母时，表示零点几微法或皮法。

如：R22 表示标称容量为 0.22μF、P50 表示标称容量为 0.5pF。

(3) 三位数字的表示法

三位数字的表示法也称作电容量的数码表示法。三位数字的前两位数字为标称容量的有效数字，第三位数字表示有效数字后面零的个数，它们的单位都是 pF。

如：102 表示标称容量为 1000pF，221 表示标称容量为 220pF。

在这种表示法中有一个特殊情况，就是当第三位数字用"9"表示时，是用有效数字乘上 10^{-1} 来表示容量大小。如：229 表示标称容量为 22×10^{-1}pF=2.2pF。

(4) 四位数字的表示法

四位数字的表示法也称作不标单位的直接表示法。这种标注方法是用 1~4 位数字表示电容器的电容量，其容量单位为 pF。如用零点零几或零点几表示容量时，其单位为 μF。

如：3300 表示标称容量为 3300pF；680 表示标称容量为 680pF；7 表示标称容量为 7pF。

(5) 色标法

电容器的色标法与电阻器的色环法基本一样，是在元件外表涂上色带或色点表示容量，颜色表示的意义同电阻器。

(6) 电容器容量允许误差的标注方法

电容器容量允许误差的标注方法主要有三种。

1) 用字母表示误差。各字母表示的意义见表 1-9。

字母表示误差法中各字母表示的意义　　　　表 1-9

字母	B	C	D	F	G	J	K	M	N	Q	S	Z	P
误差 (%)	±0.1	±0.25	±0.5	±1	±2	±5	±10	±20	±30	+30~ -10	+50~ -20	+80~ -20	+100~ -0

如：223Z 表示电容器容量为 22000pF=0.022μF，字母 Z 表示误差为 +80%~-20%。

2) 直接标出误差的绝对值。

如：68pF±0.2pF 则表示电容器的电容量为 68pF，误差在 ±0.2pF 之间。

3) 直接用数字表示百分比的误差。

如 0.068/5 中的 5 就表示误差为 ±5%，这里将"%"省去了。

2.2　常用电容器

(1) 电解电容器

电解电容器是目前用得较多的大容量电容器，它体积小、耐压高（一般耐压越高体积也就越大），其介质为正极金属片表面上形成的一层氧化膜。负极为液体、半液体或胶状的电解液。因其有正负极之分，故只能工作在直流状态下，如果极性用反，将使漏电流剧增，在此情况下电容器将会急剧变热而损坏，甚至会引起爆炸。一般厂家会在电容器的表面上标出正极或负极，新买的电容器引脚长的一端为正极。

目前铝电容用的较多，钽、铌、钛电容相比之下漏电流小，体积小，但成本高，通常用在性能要求较高的电路中。

(2) 云母电容器

用云母片做介质的电容器，高频性能稳定，耐压高（几百伏至几千伏），漏电流小，但容量小，体积大。

(3) 瓷质电容器

采用高介电常数、低损耗的陶瓷材料做介质，电容器的体积小、损耗小、绝缘电阻大、漏电流小、性能稳定，可工作在超高频段，但耐压低，机械强度较差。

(4) 玻璃釉电容器

玻璃釉电容具有瓷质电容的优点，但比同容量的瓷质电容体积小，工作频带较宽，可在125℃下工作。

(5) 纸介电容器

纸介电容器的电极用铝箔、锡箔做成，绝缘介质是浸蜡的纸，锡箔或铝箔与纸相叠后卷成圆柱体，外包防潮物质。体积小、容量大，但性能不稳定，高频性能差。

(6) 聚苯乙烯电容器

聚苯乙烯电容器是一种有机薄膜电容器。以聚苯乙烯为介质，用铝箔或直接在聚苯乙烯薄膜上蒸上一层金属膜为电极。绝缘电阻大、耐压高、漏电流小、精度高，但耐热性差，焊接时，过热会损坏电容。

(7) 片状电容器

目前，片状电容器广泛用在混合集成电路、电子手表电路和计算机中。有片状陶瓷电容、片状钽电容、片状陶瓷微调电容等。其体积小、容量大。

(8) 独石电容器

独石电容器是以钛酸钡为主的陶瓷材料烧结而成的一种瓷介质电容器，体积小、耐高温、绝缘性能好、成本低，多用于小型和超小型电子设备中。

(9) 可变电容器

可变电容器种类很多，按结构可分为单连（一组定片，一组动片）、双连（二组动片，二组定片）、三连、四连等。按介质可分为空气介质、薄膜介质电容器等。其中空气介质电容器使用寿命长，但体积大。一般单连用于直放式收音机的调谐电路，双连用于超外差式收音机。

薄膜介质电容器在动片和定片之间以云母或塑料片做介质，其体积小，重量轻。

图1-7所示为可变电容器外形。

(10) 半可调电容器（微调电容器）

半可调电容器在电路中主要用作补偿和校正。调节范围为几十皮法。常用的半可调电容器有：有机薄膜介质微调电容器、瓷介质微调电容器、拉线微调电容器和云母微调电容器等。图1-8为几种微调电容器的外形图。

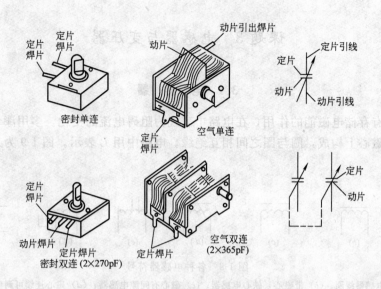

图 1-7 空气单连、双连可变电容器及在电路中的符号表示

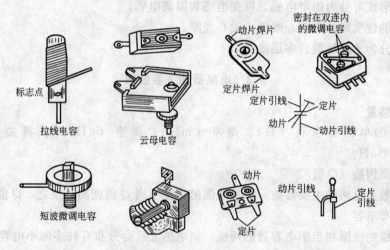

图 1-8 各种微调电容器的外形图和在电路中的符号

2.3 用万用表检测电容器

在电容器使用前,必须对电容器进行测量,对于电容器的测量应用专用仪器,如电容测量仪。在某些情况下,对电容量大于 $0.1\mu F$ 的电容器,可用万用表进行检测。其检测方法是:

首先根据电容器容量的大小选择合适的量程,通常为:$0.1\sim10\mu F$ 选用 $R\times1k$ 挡,$10\sim300\mu F$ 选用 $R\times10k$ 挡。然后用表笔分别接触电容器的两根引线,表针若先朝顺时针方向转动,然后又慢慢地向反方向退回到 $R=\infty$ 的位置(零点位置)。当指针不能回到零点时说明电容器漏电,如果表针距零点位置较远,表示电容器漏电严重,不能使用。

课题 3 电感器与变压器

3.1 电 感 器

电感器有存储电磁能的作用,在电路中表现为阻碍电流的变化。多用漆包线、纱包线绕在铁心、磁心上构成,圈与圈之间相互绝缘。电路中用 L 表示。图 1-9 为几种电感器的符号。

图 1-9 各种电感器符号
(a) 电感器线圈;(b) 带磁心,铁心电感器;(c) 磁心有间隙电感器;(d) 磁心连续可调电感器;
(e) 有抽头电感器;(f) 步进移动触点的可变电感器;(g) 可变电感器

电感按形式可分为固定电感、可变电感和微调电感。
按磁体的性质可分为空心线圈、磁心线圈。
按结构分为单层线圈、多层线圈。

3.2 电感器的主要参数

(1) 电感量

电感量的单位有亨利(H)、毫亨(mH)、微亨(μH)。换算关系为 $1H = 10^3 mH = 10^6 \mu H$。

(2) 品质因数(Q 值)

品质因数是电感的主要参数,如果线圈的损耗小则 Q 值就高,反之,Q 值低。

(3) 分布电容

由于绝缘的线圈相当于电容器的两极,则电感上就会分布有许多的小电容,称为分布电容。

分布电容的存在是导致品质因数下降的主要因素。所以,一般通过各种方法来减小分布电容。

(4) 额定电流

额定电流主要对高频电感器和大功率调谐电感器而言,要求正常工作时通过电感器的电流小于其额定电流。

3.3 常用电感器

(1) 固定电感线圈

固定电感线圈一般是将绝缘铜线绕在磁心上,外层包上环氧树脂或塑料。固定电感线圈体积小、重量轻、结构牢固,广泛应用在电视机、收录机中。一般有立式和卧式两种。工作频率在 10kHz~200MHz。

(2) 可变电感线圈

通过改变插入线圈中的磁心的位置来改变电感量。磁棒式天线线圈是可变电感线圈，在收音机中与可变电容器组成调谐回路，用于接收无线电波信号。

(3) 微调电感器

微调电感器用于小范围的改变电感量，调整局部电路的参数。

(4) 阻流圈

阻流圈亦称为扼流圈。分为高频扼流圈和低频扼流圈两种。高频扼流圈用来阻止高频分量的通过；低频扼流圈又叫做滤波线圈，它可与电容器组成滤波电路。

3.4 变 压 器

变压器一般用绝缘铜线绕在磁心或铁心外制成，主要用于改变交流电压和交流电流的大小，也作阻抗变换和隔直流用。常见的变压器有电源变压器、线间变压器、音频变压器、中频变压器和高频变压器等几种类型。图1-10为变压器外形和它在电路中的符号。

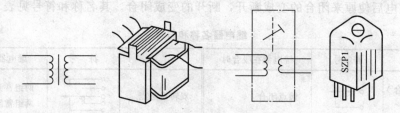

图 1-10 变压器外形和在电路中的符号

(1) 音频变压器。这类变压器主要用来对音频信号进行处理。用作阻抗匹配、耦合、倒相等。一般有两组或两组以上的线圈，输入线圈的阻值较高，输出线圈的阻值较低。

(2) 中频变压器。中频变压器又叫做中周，与电容器组成谐振回路，在超外差式（机内产生一个与外部输入信号有一个固定差值的信号，经调制产生一个中频的有用信号）收音机和电视机中使用。有单调谐和双调谐两种，双调谐即指有两组谐振回路。

(3) 行输出变压器。行输出变压器又称逆行程变压器，用在电视机扫描输出级，为显像管提供阳极高压、加速极电压、聚焦极电压和其他电路所需的直流电压。由高压线圈、低压线圈、U形磁心及骨架组成。

(4) 电源变压器。电源变压器用作电压的变换，产生各种电路所需的电压。

课题 4 继 电 器

继电器起控制和转换电路的作用。在大电流、高压等危险地方的自动控制设备中经常采用。

继电器种类很多，按用途可分为启动继电器、限时继电器和延时继电器等。

4.1 继电器的主要参数

(1) 额定工作电压

继电器正常工作所需电压。有交、直流之分。

(2) 触点的切换电压和电流

继电器允许加载的最大电压和电流，决定继电器能控制的电压和电流的大小。

(3) 吸合电流

使继电器产生吸合动作而需要的最小电流，这是保证继电器正常工作的最低电流，当继电器的输入电阻已知时，也可以在说明中给出其最小电压。

(4) 释放电流

释放电流是使继电器无法保持吸合状态的最大电流，这个电流要比吸合电流小得多。

4.2 继电器触点

继电器的触点有三种形式，常开触点（用 H 表示）、常闭触点（用 D 表示）、转换触点（用 Z 表示）。常开触点的继电器在不通电的时候两个触点是断开的，常闭触点则相反。转换触点继电器有三组触点，线圈不通电的时候中间触点与其中的一组闭合，与另一组分开。通电后使原来闭合的变成断开，断开的变成闭合。其名称和符号见表1-10。

继电器名称和符号　　　　　　　　　　表 1-10

名　称	符　号	继电器在吸合时	名　称	符　号	继电器在吸合时
常开（动合）触点		触点闭合	双转换触点		两组常开触点闭合 两组常闭触点断开
常闭（动断）触点		触点断开	双常闭（动断）触点		两组触点 同时断开
双常开（动合）触点		两组触点 同时闭合	转换触点		常开触点闭合 常闭触点断开

课题 5　晶体二极管

5.1　半　导　体

所谓半导体，顾名思义，就是它的导电能力介乎导体和绝缘体之间。如硅、锗、硒以及大多数金属氧化物和硫化物都是半导体。

很多半导体的导电能力在不同条件下有很大的差别。例如有些半导体对温度的反应很灵敏，环境温度增高时，它的导电能力要增强不少。利用这种特性就做成了各种热敏元件。又如有些半导体（如硫化镉）受到光照时，它的导电能力变得很强；当无光照时，又变得像绝缘体那样不导电。利用这种特性就做成了各种光电元件；更重要的是，如果在纯净的半导体中掺入微量的某种杂质后，它的导电能力就可增加几十万乃至几百万倍。例如在纯硅中掺入百万分之一的硼后，硅的电阻率就从大约 $20\times10^8\Omega\cdot mm^2/m$ 减小到 $4000\Omega\cdot mm^2/m$ 左右。利用这种特性就做成了各种不同用途的半导体器件，如半导体二极管、三极管、场效应管及可控硅（晶闸管）等。

半导体有如此悬殊的导电特性，根本原因在于其内部的特殊性。

5.1.1 本征半导体

用得最多的半导体是锗和硅。图1-11是锗和硅的原子结构图，它们各有四个价电子，都是四价元素。将锗或硅材料提纯（去掉无用杂质）并形成单晶体后，所有原子便基本上整齐排列，其

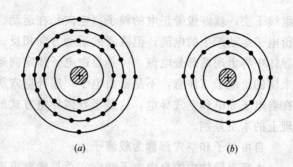

图1-11 锗和硅的原子结构
(a) 锗 Ge；(b) 硅 Si

立体结构图与平面示意图分别如图1-12和图1-13所示。半导体一般都具有这种晶体结构，所以半导体也称为晶体，这就是晶体管名称的由来。

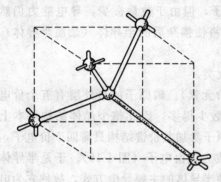

图1-12 晶体中原子的排列方式

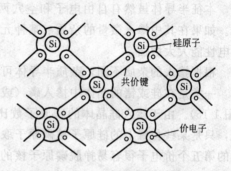

图1-13 硅单晶中的共价键结构

本征半导体就是完全纯净的、具有晶体结构的半导体。在本征半导体的晶体结构中，每一个原子与相邻的四个原子结合。每一原子的一个价电子与另一原子的一个价电子组成一个电子对。这对价电子是每两个相邻原子共有的，它们把相邻的原子结合在一起，构成所谓共价键的结构。在共价键结构中，原子最外层虽然具有八个电子而处于较为稳定的状态，但是共价键中的电子还不像在绝缘体中的价电子被束缚得那样紧。在获得一定能量（温度增高或受光照）后，共价键中的电子即可挣脱原子核的束缚，成为自由电子。温度愈高，晶体中产生的自由电子便愈多。在电子挣脱共价键的束缚成为自由电子后，共价键中就留下一个空位，称为空穴。在一般情况下，原子是中性的。当电子挣脱共价键的束缚成为自由电子后，原子的中性便被破坏，而显出带正电。或者说，原子中出现了带正电的空穴，如图1-14所示。在这种情况下，晶体中的自由电子（带负电）和空穴（带正电）必然成对出现，数量相等；有空穴的原子可以吸引相邻原子中的价电子，填补这个空穴。同时，在失去了一个价电子的相邻原子的共价键中出现另一个空穴，它也可以由相邻原子中的价电子来递补，而在该原子中又出现一个空穴。如此

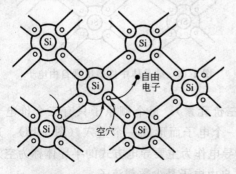

图1-14 空穴和自由电子的形成

13

继续下去，就好像带正电的粒子（空穴）在运动。因此，可用空穴运动产生的电流来代替价电子运动产生的电流，但两者的运动方向相反。所以，当半导体两端加上外电压时，半导体中将出现两部分电流：一是自由电子作定向运动所形成的电子电流；一是仍被原子核束缚的价电子（注意，不是自由电子）递补空穴所形成的空穴电流。在半导体中，同时存在着电子导电和空穴导电，这是半导体导电方式的最大特点，也是半导体和金属在导电原理上的本质差别。

自由电子和空穴都称为载流子。

本征半导体中的自由电子和空穴总是成对出现，同时又不断复合。在一定温度下，载流子的产生和复合达到动态平衡，于是半导体中的载流子（自由电子和空穴）便维持一定数目。温度愈高，载流子数目愈多，导电性能也就愈好。所以，温度对半导体器件性能的影响很大。

5.1.2 N型半导体和P型半导体

本征半导体虽然有自由电子和空穴两种载流子，但由于数量极少，导电能力仍然很低。如果在其中掺入微量的杂质（某种元素），这将使掺杂后的半导体（杂质半导体）的导电性能大大增强。

根据掺入的杂质不同，杂质半导体可分为两大类。

一类是在硅或锗的晶体中掺入磷（或其他五价元素）。磷原子的最外层有五个价电子（图1-15）。由于掺入硅晶体的磷原子数比硅原子数少得多，因此整个晶体结构基本上不变，只是某些位置上的硅原子被磷原子取代。磷原子参加共价键结构只需四个价电子，多余的第五个价电子很容易挣脱磷原子核的束缚而成为自由电子（图1-16）。于是半导体中的自由电子数目大量增加，自由电子导电成为这种半导体的主要导电方式，故称它为电子半导体或N型半导体。例如在室温27℃时，每立方厘米纯净的硅晶体中约有自由电子或空穴1.5×10^{10}个，掺杂后成为N型半导体，其自由电子数目可增加几十万倍。由于自由电子增多而增加了复合的机会，空穴数目便减少到每立方厘米2.3×10^5个以下。故在N型半导体中，自由电子是多数载流子，而空穴则是少数载流子。

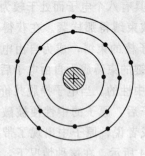

图1-15　磷原子的结构

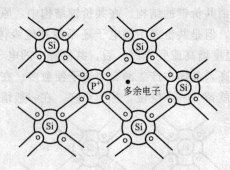

图1-16　硅晶体中掺磷出现自由电子

另一类是在硅或锗晶体中掺入硼（或其他三价元素）。每个硼原子只有三个价电子（图1-17），故在构成共价键结构时，将因缺少一个电子而形成一个空穴（图1-18）。这样，在半导体中就形成了大量空穴。这种以空穴导电作为主要导电方式的半导体称为空穴半导体或P型半导体，其中空穴是多数载流子，自由电子是少数载流子。

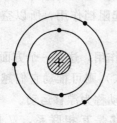
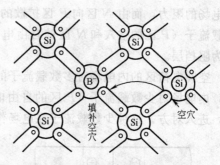

图 1-17 硼原子的结构　　　　图 1-18 硅晶体中掺硼出现空穴

应注意，不论是 N 型半导体还是 P 型半导体，虽然它们都有一种载流子占多数，但是整个晶体仍然是不带电的。

5.1.3 PN 结

P 型或 N 型半导体的导电能力虽然大大增强，但并不能直接用来制造半导体器件。通常是在一块晶片上，采取一定的工艺措施，在两边掺入不同的杂质，分别形成 P 型半导体和 N 型半导体，它们的交界面就形成 PN 结。而这 PN 结是构成各种半导体器件的基础。

(1) PN 结的形成

图 1-19 所示的是一块晶片，两边分别形成 P 型和 N 型半导体。图中 ⊖ 代表得到一个电子的三价杂质（例如硼）离子，带负电；⊕ 代表失去一个电子的五价杂质（例如磷）离子，带正电。由于 P 区有大量空穴（浓度大），而 N 区的空穴极少（浓度小），因此空穴要从浓度大的 P 区向浓度小的 N 区扩散。首先是交界面附近的空穴扩散到 N 区，在交界面附近的 P 区留下一些带负电的三价杂质离子，形成负空间电荷区。同样，N 区的自由电子要向 P 区扩散，在交界面附近的 N 区留下带正电的五价杂质离子，形成正空间电荷区。这样，在 P 型半导体和 N 型半导体交界面的两侧就形成了一个空间电荷区，这个空间电荷区就是 PN 结。

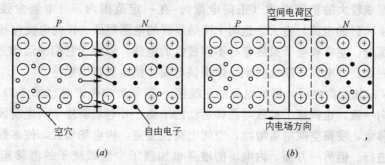

图 1-19 PN 结的形成

形成中间电荷区的正负离子虽然带电，但是它们不能移动，不参与导电，而在这区域内，载流子极少，所以空间电荷区的电阻率很高。此外，区域内多数载流子已扩散到对方区域并复合掉了，或者说消耗尽了，所以空间电荷区有时称为耗尽层。

正负空间电荷在交界面两侧形成一个电场，称为内电场，其方向从带正电的 N 区指向带负电的 P 区，如图 1-19 (b) 所示。由 P 区向 N 区扩散的空穴在空间电荷区将受到内电场的阻力,而由 N 区向 P 区扩散的自由电子也将受到内电场的阻力,即内电场对多数载流子(P 区的空穴和 N 区的自由电子)的扩散运动起阻挡作用,所以空间电荷区又称为阻挡层。

空间电荷区的内电场对多数载流子的扩散运动起阻挡作用,这是一个方面。但另一方面,内电场对少数载流子(P 区的自由电子和 N 区的空穴)则可推动它们越过空间电荷区,进入对方。这种少数载流子在电场作用下有规则的运动称为漂移运动。

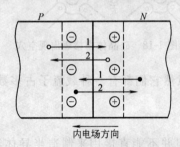

图 1-20 扩散运动与漂移运动达到平衡
1—多数载流子扩散运动的方向;
2—少数载流子漂移运动的方向

扩散和漂移是互相联系,又是互相矛盾的。在开始形成空间电荷区时,多数载流子的扩散运动占优势。但在扩散运动进行过程中,空间电荷区逐渐加宽,内电场逐步加强。于是在一定条件下(例如温度一定),多数载流子的扩散运动逐渐减弱,而少数载流子的漂移运动则逐渐增强。最后,扩散运动和漂移运动达到动态平衡。也就是如图 1-20 中所示的那样,P 区的空穴(多数载流子)向右扩散的数量与 N 区的空穴(少数载流子)向左漂移的数量相等;对自由电子讲也是这样。达到平衡后,空间电荷区的宽度基本上稳定下来,PN 结就处于相对稳定的状态。

(2) PN 结的单向导电性

前面讨论的是 PN 结在没有外加电压时的情况,这时半导体的扩散和漂移处于动态平衡。下面讨论在 PN 结上加外部电压的情况。

如果在 PN 结上加正向电压,即外电源的正端接 P 区,负端接 N 区(图 1-21)。由图可见,外电场与内电场的方向相反,因此扩散与漂移运动的平衡被破坏。外电场驱使 P 区的空穴进入空间电荷区抵消一部分负空间电荷,同时 N 区的自由电子进入空间电荷区抵消一部分正空间电荷。于是,整个空间电荷区变窄,内电场被削弱,多数载流子的扩散运动增强,形成较大的扩散电流(正向电流)。在一定范围内,外电场愈强,正向电流(由 P 区流向 N 区的电流)愈大,这时 PN 结呈现的电阻很低。正向电流包括空穴电流和电子电流两部分。空穴和电子虽然带有不同极性的电荷,但由于它们的运动方向相反,所以电流方向一致。外电源不断地向半导体提供电荷,使电流得以维持。

若给 PN 结加反向电压,即外电源的正端接 N 区,负端接 P 区(图 1-22),则外电场与内电场方向一致,也破坏了扩散与漂移运动的平衡。外电场驱使空间电荷区两侧的空穴和自由电子移走,使得空间电荷增加,空间电荷区变宽,内电场增强,使多数载流子的扩散运动难以进行。但另一方面,内电场的增强也加强了少数载流子的漂移运动,在外电场的作用下,N 区中的空穴越过 PN 结进入 P 区,P 区中的自由电子越过 PN 结进入 N 区,在电路中形成了反向电流(由 N 区流向 P 区的电流)。由于少数载流子数量很少,因此反向电流不大,即 PN 结呈现的反向电阻很高。又因为少数载流子是由于价电子获得热能(热激发)挣脱共价键的束缚而产生的,环境温度愈高,少数载流子的数量愈多。所以,温度对反向电流的影响很大。这就是半导体器件的温度特性很差的根本原因。

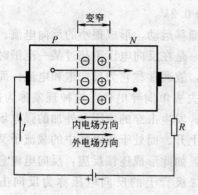
图 1-21 PN 结加正向电压

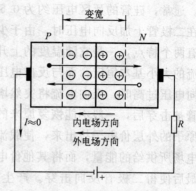
图 1-22 PN 结加反向电压

由以上分析可知，PN 结具有单向导电性。即在 PN 结上加正向电压时，PN 结电阻很低，正向电流甚大（PN 结处于导通状态）；加反向电压时，PN 结电阻很高，反向电流很小（PN 结处于截止状态）。

5.2 半导体二极管

5.2.1 基本结构

将 PN 结加上相应的电极引线和管壳，就成为半导体二极管。按结构分，二极管有点接触型和面接触型等多种。点接触型二极管（一般为锗管）如图 1-23（a）所示。它的 PN 结结面积很小（结电容小），因此不能通过较大电流。但其高频性能好。故一般适用于高频和小功率的工作，也用作数字电路中的开关元件。面接触型二极管（一般为硅管）如图 1-23（b）所示。它的 PN 结结面积大（结电容大），故可通过较大电流（可达上千安培），但其工作频率较低，一般用作整流。图 1-23（c）是二极管的表示符号。

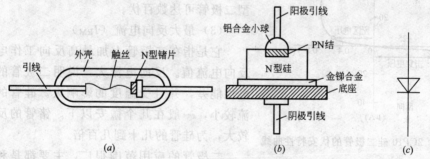

图 1-23 半导体二极管
（a）点接触型；（b）面接触型；（c）表示符号

5.2.2 伏安特性

二极管既然是一个 PN 结，它当然具有单向导电性，其伏安特性曲线如图 1-24 所示。由图可见，当外加正向电压很低时，由于外电场还不能克服 PN 结内电场对多数载流子扩散运动的阻力，故正向电流很小，几乎为零。当正向电压超过一定数值后，内电场被大大削弱，电流增长很快。这个一定数值的正向电压称为死区电压，其大小与材料及环境温度有关。通常，硅管的死区电压约为 0.5V，锗管约为 0.2V。

在二极管上加反向电压时，由于少数载流子的漂移运动，形成很小的反向电流。反向电流有两个特点，一是它随温度的上升增长很快，一是在反向电压不超过某一范围时，反向电流的大小基本恒定，而与反向电压的高低无关，故通常称它为反向饱和电流。而当外加反向电压过高时，反向电流将突然增大，二极管失去单向导电性，这种现象称为击穿。二极管被击穿后，一般不能恢复原来的性能而失效。发生击穿的原因是外加的强电场强制地把原子的外层价电子拉出来，使载流子数目急剧上升。而处于强电场中的载流子又因获得强电场所供给的能量，而将其他价电子撞击出来，如此形成连锁反应，反向电流愈来愈大，最后使得二极管反向击穿。产生击穿时加在二极管上的反向电压称为反向击穿电压 V_{BR}。

5.2.3 主要参数

二极管的特性除用伏安特性曲线表示外，还可用一些数据来说明，这些数据就是二极管的参数。

(1) 最大整流电流（I_{oM}）

最大整流电流是指二极管长时间使用时，允许流过二极管的正向平均电流。点接触型二极管的最大整流电流在几十毫安以下。面接触型二极管的最大整流电流较大，如 2CP10 硅二极管的最大整流电流为 100mA。当电流超过允许值时，将由于 PN 结过热而使管子损坏。

(2) 最高反向工作电压（V_{RM}）

它是保证二极管不被击穿而给出的最高反向电压，一般是反向击穿电压的一半或三分之二。如 2CP10 硅二极管的最高反向工作电压为 25V，而反向击穿电压约为 50V（图 1-24）。点接触型二极管的最高反向工作电压一般是数十伏，面接触型二极管可达数百伏。

(3) 最大反向电流（I_{RM}）

它是指在二极管上加最高反向工作电压时的反向电流值。反向电流大，说明二极管的单向导电性能差，并且受温度的影响大。硅管的反向电流较小，一般在几个微安以下。锗管的反向电流较大，为硅管的几十到几百倍。

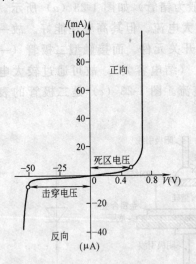

图 1-24 2CP10 硅二极管的伏安特性曲线

二极管的应用范围很广，主要都是利用它的单向导电性。它可用于整流、检波、元件保护以及在脉冲与数字电路中作为开关元件。

【例 1-4】 图 1-25（a）中的 R 和 C 构成一微分电路。当输入电压 v_i 如图 1-25（b）中所示时（设 $t \leqslant 0$ 时，$v_i = V$），试画出输出电压 v_0 的波形。

【解】 在 t_1 以前，$v_i = V$，电容器 C 被充电，其上电压为 V，极性如图中所示。这时 v_R 和 v_0 均为零。

在 t_1 与 t_2 间输入一矩形负脉冲，即 v_i 在 t_1 瞬间由 V 下降到零，在 t_2 瞬间又由零上升到 V。根据微分电路性质，在 t_1 瞬间，电容器经过 R 和 R_L 分两路放电，二极管 D 导

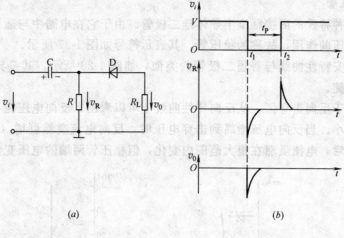

图 1-25

通，v_R 和 v_0 均为负尖脉冲。在 t_2 瞬间，输入电压只经过 R 对电容器充电，v_R 为一正尖脉冲，这时二极管截止，v_0 为零。输出电压 v_0 的波形如图 1-25（b）所示。

在这里，二极管起削波作用，削去正尖脉冲。

【例 1-5】 在图 1-26 中，输入端 A 的电位 $V_A=+3V$，B 的电位 $V_B=0V$，求输出端 F 的电位 V_F。电阻 R 接负电源 $-12V$。

【解】 因为 A 端电位比 B 端电位高，所以 D_A 优先导通。如果二极管的正向压降是 $0.3V$，则 $V_F=+2.7V$。当 D_A 导通后，D_B 上加的是反向电压，因而截止。

在这里，D_A 起钳位作用，把 F 端的电位钳制在 $+2.7V$；D_B 起隔离作用，把输入端 B 和输出端 F 隔离开来。

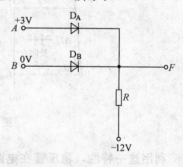

图 1-26

5.3 特殊二极管

特殊二极管主要包括稳压管、变容二极管、光电二极管（光敏二极管）、发光二极管和光电池（二极管）。它们的图形符号如图 1-27 所示。

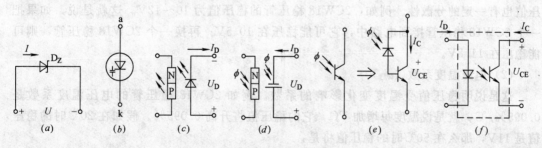

图 1-27 特殊二极管
（a）稳压管；（b）变容二极管；（c）发光二极管；
（d）光电池；（e）光电三极管；（f）光耦合器件

5.3.1 稳压管

稳压管是一种特殊的面接触型半导体硅二极管。由于它在电路中与适当数值的电阻配合后能起稳定电压的作用，故称为稳压管。其表示符号如图 1-27 所示。

稳压管的伏安特性曲线与普通二极管的类似，如图 1-28 所示，其差异是稳压管的反向特性曲线比较陡。

稳压管工作于反向击穿区。从反向特性曲线上可以看出，反向电压在一定范围内变化时，反向电流很小。当反向电压增高到击穿电压时，反向电流突然剧增（图 1-28），稳压管反向击穿。此后，电流虽然在很大范围内变化，但稳压管两端的电压变化很小。

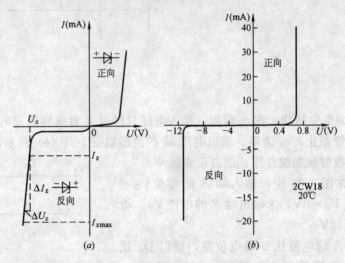

图 1-28 稳压管的伏安特性曲线

利用这一特性，稳压管在电路中能起稳压作用。稳压管与一般二极管不一样，它的反向击穿是可逆的。当去掉反向电压之后，稳压管又恢复正常。但是，如果反向电流超过允许范围，稳压管将会发生热击穿而损坏。

稳压管的主要参数：

（1）稳定电压（U_z）

稳定电压就是稳压管在正常工作下管子两端的电压。手册中所列的都是在一定条件（工作电流、温度）下的数值。即使是同一型号的稳压管，由于工艺方面和其他原因，稳压值也有一定的分散性。例如，2CW18 稳压管的稳压值为 10～12V。这就是说，如果把一个 2CW18 稳压管接到电路中，它可能稳压在 10.5V；再换一个 2CW18 稳压管，则可能稳压在 11.8V。

（2）电压温度系数（α_U）

这是说明稳压值受温度变化影响的系数。例如 2CW18 稳压管的电压温度系数是 0.095%/℃，就是说温度每增加 1℃，它的稳压值将升高 0.095%。假如在 20℃时的稳压值是 11V，那么在 50℃时的稳压值将是：

$$11+(0.095/100)\times(50-20)\times 11 \approx 11.3V$$

一般来说，低于 6V 的稳压管，它的电压温度系数是负的；高于 6V 的稳压管，电压温度系数是正的；而在 6V 左右的管子，稳压值受温度的影响就比较小。因此，选用稳定电压为 6V 左右的稳压管,可得到较好的温度稳定性。

(3) 动态电阻(r_Z)

动态电阻是指稳压管端电压的变化量与相应的电流变化量的比值。

$$r_Z = \Delta U_Z / \Delta I_Z$$

稳压管的反向伏安特性曲线愈陡,则动态电阻愈小,稳压性能愈好。

(4) 稳定电流(I_Z)

稳压管的稳定电流只是一个作为依据的参考数值,设计选用时要根据具体情况(例如工作电流的变化范围)来考虑。

【例 1-6】 在图 1-29 中,通过稳压管的电流 I_Z 等于多少?R 是限流电阻,其值是否合适?

【解】 $I_Z = (20-12)/1.6 = 5\text{mA}$

$I_Z < I_{Z\max}$,电阻值合适。

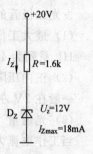

图 1-29

稳压管的选择:

稳压管最主要的用途是稳定电压。在精度要求不高、电流变化范围不大的情况下,可选与需要的稳压值最为接近的稳压管,并直接同负载并联。

5.3.2 变容二极管

二极管结电容(PN 结间的微小电容)随反向电压的增加而减小,这种效应显著的二极管称为变容二极管。

变容二极管主要应用在高频技术领域。

5.3.3 光电二极管(光敏二极管)

当光照射在 PN 结上时,光子将激发出电子-空穴对,使载流子数量增加,因此采用特殊的材料和掺杂工艺,可制造出光电二极管。通常光电二极管两端加反向电压,在无光照时,其反向电流很小,有光照时,反向电流大大增加,利用这一特性可对光进行检测。

光电二极管的主要参数:

(1) 暗电流

即无光照时二极管的反向电流,一般小于 $1\mu\text{A}$。

(2) 光电流

指在额定照度下二极管的反向电流,一般小于几十微安。

(3) 灵敏度

指在某一波长的光辐射通量(以 W 计,1W 的辐射通量在波长为 $0.55\mu\text{m}$ 时等于 683lm)下所能产生的电流,一般为 $0.5\mu\text{A}/\mu\text{W}$。

(4) 峰值波长

指在该波长的光照下,光电流为最大,一般光电二极管的峰值波长在可见光和红外线范围内,如 $0.9\mu\text{m}$。

(5) 响应时间

指加定量光照后光电流达到稳定值的 63% 所需要的时间,一般为 10^{-7}s。

光电二极管的扩展:

将光电二极管与晶体管结合即成为光电三极管,它的灵敏度提高,但响应时间也相应下降。

若将发光二极管和光电三极管组合在一起,则成为光电耦合器件。它的特点是在信号传输过程中,发光二极管和光电三极管没有电的直接联系,因此,作用于三极管一侧的干扰或高压被隔离,不会影响发光二极管一侧的信号。

5.3.4 发光二极管

发光二极管的工作过程与光电二极管刚好相反。

发光二极管的主要参数:

(1) 最大工作电流

HL 系列为 40~50mA,一般工作电流在 10mA 以下。

(2) 正向压降

一般在 2V 左右(因为是磷、砷化镓等Ⅲ-Ⅴ族的元素组成的半导体,禁带较宽)。

(3) 光通量

当工作电流为 10mA 时,可发出 2~10mlm 的光通量。

(4) 发光颜色

砷化镓掺杂磷发红色可见光(波长为 $0.665\mu m$),磷化镓为绿色光(波长为 $0.565\mu m$),调整磷在砷化镓中的比例,可得到橙色光(波长为 $0.615\mu m$)和黄色光(波长为 $0.585\mu m$)。

(5) 极限功率

为正向压降与工作电流的乘积。HL 系列为 100mW 左右。

5.3.5 光电池(二极管)

原理、符号及特性与光电二极管相同。

光电池的主要参数:

(1) 开路电压

一般为 0.5V 左右。

(2) 短路电流

与受光面积有关,一个直径为 25mm 的硅光电池,它的短路电流为 100mA 左右。

(3) 转换效率

即输出功率与辐射通量的功率之比,一般为 10%,目前高质量的硅光电池的转换效率约为 17%,多晶硅光电池的转换效率可达 20% 以上。

课题 6 晶体三极管

晶体管(半导体三极管)是最重要的一种半导体器件。自 1948 年问世以来,它的放大作用和开关作用促使电子技术飞跃发展。晶体管的特性我们是通过特性曲线和工作参数来分析研究的。为了更好地理解和熟悉管子的外部特性,我们首先要简单介绍管子内部的结构和载流子的运动规律。

6.1 基 本 结 构

晶体管的结构,目前最常见的有平面型和合金型两类(图 1-30)。硅管主要是平面型,锗管都是合金型。

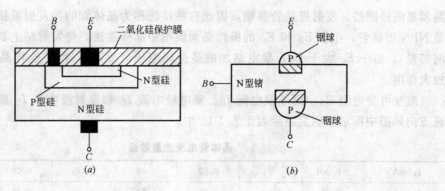

图 1-30 晶体管的结构
(a) 平面型；(b) 合金型

不论平面型或合金型，都分成 NPN 或 PNP 三层，因此又把晶体管分为 NPN 型和 PNP 型两类，其结构示意图和表示符号如图 1-31 所示。目前国内生产的硅晶体管多为 NPN 型（3D 系列），锗晶体管多为 PNP 型（3A 系列）。

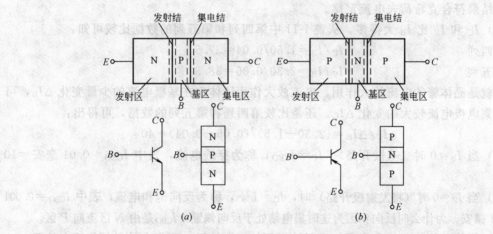

图 1-31 晶体管的结构示意图和表示符号
(a) NPN 型晶体管；(b) PNP 型晶体管

从图 1-31 中可以看出，每种晶体管内部都分成基区、发射区和集电区，分别引出基极 B、发射极 E 和集电极 C。两层之间各形成一个 PN 结，每基区和发射区之间的结称为发射结，基区和集电区之间的结称为集电结。

NPN 型和 PNP 型晶体管的工作原理类似，仅在使用时电源极性连接不同而已。下面以 NPN 型晶体管为例来分析讨论。

6.2 电流分配和放大原理

为了了解晶体管的放大原理和其中电流的分配，我们先做一个实验，实验电路如图 1-32 所示。把晶体管接成两个回路：基极回

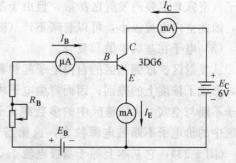

图 1-32 晶体管电流放大的实验电路

路和集电极回路。发射极是公共端，因此这种接法称为晶体管的共发射极接法。如果用的是 NPN 型硅管，电源 E_B 和 E_C 的极性必须照图中那样接法，使发射结上加正向电压（正向偏置），由于 E_C 大于 E_B，集电结加的是反向电压（反向偏置），这样晶体管才能起到放大作用。

改变可变电阻 R_B，则基极电流 I_B、集电极电流 I_C 和发射极电流 I_E 都发生变化。电流方向如图中所示。测量结果列于表 1-11 中。

晶体管电流测量数据　　　　　　　　表 1-11

I_B(mA)	−0.001	0	0.02	0.04	0.06	0.08	0.10
I_C(mA)	0.001	0.01	0.70	1.50	2.30	3.10	3.95
I_E(mA)	0	0.01	0.72	1.54	2.36	3.81	4.05

由此实验及测量结果可得出如下结论：

(1) 观察实验数据中的每一列，可得：

$$I_E = I_C + I_B$$

此结果符合克希荷夫电流定律。

(2) I_C 和 I_E 比 I_B 大得多。从表 1-11 中第四列和第五列的数据比较可知：

第四列　　　　　　　　$I_C/I_B = 1.50/0.04 = 37.5$

第五列　　　　　　　　$I_C/I_B = 2.30/0.06 = 38.3$

这就是晶体管的电流放大作用。电流放大作用还体现在基极电流的少量变化 ΔI_B，可以引起集电极电流较大的变化 ΔI_C。还是比较第四列和第五列的数据，可得出：

$$\Delta I_C/\Delta I_B = (2.30 - 1.5)/(0.06 - 0.04) = 40$$

(3) 当 $I_B = 0$ 时（基极开路），$I_C = I_{CEO}$，称为穿透电流，表中 $I_{CEO} = 0.01$ 毫安 = 10 微安。

(4) 当 $I_E = 0$ 时（将发射极开路）时，$I_C = I_{CBO}$，称为反向饱和电流，表中 $I_{CBO} = 0.001$ 毫安 = 1 微安。为什么叫反向？因为这时集电结处于反向偏置，I_{CBO} 是由 N 区流向 P 区。

(5) 要使晶体管起放大作用，发射结必须加正向偏置，而集电结必须加反向偏置。

下面用载流子在晶体管内部的运动规律来解释上述结论。

(1) 发射区向基区扩散电子。

由于发射结处于正向偏置，多数载流子的扩散运动加强，发射区的自由电子（多数载流子）不断扩散到基区，并不断从电源补充入电子，形成发射极电流 I_E。基区的多数载流子（空穴）也要向发射区扩散，但由于基区的空穴浓度比发射区的自由电子的浓度小得多，因此空穴电流很小，可以忽略不计（图 1-33 中未画出）。

(2) 电子在基区扩散和复合。

从发射区扩散到基区的自由电子起初都聚集在发射结附近，靠近集电结的自由电子很少，形成了浓度上的差别；因而自由电子将向集电结方向继续扩散。在扩散过程中，自由电子不断与空穴（P 型基区中的多数载流子）相遇而复合。由于基区接电源 E_B 的正极，基区中的价电子不断被电源拉走，这相当于不断补充基区中被复合掉的空穴，形成电流 I_{EB}（图 1-33），它基本上等于基极电流 I_B。

在中途被复合掉的电子越多，扩散到集电结的电子就越少，这不利于晶体管的放大作

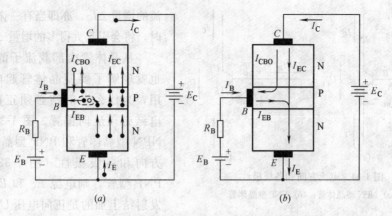

图 1-33 晶体管中的电流
(a) 载流子运动；(b) 电流分配

用。为此，基区就要做得很薄，基区掺杂浓度要很小，这样才可以大大减小电子与基区空穴复合的机会，使绝大部分自由电子都能扩散到集电结边缘。

(3) 集电区收集从发射区扩散过来的电子。

由于集电结反向偏置，集电结内电场增强，它对多数载流子的扩散运动起阻挡作用，阻挡集电区（N 型）的自由电子向基区扩散，但可将从发射区扩散到基区并到达集电区边缘的自由电子拉入集电区，从而形成电流 I_{EC}，它基本上等于集电极电流 I_C。除此以外，由于集电结反向偏置，在内电场的作用下，集电区的少数载流子（空穴）和基区的少数载流子（电子）将发生漂移运动，形成反向饱和电流 I_{CBO}。这电流数值很小，它构成集电极电流 I_C 和基极电流 I_B 的一小部分（图 1-33），但受温度影响很大，并与外加电压的大小关系不大。

上述的晶体管中的载流子运动和电流分配描绘在图 1-33 中。

如上所述，从发射区扩散到基区的电子中只有很小一部分在基区复合，绝大部分到达集电区。也就是构成发射极电流 I_E 的两部分中，I_{EB} 部分是很小的，而 I_{EC} 部分所占的百分比是大的。这个比值用 $\bar{\beta}$ 表示，即：

$$\bar{\beta} = \frac{I_{EC}}{I_{EB}} = \frac{I_C - I_{CBO}}{I_B - I_{EBO}} \approx \frac{I_C}{I_B}$$

$\bar{\beta}$ 表征晶体管的电流放大能力，称为电流放大系数。

【例 1-7】 在图 1.32 的电路中，测得 $I_B = 0.04\text{mA}$，$I_C = 1.5\text{mA}$。试计算 $\bar{\beta}$ 值。3DG6 晶体管的 I_{CBO} 小于 $1\mu A$，可忽略不计。

【解】 $\bar{\beta} \approx I_C / I_B = 1.5 / 0.04 = 37.5$

从前面的电流放大实验还知道，在晶体管中，不仅 I_C 比 I_B 大得多，而且当 I_B 有一个微小的变化时，将会引起 I_C 大得多的变化。这是因为如使基极电流 I_B 增加 ΔI_B 的数值时（在图 1-32 电路中，调节可变电阻使 R_B 减小），加在发射结上的正向偏置电压将会增高，因而发射结空间电荷区更窄，发射区就向基区发射更多的自由电子，即 I_E 增大。但由发射区扩散到基区的自由电子，只有极少部分在基区中与空穴复合形成基极电流，绝大部分将渡越基区到达集电区形成 I_C。因此，I_B 的增量 ΔI_B 中只有一小部分补偿 I_B 的增量 ΔI_B，绝大部分成为集电极电

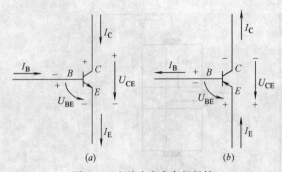

图 1-34 电流方向和各极极性
(a) NPN 型晶体管；(b) PNP 型晶体管

流的增量 ΔI_C，亦即当有一微小增量 ΔI_B 时，将会引起大得多的增量 ΔI_C。

从晶体管内部载流子的运动规律，也就理解了要使晶体管起电流放大作用，为什么发射结必须正向偏置，集电结必须反向偏置。图 1-34 所示的是 NPN 型晶体管和 PNP 型晶体管中电流方向和各极极性（图 1-32 中如换用 PNP 型管，则电源 E_C 和 E_B 要反接）。发射结上加的是正向电压 U_{BE}。要使晶体管起放大作用 $|U_{CE}|>|U_{BE}|$，集电结上加的就是反向电压。

6.3 特 性 曲 线

晶体管的特性曲线是内部载流子运动的外部表现，它反映出晶体管的性能，是分析放大电路的重要依据。最常用的是共发射极接法时的输入特性曲线和输出特性曲线。这些特性曲线可用特性图示仪直观地显示出来，也可以通过如图 1-35 的实验电路进行测绘。实验电路中，用的是 NPN 型硅管 3DG6。

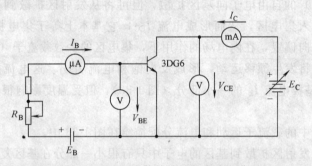

图 1-35 测量晶体管特性的实验电路

6.3.1 输入特性曲线

输入特性曲线是指当集-射极电压 U_{CE} 为常数时，输入回路（基极回路）中基极电流 I_B 与基-射极电压 U_{BE} 之间的关系曲线 $I_B=f(U_{BE})$，如图 1-36 所示。

对硅管而言，当 $U_{CE} \geqslant 1V$ 时，集电结已反向偏置，并且内电场已足够大，可以把从发射区扩散到基区的电子中的绝大部分拉入集电区。如果此时再增大 U_{CE}，只要 U_{BE} 保持不变（从发射区发射到基区的电子数就一定），I_B 也就基本上不变。就是说，$U_{CE}>1V$ 后的输入特性曲线基本上是重合的。所以，通常只画出 $U_{CE} \geqslant 1V$ 的一条输入特性曲线。

由图 1-36 可见，晶体管和二极管的伏安特性一样，输入特性也有一段死区。只有在发射结外加电压大于死区电压时，晶体管才会出现 I_B。硅管的死

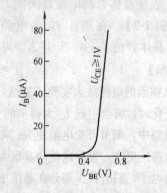

图 1-36 3DG6 晶体管的输入特性曲线

区电压约 0.5V，锗管的死区电压不超过 0.2V。在正常工作情况下，NPN 型硅管的发射结电压 U_{BE} 在 0.6～0.7V，PNP 型锗管的 U_{BE} 在 -0.2～-0.3V。

6.3.2 输出特性曲线

输出特性曲线是指当基极电流 I_B 为常数时，输出电路（集电极电路）中集电极电流 I_C 与集—射极电压 U_{CE} 之间的关系曲线 $I_C=f(U_{CE})$。在不同的 I_B 下，可得出不同的曲线，所以晶体管的输出特性曲线是一组曲线，如图 1-37 所示。当 I_B 一定时，从发射区扩散到基区的电子数大致是一定的。在 U_{CE} 超过一定数值（约 1V）以后，这些电子的绝大部分被拉入集电区而形成 I_C，以致当 U_{CE} 继续增高时，I_C 也不再有明显的增加，具有恒流特性。

当 I_B 增大时，相应的 I_C 也增大，曲线上移，而且 I_C 比 I_B 增加得多得多，这就是晶体管的电流放大作用。通常把晶体管的输出特性曲线分为三个工作区（图 1-37）。

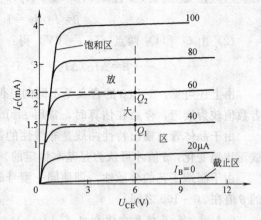

图 1-37　3DG6 晶体管的输出特性曲线

（1）放大区

输出特性曲线的近于水平部分是放大区。在放大区，$I_C=\bar{\beta}I_B$。放大区也称为线性区，因为 I_C 和 I_B 成正比的关系。如前所述，晶体管工作于放大状态时，发射结处于正向偏置，集电结处于反向偏置。

（2）截止区

$I_B=0$ 的曲线以下的区域称为截止区，$I_B=0$ 时，$I_C=I_{CEO}$。对 NPN 型硅管而言，当 $U_{BE}<0.5V$ 时，即已开始截止，但是为了截止可靠，常使 $U_{BE}\leqslant0$。截止时集电结处于反向偏置。

（3）饱和区

当 $U_{CE}<U_{BE}$ 时，集电结处于正向偏置，晶体管工作于饱和状态。在饱和区，I_B 的变化对 I_C 的影响较小，两者不成正比，放大区的 $\bar{\beta}$ 不能适用于饱和区。饱和时，发射结也处于正向偏置。

6.4 主要参数

晶体管的特性除用特性曲线表示外，还可用一些数据来说明，这些数据就是晶体管的参数。晶体管的参数也是设计电路，选用晶体管的依据。

6.4.1 电流放大系数 ($\bar{\beta}$、β)

当晶体管接成共发射极电路时，在静态（无输入信号）时，集电极电流 I_C（输出电流）与基极电流 I_B（输入电流）的比值称为共发射极静态电流（直流）放大系数：

$$\bar{\beta}=I_C/I_B$$

当晶体管工作在动态（有输入信号）时，基极电流的变化量为 ΔI_B，它引起集电极电流的变化量为 ΔI_C。ΔI_C 与 ΔI_B 的比值称为动态电流（交流）放大系数：

$$\beta = \Delta I_C / \Delta I_B$$

【例 1-8】 从图 1-37 所给出的 3DG6 晶体管的输出特性曲线上，(1) 计算 Q_1 点处的 $\bar{\beta}$；(2) 由 Q_1 和 Q_2 两点，计算 β。

【解】

(1) 在 Q_1 点处，$U_{CE}=6\text{V}$，$I_B=40\mu\text{A}=0.04\text{mA}$，$I_C=1.5\text{mA}$，故

$$\bar{\beta} = I_C / I_B = 1.5/0.04 = 37.5$$

(2) 由 Q_1 和 Q_2 两点（$U_{CE}=6\text{V}$）得：

$$\beta = \Delta I_C / \Delta I_B = (2.3-1.5)/(0.06-0.04) = 40$$

由上述可见，$\bar{\beta}$ 和 β 的含义是不同的，但在输出特性曲线近于平行等距的情况下，两者数值较为接近，今后在估算时，常用 $\bar{\beta} = \beta$ 这个近似关系。

由于晶体管的输出特性曲线是非线性的，只有在特性曲线的近于水平部分，I_C 随 I_B 成正比地变化，β 值才可认为是基本恒定的。

由于制造工艺的分散性，即使同一型号的晶体管，β 值也有很大差别。常用的晶体管的 β 值在 20～100 之间。

6.4.2 集-基极反向饱和电流（I_{CBO}）

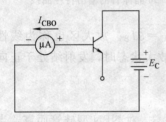

图 1-38 测量 I_{CBO} 的电路

前面已讲过，I_{CBO} 是由于集电结处于反向偏置，集电区和基区中的少数载流子的漂移运动（主要是 N 型集电区的空穴向基区漂移）所形成的电流。I_{CBO} 受温度的影响大。在室温下，小功率锗管的 I_{CBO} 约为几微安到几十微安，小功率硅管在 1 微安以下。I_{CBO} 越小越好。硅管在热稳定性方面胜于锗管。

因为 I_{CBO} 与发射结无关，所以通过图 1-38 的电路（将发射极开路）可以测量。

6.4.3 集-射极穿透电流（I_{CEO}）

I_{CEO} 也已在前面讲过，它是当 $I_B=0$（将基极开路）、集电结处于反向偏置和发射结处于正向偏置时的集电极电流。又因为它好像是从集电极直接穿透晶体管而到达发射极的，所以又称为穿透电流，如图 1-39 所示。

当集电结反向偏置时，集电区的空穴漂移到基区而形成电流 I_{CBO}。而发射结正向偏置，发射区的电子扩散到基区，其中绝大部分被拉入集电区，只有极少部分在基区与空穴复合。由于基极开路，$I_B=0$。因此，在基区参与复合

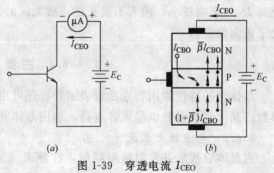

图 1-39 穿透电流 I_{CEO}
(a) 测量电路；(b) 载流子运动

的电子与从集电区漂移过来的空穴数量应该相等。如上所述，从集电区漂移来的空穴形成电流 I_{CBO}。所以参与复合的电子流也应等于 I_{CBO}，这样，才能满足 $I_B=0$ 的条件。从发射区扩散的电子，不断从电源得到补充，形成电流 I_{CEO}。根据晶体管电流分配原则，从

发射区扩散到达集电区的电子数,应为在基区与空穴复合的电子数的 $\overline{\beta}$ 倍,故

$$I_{CEO}=\overline{\beta}I_{CBO}+I_{CBO}=(1+\overline{\beta})I_{CBO}$$

而集电极电流 I_C 则为:

$$I_C=\overline{\beta}I_B+I_{CEO}$$

由于 I_{CBO} 受温度影响很大,当温度上升时, I_{CBO} 增加很快,而 I_{CEO} 增加得也快, I_C 也就相应增加。所以晶体管的稳定性很差。这就是它的一个主要缺点。I_{CBO} 愈大、$\overline{\beta}$ 愈高的管子,稳定性愈差。因此,在选管时,要求 I_{CBO} 尽可能小些,而 $\overline{\beta}$ 以不超过 100 为宜。

6.4.4 集电极最大允许电流(I_{CM})

集电极电流 I_C 超过一定值时,晶体管的 β 值要下降。当 β 值下降到正常数值的三分之二时的集电极电流,称为集电极最大允许电流 I_{CM}。因此,在使用晶体管时,I_C 超过 I_{CM} 并不一定会使晶体管损坏,但以降低 β 值为代价。

6.4.5 集-射极反向击穿电压($U_{(BR)CEO}$)

基极开路时,加在集电极和发射极之间的最大允许电压,称为集-射极击穿电压 $U_{(BR)CEO}$。当晶体管的集—射极电压 V_{CE} 大于 $U_{(BR)CEO}$ 时,I_C 突然大幅度上升,说明晶体管已被击穿。手册中给出的 $U_{(BR)CEO}$ 一般是常温(25℃)时的值,晶体管在高温下,其 $U_{(BR)CEO}$ 值将要降低,使用时应特别注意。

6.4.6 集电极最大允许耗散功率(P_{CM})

由于集电极电流在流经集电结时将产生热量,使结温升高,从而会引起晶体管参数变化。当晶体管因受热而引起的参数变化不超过允许值时,集电极所消耗的最大功率,称为集电极最大允许耗散功率 P_{CM}。

P_{CM} 主要受结温 T_j 的限制,一般来说,锗管允许结温约为 70～90℃,硅管约为 150℃。

根据给出的 P_{CM} 值,可在晶体管的输出特性曲线上作出 P_{CM} 曲线,定出过损耗区。

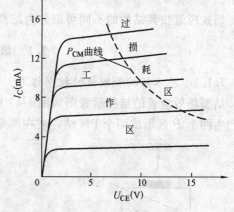

图 1-40 3DG6 的 P_{CM} 曲线

【例 1-9】 作出小功率硅管 3DG6 的 P_{CM} 曲线。已知 $P_{CM}=100$mA,

【解】 3DG6 的输出特性曲线如图 1-40 所示。

由 $P_{CM}=I_C V_{CE}$ 的关系可知:

I_C (mA) $\times V_{CE}$ (V) $=100$mW

若 $I_C=4$mA,则 $V_{CE}=25$V。

若 $I_C=8$mA,则 $V_{CE}=12.5$V。

作类似计算,可得表 1-12 中所列数据。

P_{CM} 曲线计算数据　　　　　　　　　　表 1-12

I_C(mA)	4	8	10	12	13	14	15
V_{CE}(V)	25	12.5	10	8.3	7.7	7.1	6.7

在图 1-40 中，3DG6 的输出特性曲线上找出相应的点，就能联成 P_{CM} 曲线。这条曲线上的各点，代表集电极损耗为 100mW，曲线右上方为过损耗区，左下方为工作区。在确定晶体管的工作范围时，还应留有余地。

以上所讨论的几个参数，其中 β 和 I_{CBO}（I_{CEO}）是表明晶体管优劣的主要指标；I_{CM}、$U_{(BR)CEO}$ 和 P_{CM} 都是极限参数，用来说明晶体管的使用限制。特别要注意，晶体管工作时，不允许同时达到 I_{CM}、$U_{(BR)CEO}$，否则集电极损耗将大大超过 P_{CM} 值而使晶体管损坏。同时，还要考虑温度对 P_{CM} 值的影响。

课题 7 场 效 应 管

场效应管是一种较新型的半导体器件，其外形与普通晶体管相似，但两者的控制特性却截然不同。普通晶体管是电流控制元件，通过控制基极电流达到控制集电极电流或发射极电流的目的，即需要信号源提供一定的电流才能工作。因此，它的输入电阻较低，仅有 $10^2 \sim 10^4 \Omega$。场效应管则是电压控制元件，它的输出电流决定于输入信号电压的大小，基本上不需要信号源提供电流，所以它的输入电阻很高，可高达 $10^9 \sim 10^{14} \Omega$。这是它的突出特点。此外，场效应管还具有其他优点，所以现在已被广泛应用于放大电路和数字电路中。

场效应管按其结构的不同可以分为结型场效应管和绝缘栅场效应管两种类型。

7.1 结型场效应管

7.1.1 基本结构和栅极的控制作用

结型场效应管的结构示意图如图 1-41 所示。在一块 N 型硅半导体的两侧利用扩散方法产生两个 P 区形成两个 PN 结，夹在两个 PN 结中间的 N 区是 N 型导电沟道。把两个 P 区连在一起引出的电极，称栅极 G，在半导体块上下两端各引出一个电极，分别称为漏极 D 和源极 S。这种场效应管称为 N 沟道结型场效应管，其表示符号如图 1-41 右侧所示。

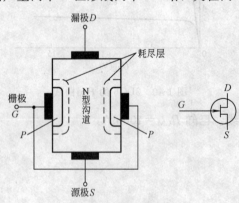

图 1-41 N 沟道结型场效应管的结构及其表示符号

结型场效应管的控制作用如图 1-42 所示。对 N 沟道场效应管而言，漏极与源极之间加正电压，即 $U_{DS}>0$；栅极与源极之间加负电压，即 $U_{GS}<0$。这样，栅极相对于源极和漏极来说总是处于低电位，亦即加在两个 PN 结上的都是反向偏压。由于反向偏置，栅极电流 $I_G \approx 0$。但在漏极与源极之间的电场作用下，N 型半导体中的自由电子（多数载流子）通过导电沟道自源极向漏极运动而形成漏极电流 I_D。在 PN 结的交界处会形成一个载流子很少的空间电荷区，称为阻挡层，也常称为耗尽层。它是高电阻区域，基本上不导电。显然，由图 1-42 可见，栅极与源极间的反向偏压 U_{GS} 愈高（即 U_{GS} 愈负），则耗尽层愈厚，导电沟道就愈窄，漏极电

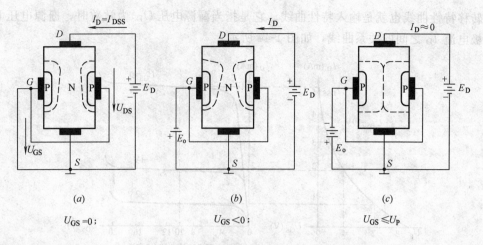

(a) $U_{GS}=0$;   (b) $U_{GS}<0$;   (c) $U_{GS}\leqslant U_P$

图 1-42 栅极的控制作用

流也就愈小。当反向偏压足够高时，能使两边的耗尽层合拢（图 1-42（c）），导电沟道消失，漏极电流也就近似为零了。这种情况称为夹断。在一定的漏源电压 U_{DS} 下，夹断时的栅源电压（也称负栅偏压）称为栅源夹断电压或栅源截止电压，用 U_P 表示。可见，当栅源电压 U_{GS} 在 $0\sim U_P$ 之间变化时，就可控制漏极电流 I_D 的变化。其实，电压的变化是反映了一种电场的变化，从而改变了导电沟道的宽窄，以达到控制电流的目的。这就是场效应管名称的由来。

由上可知，结型场效应管的工作情况与普通晶体管不同。它的漏极电流 I_D 只在两个 PN 结间的导电沟道中通过，不像晶体管那样要通过 PN 结；沟道中参与导电的只有一种极性的载流子（电子或空穴），所以场效应管是一种单极型晶体管。而普通的 NPN 型或 PNP 型晶体管中参与导电的同时有两种极性的载流子（电子和空穴），因此它们也常称为双极型晶体管，此外，由于栅、源极间 PN 结处于反向偏置状态，栅、源极间的电阻（即管子的输入电阻）R_{GS} 可高达 $10^8 \Omega$。因此，漏极电流只受信号电压的控制，信号源不提供电流。这是普通的双极型晶体管远远不及的。

除 N 沟道结型场效应管外，还有 P 沟道结型场效应管，如图 1-43 所示。P 沟道管中参与导电的是空穴。

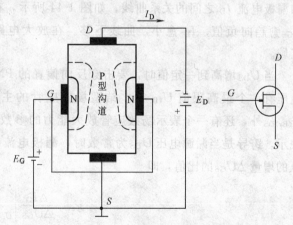

图 1-43 P 沟道结型场效应管的结构及其表示符号

它的工作情况与 N 沟道管类似，只是各电源的极性接法相反。P 沟道结型场效应管的应用不如 N 沟道管普遍。

7.1.2 特性曲线和主要参数

结型场效应管的特性曲线有下面两组，通过实验测得。

（1）转移特性曲线

转移特性曲线也就是输入特性曲线。它是指当漏源电压 U_{DS} 为常数时，栅源电压 U_{GS} 和漏极电流 I_D 之间的关系曲线，如图 1-44 所示。

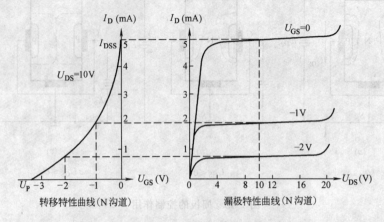

图 1-44　输入输出特性曲线

由图 1-44 所示的某种管子的转移特性曲线可见，当 U_{GS} 从 0 变到 $-1V$ 时（$\Delta U_{GS} = 1V$），I_D 从 5mA 变到 2mA（$\Delta I_D = 3$mA）。如果在漏极电路中接入漏极电阻 R_D，其值较高，设为 $10k\Omega$，则电阻 R_D 上的电压就变化了 30V，也就是把电压放大了 $30/1 = 30$ 倍。这就是场效应管的电压放大作用。I_{DSS} 称为饱和漏极电流，它是在一定的漏源电压 U_{DS} 下，当 $U_{GS} = 0$（即栅、源两极短路）时的漏极电流。在图 1-44 中 I_{DSS} 为 5mA。

(2) 漏极特性曲线

漏极特性曲线也就是输出特性曲线，它是指当栅源电压 U_{GS} 为常数时，漏源电压 U_{DS} 和漏极电流 I_D 之间的关系曲线，如图 1-44 所示。在不同的 U_{GS} 下，可得出不同的曲线。U_{GS} 愈趋向负值，I_D 愈小，曲线下移。在放大电路中，场效应管都工作在曲线的平坦区域。

当 U_{DS} 增高到一定值时，要击穿反向偏置的 PN 结，引起 I_D 突然增大。因此，漏源电压有一个最高限值 $U_{(Br)DS}$。结型场效应管的主要参数，除上面已讲过的 I_{DSS}、U_P、$U_{(Br)DS}$ 外，还有一个表示场效应管放大能力的参数，它是跨导（也称互导），用符号 g_m 表示。跨导是当漏源电压 U_{DS} 为常数时，漏极电流的增量 ΔI_D 对引起这一变化的栅源电压的增量 ΔU_{GS} 的比值，即

$$g_m = \frac{\Delta I_D}{\Delta U_{GS}} \bigg|_{U_{DS}}$$

跨导是衡量场效应管栅源电压对漏极电流控制能力强弱的一个重要参数，用以标志管子放大作用的大小。它的单位是 $\mu A/V$ 或 mA/V。手册中所列的跨导值多是在低频 (1000Hz) 小信号 (电压幅度不超过 100mV) 情况下测得的，故称为低频小信号跨导。当管子作共源极连接时，测得的低频小信号跨导，则称为共源低频小信号跨导。从转移特性曲线上看，跨导就是这特性曲线上工作点处切线的斜率。由于整个特性曲线不是直线，其上各点的斜率也就不同。结型场效应管的跨导在 $0.1 \sim 10$mA/V 之间。

7.2 绝缘栅场效应管

结型场效应管的栅源电阻 R_{GS} 是由 PN 结的反向电阻构成的，它虽然可高达 $10^8\Omega$ 左右，但在有些场合还嫌不够高，而且当温度升高时，PN 结的反向电阻还要显著下降。这是结型场效应管的不足之处。如果能使栅极与导电沟道之间处于绝缘状态，就可以大大提高栅源电阻，也可免除温度对阻值的影响。这就是形成绝缘栅场效应管结构的简单依据，而其栅极的控制作用，则是利用半导体的表面场效应现象来达到的。

绝缘栅场效应管按其工作状态可分为增强型与耗尽型两类，每类又有 N 沟道和 P 沟道之分。

7.2.1 N沟道增强型绝缘栅场效应管

图 1-45 是这类绝缘栅场效应管的结构示意图。用一块杂质浓度较低的 P 型薄硅片作为衬底，其上扩散两个相距很近的高掺杂浓度 N^+ 区，并在硅片表面生成一层薄薄的二氧化硅绝缘层。再在两个 N^+ 区之间的二氧化硅的表面及两个 N^+ 区的表面分别安置三个电极：栅极 G、源极 S 和漏极 D。由图可见，栅极和其他电极及硅片之间是绝缘的，所以称为绝缘栅场效应管，

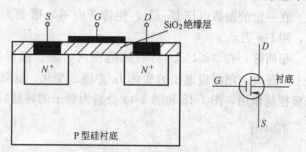

图 1-45 N 沟道增强型绝缘栅场效应管的结构及其表示符号

或称为金属二氧化物-半导体场效应管，简称 MOS 场效应管。由于栅极是绝缘的，栅极电流几乎为零，栅源电阻（输入电阻）R_{GS} 非常高，可高达 $10^{14}\Omega$，比结型场效应管的栅源电阻高得多。

从图 1-45 可见，N^+ 型漏区和 N^+ 型源区之间被 P 型衬底隔开，漏极和源极之间好像是两个背靠背的 PN 结，当 $U_{GS}=0$ 时，不管漏极和源极间所加电压的极性如何，其中总有一个 PN 结是反向偏置的，反向电阻很大，漏极电流 I_D 近似为零，即不具有原始导电沟道。

如果在栅极和源极之间加正向电压 U_{GS}，情况就会发生变化。在 U_{GS} 的作用下，产生

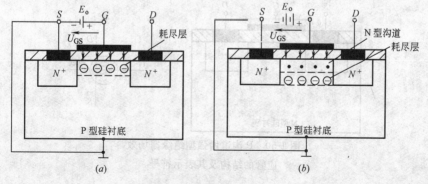

图 1-46 N 沟道增强型绝缘栅场效应管的工作原理
(a) 形成耗尽层；(b) 形成导电沟道

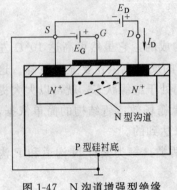

图 1-47 N 沟道增强型绝缘栅场效应管的导通

了垂直于衬底表面的电场。由于二氧化硅绝缘层很薄,因此即使 U_{GS} 很小(如只有几伏),也能产生很强的电场强度(可达 $10^5 \sim 10^6 \mathrm{V/cm}$)。P 型硅衬底中的电子受到电场力的吸引到达表面层,填补空穴而形成负离子的耗尽层(图 1-46(a))。如果继续增大 U_{GS},吸引到表面层的电子更多,填补空穴后有剩余,便在表面形成一个 N 型层(图 1-46(b))。通常把这个在 P 型硅衬底表面形成的 N 型层称为反型层。它也就是沟通源区和漏区的 N 型导电沟道(与 P 型衬底间被耗尽层绝缘)。U_{GS} 愈大,导电沟道愈厚。形成导电沟道后,在漏极电源 E_D 的作用下,将产生漏极电流 I_D,管子导通(图 1-47)。

在一定的漏源电压 U_{DS} 下,使管子由不导通变为导通的临界栅源电压,称为开启电压,用 U_T 表示。

很明显,在 $0 < U_{GS} < V_T$ 的范围内,漏、源极间沟道尚未连通,$I_D \approx 0$。只有当 $U_{GS} > U_T$ 时,随栅极电位的变化 I_D 亦随之变化,这就是 N 沟道增强型绝缘栅场效应管的栅极控制作用,图 1-48 和图 1-49 分别为管子的转移特性曲线和漏极特性曲线。

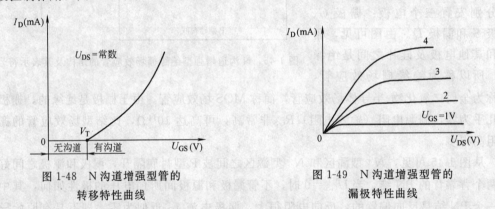

图 1-48 N 沟道增强型管的转移特性曲线

图 1-49 N 沟道增强型管的漏极特性曲线

图 1-50 为 P 沟道增强型绝缘栅场效应管的结构示意图。它的工作原理与前工种相似,只是要调换电源的极性。

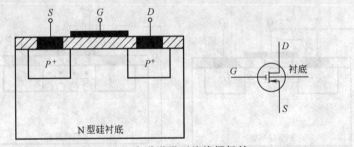

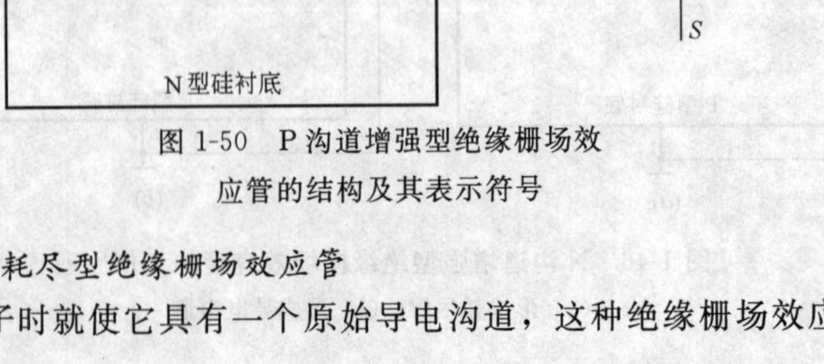

图 1-50 P 沟道增强型绝缘栅场效应管的结构及其表示符号

7.2.2 N 沟道耗尽型绝缘栅场效应管

如果在制造管子时就使它具有一个原始导电沟道,这种绝缘栅场效应管就属于耗尽

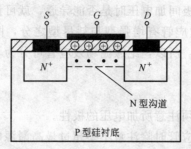
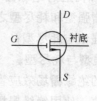

图 1-51 N 沟道耗尽型绝缘栅场效应管的结构及其表示符号

型,以与增强型区别。图 1-51 是 N 沟道耗尽型绝缘栅场效应管的结构示意图。在制造时,在二氧化硅绝缘层中掺有大量的正离子,因而在两个 N^+ 区之间便感应很多负电荷,形成原始导电沟道。与增强型相比,它的结构似乎变化不大。实际上其控制特性却有明显改进。在 U_{DS} 为常数的条件下,当 $U_{GS}=0$ 时,漏、源极之间已可导通,流过的是原始导电沟道的饱和漏极电流 I_{DSS}。当 $U_{GS}>0$ 时,在 N 型沟道内感应出更多的负电荷,所以 I_D 随 U_{GS} 的增加而增大。当 $U_{GS}<0$,即加反向电压时,N 型沟道内出现耗尽层(图 1-52),导电沟道缩小;U_{GS} 愈负,导电沟道愈小,I_D 也就愈小。当 U_{GS} 等于夹断电压 U_P 时,沟道被夹断,$I_D \approx 0$。可见,耗尽型绝缘栅场效应管不论栅极偏置于正、负或零栅压,都能控制 I_D,这个特点使它的应用具有更大的灵活性。一般情况下,这类管子还是工作在负栅压状

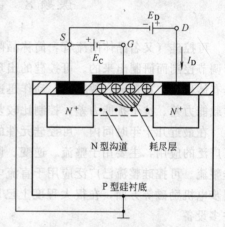

图 1-52 N 沟道耗尽型绝缘栅场效应管的导通

态,这时要根据不同的 I_{DSS} 和夹断电压(U_P 为负值)来选用耗尽型管。它的转移特性曲线和漏极特性曲线分别示于图 1-53 和图 1-54 中。

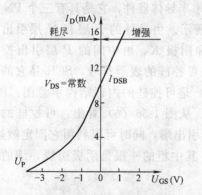
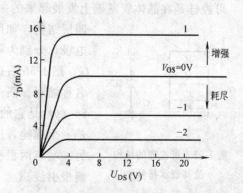

图 1-53 N 沟道耗尽型管的转移特性曲线   图 1-54 N 沟道耗尽型管的漏极特性曲线

以上分别介绍了 N 沟道增强型和耗尽型绝缘栅场效应管,它们的主要区别就在于是否有原始导电沟道。所以,如果要判别一个没有型号的绝缘栅场效应管是增强型还是耗尽

型，只要检查它在零栅压下，在漏、源极间加电压时是否能导通，就可做出判别。

实际上，不但 N 沟道的绝缘栅场效应管有增强型与耗尽型之分，同样，P 沟道的绝缘栅场效应管也有增强型和耗尽型之分。所以，绝缘栅场效应管可分为下列四种：

N 型沟道：增强型与耗尽型；

P 型沟道：增强型与耗尽型。

对于不同种类的绝缘栅场效应管必须注意所加电压的极性。

根据它的参数值，使用绝缘栅场效应管时除注意不要超过最高漏源电压、栅源电压和耗散功率等极限值外，还特别要注意可能出现栅极感应电压过高而造成绝缘层的击穿问题。为了避免这种损坏。在保存时，必须将各个电极短接；在电路中栅源间应有直流通路；焊接时，应使电烙铁有良好的接地。

课题 8 晶闸管（可控硅）

可控硅（又名晶体闸流管，简称晶闸管），最初是为了对二极管整流电路直流电压进行调节控制而研制出来的。可控硅的出现，使半导体器件从弱电领域进入了强电领域。它具有体积小、重量轻、效率高、动作迅速、维护简单、操作方便、寿命长等许多优点；但过载能力差、抗干扰能力差、控制比较复杂，这是它的主要缺点。

在最近几十年时间内，可控硅元件的制造和应用技术发展很快，在各个工业部门获得了广泛的应用，主要用于整流、逆变、调压、开关四个方面。目前应用得最多的还是可控硅整流。可控硅整流已广泛应用于直流电动机的调速、电解、电镀、电焊、蓄电池充电及同步电机励磁等方面，在很大程度上已取代了水银整流器、电动机-发电机组、闸流管等许多设备。

在这一课题里，介绍可控硅的工作原理和特性。

8.1 可控硅

8.1.1 基本结构

可控硅是在晶体管基础上发展起来的一种大功率半导体器件，它是具有三个 PN 结的

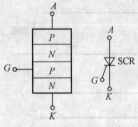

图 1-55 可控硅的结构及其表示符号

四层结构，如图 1-55 所示。由最外的 P 层和 N 层引出两个电极，分别为阳极 A 和阴极 K，由中间的 P 层引出控制极 G。图 1-55 右边画的是可控硅的表示符号，SCR 是它的英文名称缩写。图 1-56（a）是可控硅的内部结构示意图，图 15-56（b）是它的外形图。从图 1-56（b）看出，可控硅的一端是一个螺栓，这是阳极引出端，同时可以利用它固定散热片；另一端有两根引出线，其中粗的一根是阴极引线，细的是控制极引线。

8.1.2 工作原理

为了说明可控硅的工作原理，可按图 1-57 所示的电路做一个简单的实验。

(1) 可控硅阳极接直流电源的正端，阴极经灯泡接电源的负端，此时可控硅承受正向电压。控制极电路中开关 K 断开（不加电压），如图 1-57（a）所示。这时灯不亮，说明

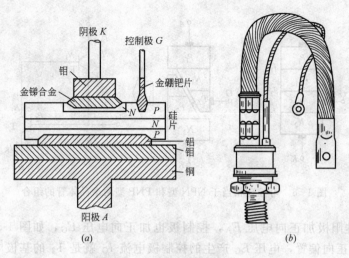

图 1-56 可控硅的结构和外形

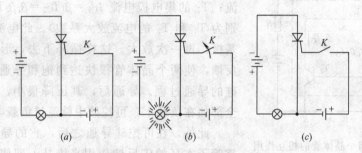

图 1-57 可控硅导通实验电路图

可控硅不导通。

(2) 可控硅的阳极和阴极间加正向电压，控制极相对于阴极也加正向电压，如图 1-57（b）所示。这时灯亮，说明可控硅导通。

(3) 可控硅导通后，如果去掉控制极上的电压（将图 1-57（b）中的开关 K 断开），灯仍然亮。这表明可控硅继续导通，即可控硅一旦导通后，控制极就失去了控制作用。

(4) 可控硅的阳极和阴极间加反向电压（图 1-57（c）），无论控制极加不加电压，灯都不亮，可控硅截止。

(5) 如果控制极加反向电压，可控硅阳极回路无论加正向电压还是反向电压，可控硅都不导通。

从上述实验可以看出，可控硅导通必须同时具备两个条件：

(1) 可控硅阳极电路加正向电压；
(2) 控制极电路加适当的正向电压（实际工作中，控制极加正触发脉冲信号）。

为了说明可控硅的工作原理，我们把可控硅看成是由 PNP 和 NPN 型两个晶体管连接而成，一个晶体管的基极与另一个晶体管的集电极相连，如图 1-58 所示。阳极 A 相当于 PNP 型晶体管 T_1 的发射极，阴极 K 相当于 NPN 型晶体管 T_2 的发射极。

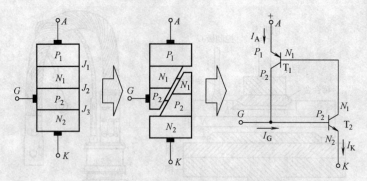

图 1-58　可控硅相当于 NPN 型和 PNP 型两个晶体管的组合

如果可控硅阳极加正向电压 E_A，控制极也加正向电压 E_G，如图 1-59 所示，那么，晶体管 T_2 处于正向偏置，电压 E_G 产生的控制极电流 I_G 就是 T_2 的基极电流 I_{B2}，T_2 的集电极电流 $I_{C2}=\beta_2 I_G$。而 I_{C2} 又是晶体管 T_1 的基极电流；T_1 的集电极电流 $I_{C1}=\beta_1 I_{C2}=\beta_1 \beta_2 I_G$（$\beta_1$ 和 β_2 分别为 T_1 和 T_2 的电流放大系数）。此电流又流入 T_2 的基极，再一次放大。这样循环下去，形成了强烈的正反馈，使两个晶体管很快达到饱和导通。这就是可控硅的导通过程。导通后，其压降很小，电源电压几乎全部加在负载上，可控硅中就流过负载电流。

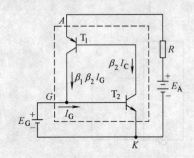

图 1-59　用两个晶体管的相互作用说明可控硅的工作原理

此外，在可控硅导通之后，它的导通状态完全依靠管子本身的正反馈作用来维持，即使控制极电流消失，可控硅仍然处于导通状态。所以，控制极的作用仅仅是触发可控硅使其导通，导通之后，控制极就失去控制作用了。要想关断可控硅，必须将阳极电流减小到使之不能维持正反馈过程，当然也可以将阳极电源拉断或者在可控硅的阳极和阴极间加一个反向电压。

综上所述，可控硅是一个可控的单向导电开关。它与具有一个 PN 结的二极管相比，其差别在于可控硅正向导电受控制极电流的控制；与具有两个 PN 结的晶体管相比，其差别在于可控硅对控制极电流没有放大作用。

8.1.3　伏安特性

可控硅的导通和截止这两个工作状态是由阳极电压 V、阳极电流 I 及控制极电流 I_G 等决定的，而这几个量又是互相有联系的。在实际应用上常用实验曲线来表示它们之间的关系，这就是可控硅的伏安特性曲线。图 1-60 所示的伏安特性曲线是在 $I_G=0$ 的条件下作出的。

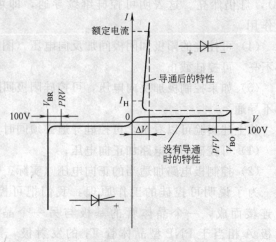

图 1-60　可控硅的伏安特性曲线

当可控硅的阳极和阴极之间加正向电压时,由于控制极未加电压,可控硅内有一个PN结(图1-58中的J_2)处于反向偏置,因此其中只有很小的电流流过,这个电流称为正向漏电流。这时,可控硅阳极和阴极之间表现出很大的内阻,它处于阻断(截止)状态,如图1-60中曲线的下部所示。当正向电压增加到某一数值时,漏电流突然增大,可控硅由阻断状态突然导通。可控硅导通后,就可以通过很大电流,而它本身的管压降只有1V左右,因此特性曲线靠近纵轴而且陡直。可控硅由阻断状态转为导通状态所对应的电压称为正向转折电压V_{BO}。在可控硅导通后,若减小正向电压,正向电流就逐渐减小。当电流小到某一数值时,可控硅又从导通状态转为阻断状态,这时所对应的最小电流称为维持电流I_H。

当可控硅的阳极和阴极之间加反向电压时(控制极仍不加电压),其伏安特性与二极管类似,电流也很小,它称为反向漏电流。

当反向电压增加到某一数值时,反向漏电流急剧增大,这时所对应的电压称为反向击穿电压V_{BR}。

从图1-60的可控硅的正向伏安特性曲线可见,当阳极正向电压高于转折电压时,元件将导通。但是这种导通方法很容易造成可控硅元件的不可恢复性击穿而使元件损坏,在正常工作时是不采用的。可控硅的正常导通受控制极电流I_G的控制。为了正确使用可控硅,必须了解其控制极特性。

当控制极加正向电压时,控制极电路就有电流I_G,可控硅就容易导通,其正向转折电压降低,特性曲线左移。控制极电流愈大,正向转折电压愈低,如图1-61所示。

实际规定,当可控硅的阳极与阴极之间加上6V直流电压,能使元件导通的控制极最小电流(电压)称为触发电流(电压)。由于制造工艺上的问题,因此同一型号的可控硅的触发电压和触发电流也不尽相同。如果触发电压太低,则可控硅容易受干扰电压的作用而造成误触发;如果太高,又会造成触发电路设计上的困难。因此,规定了在常温下各种规格的可控硅元件的最大和最小触发电压和电流的范围。例如,对3CT50型的可控硅最大触发电压和电流应不大于3.5V和100mA,最小触发电压和电流应不小于0.15V和1mA。这样才算产品合格。

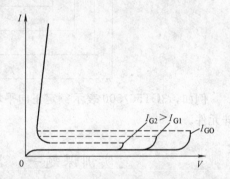

图1-61 控制极电流对可控硅转折电压的影响

8.1.4 主要参数

为了正确地选择和使用可控硅,还必须了解可控硅元件的电压、电流等主要参数的意义。可控硅的主要参数有:

(1)正向阻断峰值电压(PFV)

在控制极断路和可控硅正向阻断的条件下,可以重复加在可控硅两端的正向峰值电压,称为正向阻断峰值电压,用符号PFV表示。此电压按规定比正向转折电压小100V。通常所说的多少伏可控硅,就是指它的PFV是多少伏。在选择可控硅时还要考虑留有足够的余量。

（2）反向阻断峰值电压（PRV）

就是在控制极断路时，可以重复加在可控硅元件上的反向峰值电压，用符号 PRV 表示。此电压按规定比反向击穿电压小 100V。

PFV 和 PRV 一般相等，统称为可控硅的峰值电压。

（3）额定正向平均电流（I_F）

在环境温度不大于 40℃ 和标准散热及全导通的条件下，可控硅元件可以连续通过的工频正弦半波电流（在二个周期内的）平均值，称为额定正向平均电流 I_F，简称正向电流。通常所说多少安的可控硅，就是指这个电流。

然而，这个电流值并不是一成不变的，可控硅允许通过的最大工作电流还受冷却条件、环境温度、元件导通角、元件每个周期的导电次数等因素的影响。

（4）维持电流（I_H）

在规定的环境温度和控制极断路时，维持元件继续导通的最小电流称为维持电流 I_H。当可控硅的正向电流小于这个电流时，可控硅将自动关断。

目前我国生产的可控硅元件的型号及其含义如下：

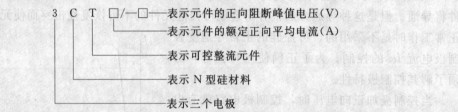

例如，3CT50/500 表示额定正向平均电流为 50A、正向阻断峰值电压为 500V 的可控硅元件。

实训课题一　常用元器件识别与检测

9.1　目的、要求

（1）了解电阻器、电容器、变压器的分类；了解电容器的性能；了解电感器的用途。

（2）了解电阻器标称系列与阻值、误差的识别；了解电容器的标称识别；了解色码电感标志的识别方法。

（3）掌握电阻器、电位器、电容器的测量方法、变压器的一般检测方法、检测电感的方法。

（4）认识不同类别的晶体管。

（5）了解晶体管的用途并掌握其使用。

（6）掌握各类二极管、三极管的检测方法。

9.2　电阻器的识别

9.2.1　识别

电阻器上有三道或四道色环，靠近电阻器端头的为第一道色环，其余的顺次为第二、第三、第四道色环；第一、第二道色环表示有效数字，第三道色环表示倍乘，第四道色环表示误差,如没有,其误差为±20%。首先要把颜色与所代表的数字记熟,即棕1、红2、橙3、黄4、绿5、蓝6、紫7、灰8、白9、黑0,把它们编成口诀如下:

棕1红2橙上3,4黄5绿6是蓝,7紫8灰9雪白,黑色是0须记牢。

首先背熟此口诀,其次是搞清第三环所表示的数量级,即第三环表示第一、第二位有效数字之后加"0"的个数,再加上最后一环表示误差,金色为Ⅰ级误差(±5%)、银色为Ⅱ级误差(±10%)。精密电阻(误差为±2%以下)用五条色环表示,前三环表示有效数字,第四道色环表示倍乘,第五道色环表示误差,这样就能迅速读出阻值和误差了。如图1-62所示。

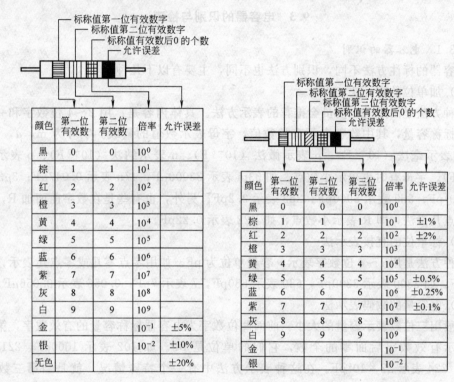

图 1-62 色标表示法

9.2.2 电阻器额定功率符号

如图1-63所示。

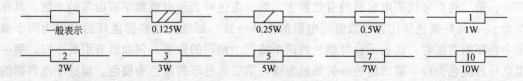

图 1-63 电阻器额定功率符号

9.2.3 技能训练:电阻器检测

根据给出的各类固定电阻、微调电阻和热敏电阻,两位同学协作,选择几个电阻用万用表检测,并将结果填入表1-13。

固定电阻测量　　　　　　　　　　　　　　表 1-13

顺序	万用表型号	欧姆挡等级	调零否	量程选择	被测元件符号	被测元件认知	欧姆系列及标称值	实测值	误差比例	合格	不合格
1											
2											
3											

9.3 电容器的识别与检测

9.3.1 电容器的识别

电容器的标注方法不同，识别方法也不同，主要有以下几种。

(1) 加单位的直标法

这种方法是国际电工委员会推荐的表示方法。具体内容是：用 2～4 位数字和一个字母表示标称容量，其中数字表示有效数值，字母表示数值的量级。字母为 m，μ，n，p。字母 m 表示毫法（10^{-3}F）、μ 表示微法（10^{-6}F）、n 表示纳法（10^{-9}F）、p 表示皮法（10^{-12}F）。字母有时也表示小数点。如 33m 表示 33000μF，47n 表示 0.047μF；3μ3 表示 3.3×10^6pF；5n9 表示 5900pF；2p2 表示 2.2pF。另外，也有些是在数字前面加 R，则表示为零点几微法，即 R 表示小数点，如 R22 表示 0.22pF。

(2) 标单位的直接表示法

这种方法是用 1～4 位数字表示，容量单位为 pF。如用零点零几或零点几表示，其单位为 μF。如 3300 表示 3300pF，680 表示 680pF，7 表示 7pF，0.056 表示 0.056μF。

(3) 电容量的数码表示法

一般用三位数表示容量的大小。前面两位数字为电容器标称容量的有效数字，第三位数字表示有效数字后面零的个数，它们的单位是 pF。如 102 表示 1000pF，221 表示 220pF；224 表示 22×10^4pF。在这种表示方法中有一个特殊情况，就是当第三数字用 "9" 表示时，是用有效数字乘上 10^{-1} 来表示容量的。如 229 表示 22×10^{-1} pF 即 2.2pF。

(4) 电容量的色码表示法

色码表示法是用不同的颜色表示不同的数字。具体的方法是：沿着电容器引线方向，第一、第二道色环代表电容量的有效数字，第三道色环表示有效数字后面零的个数，其单位为 pF。每种颜色所代表的数值同电阻的色环一致。如遇到电容器色环的宽度为两个或三个色环的宽度时，就表示这种颜色的两个或三个相同的数字。例如沿着引线方向，第一道色环的颜色为棕，第二道色环的颜色为绿，第三道色环的颜色为橙色，则这个电容器的电容量为 15000pF，即 0.015μF；又如第一道色环为橙色，第二道色环为红色，则该电容器的容量为 3300pF。

(5) 电容量的误差表示法

国外电容量误差的表示方法有两种：一种是将电容量的绝对误差范围直接标注在电容器上，即直接表示法。如（2.2±0.2）pF。另一种方法是直接将字母或百分比误差标注在电容器上。字母表示的百分比误差是：D 表示±0.5%，F 表示±1%，G 表示±2%，J 表示±5%，K 表示±10%，M 表示±20%，N 表示±30%，P 表示$\pm^{100}_{0}$%，S 表示$\pm^{50}_{20}$%，Z 表示$\pm^{80}_{20}$%。如电容器上标有 334K，则表示 0.33pF，误差为±10%。又如电容器上标有 103P，表示这个电容器的容量为 0.01~0.02μF，不能误认为 103pF。

9.3.2 电容器的简易检测

电容器的常见故障是开路失效、短路击穿、漏电或电容量变化。一般情况下，都是用普通万用表来检测电容器见表 1-14。

电容检测　　　　　　　　　　　　　　　　　　　表 1-14

量程选择	正　常	断路损坏	短路损坏	漏电现象	注
×10k(<1μF) ×1k(1~100μF) ×100(>100μF)	先向右偏转，再缓慢向左回归	表针不动	表针不回归	$R<500kΩ$	重复检测某一电容器时，每次都要将被测电容短路一次

（1）用万用表测量电容器的漏电阻

1）大电容器漏电电阻的测量用万用表的 $R×1k$ 挡，将表笔接触电容器的两极，当表针以偏转到最大值时，迅速从 $R×1k$ 挡拨到 $R×1$ 挡，然后后再拨回 $R×1k$ 挡，表针最后停止在某一刻度上，该读数即漏电电阻值。

2）小电容器漏电电阻的测量（以 0.01~1000μF 为例）用万用表的 $R×10k$ 挡，将表笔接触电容器的两极，表针先向顺时针方向跳动一下，后逆时针复原，即退回到 $R=∞$ 处，若不能复原，则稳定后的读数表示电容器的漏电电阻值。

3）若电容再小，用万用表就无法测量了，但可用万用表检验其是否短路，并注意引线齐根处是否有多次弯折的痕迹。在集成功率放大器电路中，防振电容的断路会引起自激，极容易损坏集成块，应特别注意。

（2）电解电容器极性的判别

若当电解电容器极性标汪不明确时，可通过测量其漏电流的方式来判断止、负极性。将万用表调置 $R×100$ 或 $R×1k$ 挡，先测量电解电容器的漏电阻值，再对调红、黑表棒测量第二个漏电阻值，最后比较两次的测量结果。在漏电阻值较大的那次测量中，黑表棒接的一端表示电解电容器的正极，红表棒接的一端表示负极。

9.3.3 技能训练：电容器的检测

根据测试的情况填表，表式样见表 1-15。

9.4　检测电感器

9.4.1 常用电感器外形与电路符号

见表 1-16。

电 容 器 测 量　　　　　　　　　　　　　　　　　　　表 1-15

电容器类别	万用表挡位	万用表是否调零	漏电阻	测量中遇到的问题	是否合格
陶瓷电容器 0.1μF					
低介电容器 1μF					
电解电容器 100μF					
电解电容器 1000μF					

电容器类别	转轴旋转180°范围内,动静片是否接触	用电容测试仪测	
		C_{min}	C_{max}
瓷介质微调电容器			
空气双连			

常用电感器外形与电路符号　　　　　　　　　　　　　　表 1-16

类型	电路符号	外形图	用途
空心线圈电感器	L	脱胎空心线圈　空心　单层空心电感线圈　空心电感	分频器
铁心线圈电感器	L	低频阻流圈	整流LC滤波器
磁心线圈电感器	L	高频阻流圈　磁心线圈　磁罐线圈	高频电路中阻止高频信号通过
带磁心可变电感器	L	磁心	高、中频选频放大器
色码电感器	L	100μH　82μH　3.3mH	适用频率范围 10kHz～200MHz
印制电感元件	L	印制板	印制板元件
片状电感元件		SS 2.2m　TG 47μH	微型化电路

9.4.2 电感器的一般检查

（1）外观检查。看线圈引线是否断裂、脱焊，绝缘材料是否烧焦和表面是否破损等。

（2）欧姆测量。通过用万用表测量线圈阻值来判断其好坏，即检测电感器是否有短路、断路或绝缘不良等情况。一般电感线圈的直流电阻值很小（为零点几欧至几欧），由于低频扼流圈的电感量大，其线圈圈数相对较多，因此直流电阻相对较大（约为几百至几千欧）。当测得线圈电阻无穷大时，表明线圈内部或引出端已断线。如果表针指示为零，则说明电感器内部短路。如图 1-64 所示。

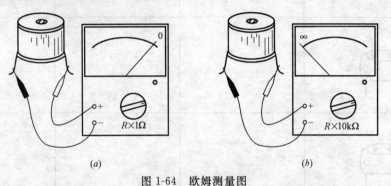

图 1-64　欧姆测量图
（a）内部短路；（b）内部断路

（3）绝缘检查。对低频率阻流圈，应检查线圈和铁芯之间的绝缘电阻，即测量线圈引线与铁芯或金属屏蔽罩之间的电阻，阻值应为无穷大，否则说明该电感器绝缘不良。如图 1-65 所示。

（4）检查磁心可变电感器。可变磁心应不松动、未断裂，应能用无感改锥进行伸缩调整。如图 1-66 所示。

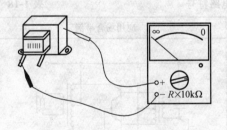

图 1-65　测量低频阻流圈

图 1-66　检查磁心可变电感器

9.4.3 技能训练：识别电感器

识别表 1-17 中的电感器，并填入表中。

9.5 变压器的认识与检测

9.5.1 变压器的外形和电路符号

见表 1-18。

9.5.2 变压器的一般检测

以收音机中频变压器（中周）为例，说明变压器的检测方法。

识别电感器　　　　　　　　　　　　　　　　　　　　　表 1-17

色码电感	电感量 L	误差等级	允许通过电流
D.II 33μH			
棕棕红金			
黑 橙 黄 金			
金 橙 橙 金			
黑 绿 棕 金			

变压器的外形和电路符号　　　　　　　　　　　　　　　表 1-18

名称	电路符号	外形举例	应用场合举例
低(音)频变压器		次级／初级	输入变压器　输出变压器
中频变压器	单调谐振／双调谐振	磁帽／线圈	VT_2　T_2　VT_3　T_3　C_3 510　R_4 100k　C_{11} 510　检波　收音机中放电路

续表

名 称	电路符号	外形举例	应用场合举例
天线变压器	T, n_1, n_2	n_1, n_2	W, C, VT$_1$, n_1, n_2, 输入回路
电源变压器	T, 屏蔽层	220V DB-15-2 12V 0 12V	~220V, ~12V, ~12V

(1) 了解端子位置：如图 1-67 所示。

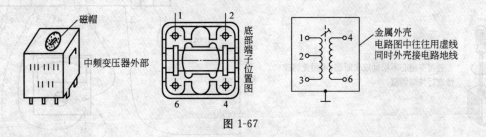

图 1-67

(2) 测线圈与外壳绝缘：如图 1-68 所示。

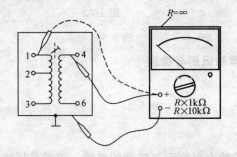

用万用表"$R\times 1k$"或"$R\times 10k$"挡，分别测量每个绕组线圈与外壳之间的绝缘电阻，若测得电阻为很小，则说明变压器内部引线碰壳，不能使用

图 1-68

(3) 测线圈间绝缘：如图 1-69 所示。
(4) 检测线圈：如图 1-70 所示。
(5) 检查磁心：如图 1-71 所示。
(6) 变压器各端的判定，如图 1-72 所示。

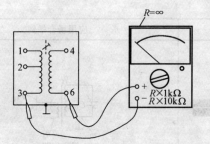

用万用表"$R\times 1k$"或"$R\times 10k$"挡,测量每个绕组线圈之间的绝缘电阻,电阻应为无穷大,否则说明变压器内部短路,不能使用

图 1-69

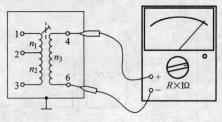

用万用表"$R\times 1$"挡,测量各绕组线圈,应有一定阻值,因为n_1、n_2、n_3圈数不同,所以R_{12}、R_{23}、R_{46}应略有不同。如测得$R=\infty$,则说明线圈内部断路;如果测得阻值为0,则说明该绕组内部短路

图 1-70

若可变磁心不松动或未断裂,可用无感改锥进行伸缩调整

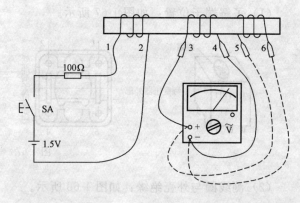

图 1-71　　　　　　　　　图 1-72

9.6 二极管的识别与检测

9.6.1 二极管的认识

如表 1-19 所示。

9.6.2 二极管的检测

根据二极管正向电阻小,反向电阻大的特点可判别二极管的极性。关键是搞清所用万用表两表笔对应的电池电压极性是什么。若使用的是指针式万用表,则黑表笔(插入表上的"－"孔中)接的是表内电池的正极,红表笔(插入"＋"孔中)是负极。若使用的是数字万用表则相反,红表笔(插入 V/Ω 孔)是正极,黑表笔(插入 COM 孔)是负极。但其电阻挡不能用来测量二极管,而要用二极管挡。

(1) 挡位的选择

二极管的基本用途 表 1-19

名称	特性	用途	用途实例
整流二极管  2CZ	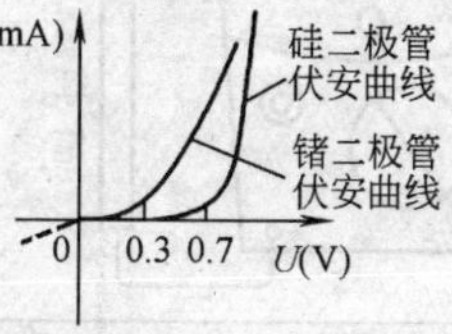 硅二极管伏安曲线、锗二极管伏安曲线	利用 PN 结单向导电性进行整流	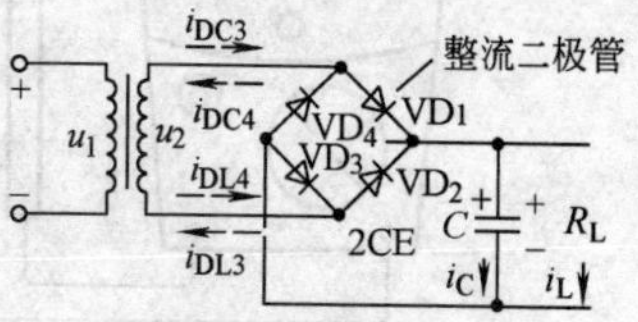 整流电路图
稳压二极管 2CW 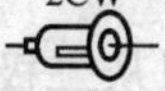 金属密封	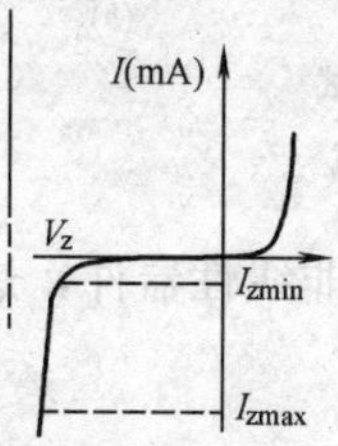 反向击穿特性曲线，V_Z，I_{zmin}，I_{zmax}	利用二极管反向击穿时，两端电压基本不变的原理。它常用于限幅、过载保护及稳压电源等装置中	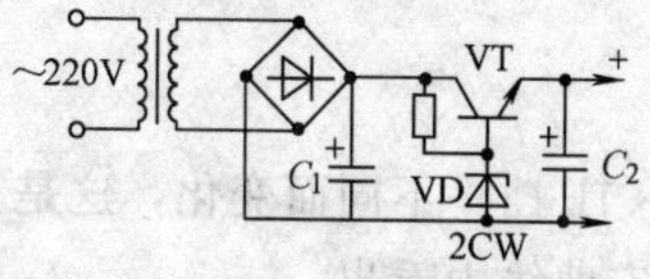 稳压电源电路图
检验二极管 2AP 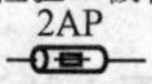	电接触式，结电容小	利用二极管的单向导电性检波，针对被调制的高频小信号，为提高检波效率，一般在检测时选用锗管	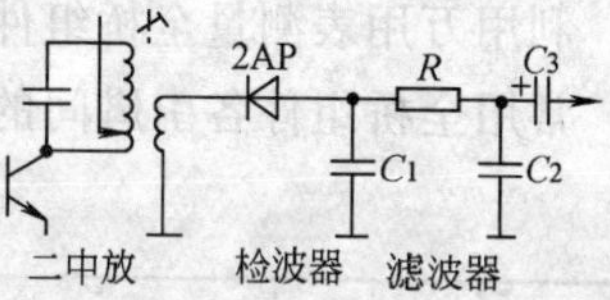 检波器电路图
开关二极管 2CK 	从工艺上使得二极管反向恢复时间减短，开关速度加快	正偏导通，反偏截止，利用二极管的单向导电性进行逻辑运算	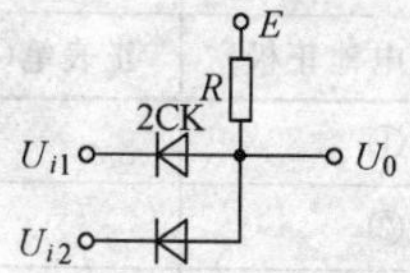 逻辑门电路图
发光二极管 LED 	正向电压为 1.5～3V，当正向电流通过时二极管发光	用于指示	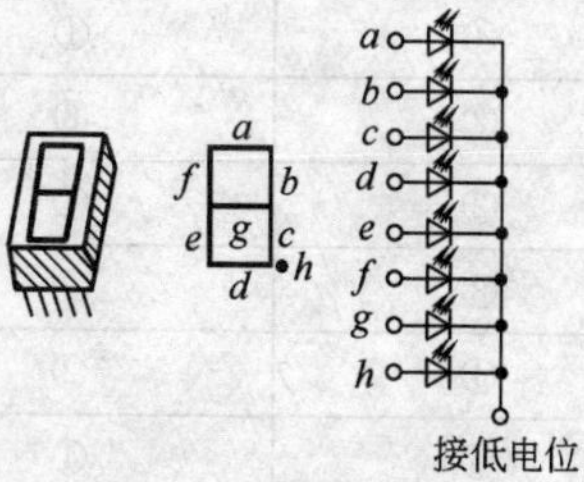 数码管显示电路

对一般小功率管使用欧姆挡的 $R \times 100$，$R \times 1k$ 挡位，而不宜使用 $R \times 1$ 和 $R \times 10k$ 挡，前者由于电表内阻最小，通过二极管的正向电流较大，可能烧毁管子；后者由于电表电池的电压较高，加在二极管两端的反向电压也较高，易击穿管子。

对大功率管，可选 $R \times 1k$ 挡。

（2）测量步骤

1）正向特性测试，如图 1-73（a）。

2）反向特性测试，如图 1-73（b）。

3）测试分析。若测得二极管正、反向电阻值都很大，则说明其内部断路；若测得二极管正、反向电阻值都很小，则说明其内部有短路故障；若两者差别不大，则说明此管失去了单向导电的功能。

另外需指出的是，二极管的正、反向电阻值随检测万用电表的量程（$R \times 100$ 挡还是

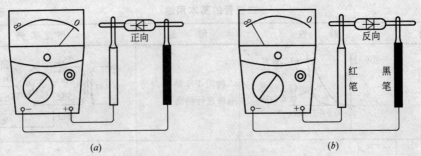

图 1-73 二极管正反向测试
（a）正向测试；（b）反向测试

$R\times 1k$ 挡）不同而变化，这是正常现象，因为二极管是非线性器件，这一点可以从二极管伏安曲线中看出。

9.6.3 技能训练：二极管测量练习

利用万用表测量全桥组件各端间的阻值，将阻值填入对应的空格里。

常用全桥组件各引脚间的阻值（Ω），见表 1-20。

全桥组件各引脚间的阻值　　　　　　　　　表 1-20

负表笔（电池正极）	正表笔（电池负极）	万用电表量程	阻　值		
			电桥正常时	VD_1 开路时	VD_1 短路时
①	③	×1k			
②	④	×1k			
③	①	×10k			
④	①	×10k			
②	③	×10k			
②	③	×10k			
③	②	×1k			
④	②	×1k			
③	④	×10k			
④	③	×10k			
①	②	×1k			

9.7 晶体三极管的识别与检测

9.7.1 认识

晶体三极管是应用最广的电子器件之一，它有 NPN 型和 PNP 型两种类型，有大、中、小功率之分，也有高、低频率之分，还有硅管和锗管材料上的差别，其外形各异，但检测方法类似。

型号及外观的一般识别。国产晶体管型号命名通常有五个部分，第一部分是"3"，代表晶体管，第二部分通常是 A、B、C、D 等字母，表示材料和特性，由此便可知此管是硅管还是锗管，是 PNP 型还是 NPN 型，如图 1-74 所示。

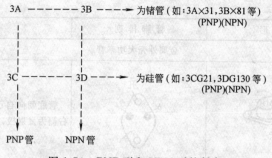

图 1-74 PNP 型和 NPN 型的判定

从外形上看，金属圆形封装的管子，其管帽较长的几乎都是锗管，在锗管中，又几乎是 PNP 管居多；其管帽较短的几乎都是硅管，且 NPN 管居多（也有例外的，如 3CG21、3CG5 等为 PNP 型硅管）。管脚排列见表 1-21、表 1-22。

管脚呈等腰三角形排列（金属管壳） 表 1-21

类型	外形	管脚排列	说明
1	红点		根据管脚排列及色点标志判别：等腰三角形排列，其顶点是基极，有红色点的一边是集电极，另一边是发射极
2	标志		等腰三角形排列：其顶点是基极，管帽边沿凸出的一边为发射极，另一极为集电极
3	绿 红 白		等腰三角形排列：靠不同的色点来区分，顶点与壳体上的红色标记相对应的为集电极，与白点相对应的是基极，与绿点相对应的为发射极
4	2G211 $cbde$		d 与金属外壳相连，在电路中接地，起屏蔽作用 例如电视机的高放管，查出 d 端后，管脚排列如前面的类型 2

管脚排列呈直线排列（塑封管壳） 表 1-22

类型	外形	管脚排列	说明
1			管脚排列成一条直线且距离相等，则靠近管壳红点的为发射极，中间为基极，剩下的是集电极
2	e		管脚排列成直线但距离不相等，则距离较近的两脚之中，靠近管壳的那一脚为发射极，中间的为基极，剩下的是集电极
3	平面 ebc		可把平面朝向自己，管脚朝下，则从左至右依次为发射极、基极、集电极

续表

类型	外形	管脚排列	说　明
金属外壳大功率管			
4			管底朝向自己，中心线上方左侧为基极，右侧为发射极，金属外壳为集电极

9.7.2　晶体管的检测

（1）用万用表检测晶体管的类型和管脚。判别晶体管的管脚位置，可用万用表的欧姆挡测其阻值加以判别。NPN管基极的判别：将欧姆挡拨到 $R\times 1k$ 挡的位置，用黑表笔接晶体管的某一极，再用红表笔分别去接触另外两个电极，直到出现测得的两个电阻值都很大（测量的过程中出现一个阻值大，另一个阻值小时，就需将黑表笔换接一个电极再测），这时黑表笔所接电极，就为晶体管的基极。集电极、发射极的判别：先将万用表拨至 $R\times 1k$ 挡，测量除基极以外的另两个电极，得到一个阻值，再将红、黑表笔对调测一次，又得到一个电阻值，在阻值较小的那一次中，红表笔所接电极就为集电极，黑表笔接的那个电极的为发射极。对于NPN型锗管，红表接的那个电极为发射极，黑表笔接的那个电极为集电极。对于NPN型硅管，可在基极与黑表笔之间接一个 $100k\Omega$ 的电阻，用上述同样方法，测量除基极以外的两个电极间的阻值，其中阻值较小的一次黑表笔所接的为集电极，红表笔所接的电极就为发射极，如图1-75所示。

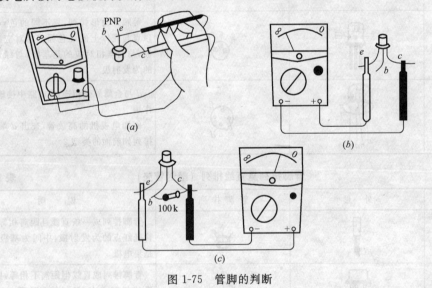

图1-75　管脚的判断

（2）用万用表粗略检测晶体管的性能。双极型晶体管的测试及性能判断，需用专门的测量仪器进行测试，如JT-1晶体管特性图示仪，当不具备这样的条件时，用万用表也可以粗略判断晶体管性能的好坏。

1）晶体管极间电阻的测量。通过测量晶体管极间电阻的大小，可判断管子质量的好坏，也可看出晶体管内部是否有短路、断路等损坏情况。在测量晶体管极间电阻时，要注意量程的选择，否则将产生误判或损坏晶体管。测小功率管时，应当用 $R\times 1k$ 或 $R\times 100$ 挡，不能用 $R\times 1$ 或 $R\times 10k$ 挡，因为前者电流较大，后者电压较高，都可能造成晶体管的损坏。但在测量大功率锗管时，则要用 $R\times 1$ 或 $R\times 10$ 挡。因它的正、反向电阻较小，用其他挡容易发生误判。对于质量良好的中、小功率晶体管，基极与集电极、基极与发射极正向电阻一般为几百欧到几千欧，其余的极间电阻都很高，约为几百千欧。硅材料的晶体管要比锗材料的晶体管的极间电阻高。

当测得正向电阻近似于无穷大时，表明晶体管内部断路；测得反向电阻很小或为零时，说明晶体管已短路。

2）晶体管穿透电流的测量。对于 PNP 管红笔接集电极，黑表笔接发射极，用 $R\times 1k$ 挡测的阻值应在 $50k\Omega$ 以上。此值越大，说明晶体管的穿透电流越小，晶体管的性能越好；若阻值小于 $25k\Omega$，说明晶体管的穿透电流大，工作不稳定并有很大噪声，不宜选用。对于 NPN 管，应将表笔对调测试其电阻值，阻值应比 PNP 管大很多，一般应在几百千欧。

3）电流放大系数 β 值的估测。

按图 1-76 所示连接方法，可估测晶体管的放大能力。将万用表拨到 $R\times 1k$ 或 $R\times 100$ 挡。对于 PNP 型管，红表笔接集电极，黑表笔接发射极，先测集电极与发射极之间的电阻，记下阻值，然后将 $100k\Omega$ 或 $200k\Omega$ 电阻接入基极与集电极之间，使基极得到一个偏流，这时表针所示的阻值比不接电阻时要小，即表针的摆动变大，摆动越大，说明放大能力越好。如果表针摆动与不接电阻时差不多，或根本不变，说明晶体管的放大能力很小或晶体管已损坏。对于 NPN 型晶体管的放大能力的测量与 PNP 型管的方法完全一样，只是要把红、黑表笔对调就可以了。

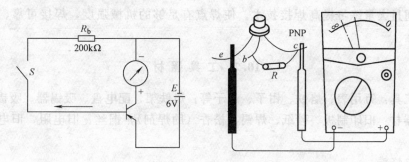

图 1-76 晶体管 β 值的估测

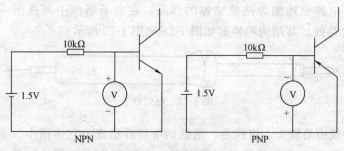

图 1-77 判断硅管和锗管的电路

4) 判别晶体管是硅管还是锗管。根据硅管的正向压降比锗管正向压降大的特点来判断是硅管还是锗管。一般情况下锗管的正向压降为 0.2～0.3V，硅管的正向压降为 0.6～0.8V。据图 1-77 所示的电路进行测量，属于哪个范围就可确定是哪种类型的晶体管。

9.7.3 技能训练：用万用表测量晶体三极管

根据给定的 10 只晶体管（有大功率管、小功率管、NPN 型、PNP 型、高频管、低频管、好管子及坏管子之分）选 5 只按表 1-23 要求填入恰当的内容。

测试三极管　　　　　　　　　　　　　　表 1-23

项目 顺序	型号	符号	管脚序列	管型	管脚排列	β （色点或测量）	好	坏

实训课题二　电烙铁与焊接

10.1 目 的 要 求

(1) 掌握电烙铁的使用方法和故障检修。
(2) 熟悉常用电子元器件的安装方法及安装形式。
(3) 通过大量练习提高焊接技术。使焊点有足够的机械强度、焊接可靠、表面光滑清洁。

10.2 工 具 器 材

(1) 工具：万用表、烙铁、钳子、起子等；烙铁架、配电盘、吸锡器、吸锡电烙铁。
(2) 器材：旧印制板、砂纸、焊锡、松香（助焊剂）、铜丝、旧电阻、旧电容、集成块、导线。
(3) 电烙铁：

1) 电烙铁是一种电热器件，通电后能产生约 250℃ 的高温，可使焊锡熔化，利用它可将电子元件按电路原理图焊接成完整的作品。在电子制作中可选用一只功率为 20～30W 的内热式电烙铁。其结构和外形如图 1-78 和图 1-79 所示。

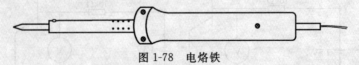

图 1-78　电烙铁

内热式电烙铁由烙铁头、烙铁芯、烙铁柄等部件组成。它体积小、重量轻、发热快、效率高等优点。烙铁头是电烙铁的工作部件，电子制作中常用的烙铁头外形如图 1-80

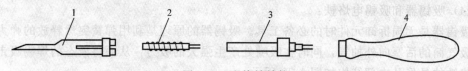

图 1-79 电烙铁结构
1—烙铁头；2—发热元件；3—连接杆；4—手柄

所示。

2) 电烙铁的使用方法：

A. 新烙铁的处理。新的电烙铁根据要求，先用锉刀加工烙铁头的形状，接着通电，在发热前将头部放在松香里继续加热到一定的温度。用焊锡丝给烙铁头搪上锡。让焊锡覆盖完烙铁头部后，才能使用。

B. 电烙铁的握法。握电烙铁的姿势如图 1-81 所示，像握钢笔那样握电烙铁。电烙铁在使用过程中，若暂时不用，应放在烙铁架上。

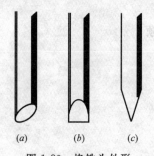

图 1-80 烙铁头外形
(a) 圆斜面；(b) 扁平式；(c) 尖锥式

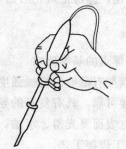

图 1-81 电烙铁的握法

C. 焊接的工作步骤如下：

装接电路的主要工作是在电路板上焊接电子元器件，焊接质量的好坏直接影响着电路的性能。

焊接的过程可理解为：加热→熔入→浸润→冷却→连接。即低熔点焊料（锡与铅合金）在助焊剂的帮助下，熔化并渗透到被焊元件的金属表面，然后在冷却过程中凝固为新的合金结构，从而把焊件相互连接起来。

D. 电烙铁必须采取接地措施。要求电烙铁接地的原因有两个：一是为了保护人身安全，防止烙铁的漏电外壳带电造成伤害；二是为了避免静电感应击穿 MOS 器件。

电烙铁接地就是将电烙铁金属外壳的引出线接到三线电源插头中间接地线的铜片上。如果所用的电烙铁没有引出地线，则可在焊接 MOS 类型集成块时拔下电烙铁的电源插头，利用余热焊接。这一点要特别注意。

E. 电烙铁最常见的故障是电路内部开路，其现象是通电后烙铁长时间不发热。使用者可拆开烙铁，用万用表欧姆挡分别测量电阻丝两端的电阻值，便可找出电烙铁的故障所在。若发现加热器过度氧化，则需要及时更换。

烙铁头使用过久，会出现腐蚀、凹坑等现象，这样会影响正常焊接，此时应使用锉刀对其进行整形，把它加工成符合焊接要求的形状后，按新烙铁初次使用时的处理方法将头部重新搪上焊锡。

(4) 吸锡器和吸锡电烙铁：

吸锡器是无损拆卸元件时的必备工具。吸锡器的原理是利用弹簧突然释放的弹力带动一个吸气筒的活塞向外抽气，同时在吸嘴处产生强大的吸力，从而将液态的焊锡吸走。吸锡电烙铁的外形及内部结构如图 1-82 所示。

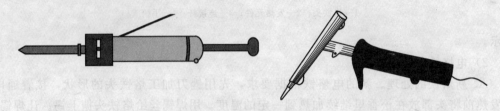

图 1-82　吸锡烙铁外形

这类产品具有焊接和吸锡的双重功能，在使用时，只要把烙铁头靠近焊点，待焊点熔化后按下按钮，即可把熔化后的焊锡吸入储锡盒内。

10.3　元件的焊接要领

(1) 对焊点的基本要求

1) 焊点要有足够的机械强度。
2) 焊接可靠，具有良好的导电性。
3) 焊点表面要光滑、清洁。

(2) 手工焊接工艺

1) 元器件的引脚形式。为了便于安装和焊接，在安装前要预先把元器件引出脚弯曲成一定的形状，如图 1-83 所示。

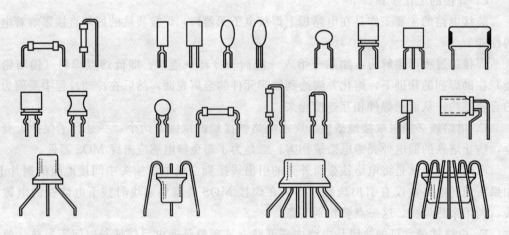

图 1-83　元器件引角形式

在没有专用工具或只需加工少量元器件引线时，可使用尖嘴钳和镊子等工具将引出脚加工成形。

2) 元器件在印制板上安装的次序。在印制线路板上安装元器件的先后次序没有固定的模式，特别是人工安装元器件一般取决于个人习惯，但应以前道工序不妨碍后道工序为基本原则。

元器件一般有以下几种安装方式:
A. 按元器件的属性:先全部接电阻→再接电容。
B. 按元器件的体积大小:先小后大。
C. 按元器件的安装方式:先卧后立。
D. 按元器件的位置:先内后外。
E. 按电路原理图:逐一完成局部电路。

3) 元器件在印制板上的常见安装形式,如图1-84所示。

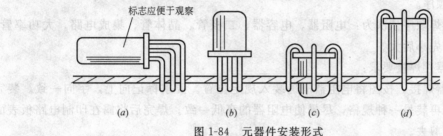

图1-84 元器件安装形式
(a) 横装;(b) 正立装;(c) 卧装;(d) 倒装

安装元器件时,应注意将元器件的标志朝向便于观察的方向,以便校核电路和维修。

4) 焊接元器件前的准备工作:
A. 工具。视被焊器件的大小,准备好电烙铁以及镊子、剪刀、斜口钳、尖嘴钳、焊料焊剂等。
B. 清洗印制线路板。一般用橡皮反复擦拭铜箔面氧化层,若铜箔氧化严重也可以用细砂纸轻轻打磨,直至铜箔表面光洁如新,然后在铜箔表面涂上一层松香水起防护作用。
C. 元器件引脚镀锡。一般元器件引脚在插入印制电路板之前,都必须刮干净再镀锡,另外,个别因长期存放而氧化的元器件,也应重新镀锡。

需要注意的是,对于扁平封装的集成电路引线,不允许用刮刀清除氧化层,只能用橡皮擦。

D. 助焊剂的选择。选用松香作助焊剂。因为焊锡膏、焊油等焊剂的腐蚀性大,所以在印制线路板的焊接中禁止使用。
E. 焊锡的选用。选用芯内储有松香助焊剂的空心焊锡丝,它的常用规格有$\phi 1mm$、$\phi 1.5mm$和$\phi 2.0mm$等。使用者可根据焊件大小加以选择。

5) 焊接须知:
A. 扶稳不晃,上锡适量。焊接时,被焊物必须扶牢,特别是在焊锡凝固过程中不能晃动被焊元器件,否则容易产生虚焊。烙铁沾锡多少要根据焊点的大小来决定,最好所沾锡量掌握焊接的热量和焊接的时间。若电烙铁没有达到足够的热度,就不能急着去焊元器件,因为此时焊锡没有充分熔化,焊接表面粗糙,且颜色暗淡,稍一用力焊点就会断裂,造成虚焊。另外,此时锡在焊点上熔化很慢,若元件、印制焊盘和烙铁接触的时间较长,就会使热量过多地传导到印制焊盘和元件上去,导致印制线路板焊盘翘起、变形,甚至会损坏元件。焊接时间过长的主要原因是电烙铁的功率和加热时间不够或被焊元器件表面不干净,应根据实际情况分析解决。

B. 焊接过程的把握。将经过镀锡处理的元器件找准焊孔后插入,焊脚在印制线路板反面透出的长度不得小于5mm,然后将烙铁及焊丝同时凑到焊脚处加热,待焊锡熔化,浸润在焊脚周围并形成大小适中、圆润光滑的焊点时,将烙铁向上迅速抽出,不要让烙铁头在铜箔上拖动游移。焊点形成后,焊盘的焊锡尚未凝固,此时不能移动焊件,否则,焊锡会凝成砂粒状,使被焊物件附着不牢,造成虚焊;另外,也不要对焊锡吹气使其散热,应让它自然冷却。若将烙铁拿开后,焊点带有不规则毛刺,则说明焊接时间过长。这是焊锡气化引起的,需重新焊接。

6) 焊接顺序。

元器件装焊顺序依次为:电阻器、电容器、二极管、晶体管、集成电路、大功率管,其他元器件为先小后大。

7) 对元器件焊接要求:

A. 电阻器焊接。按图将电阻器准确装入规定位置。要求标记向上,字向一致。装完同一种规格后再装另一种规格,尽量使电阻器的高低一致。焊完后将露在印制电路板表面多余引脚齐根剪去。

B. 电容器焊接。将电容器按图装入规定位置,并注意有极性电容器其"+"与"-"不能接错,电容器上的标记方向要易看见。先装玻璃釉电容器、有机介质电容器、瓷介电容器,最后装电解电容器。

C. 二极管的焊接。二极管焊接要注意以下几点:第一,注意阳极、阴极的极性,不能装错;第二,型号标记要易看见;第三,焊接立式二极管时,对最短引线焊接时间不能超过 2s。

D. 晶体管焊接。晶体管焊接要注意 e, b, c 三极引线位置插接正确;焊接时间尽可能短,焊接时用镊子夹住引线脚,以利散热。焊接大功率晶体管时,若需加装散热片,应将接触面平整、打磨光滑后再紧固,若要求加垫绝缘薄膜时,切勿忘记加薄膜。管脚与电路板上需连接时,要用塑料导线。

E. 集成电路焊接。首先按图纸要求,检查型号、引脚位置是否符合要求。焊接时先焊边沿的二只引脚,以使其定位,然后再从左到右自上而下逐个焊接。焊接时,烙铁头一次沾锡量以能焊 2~3 只引脚为宜,烙铁头先接触印制电路上的铜箔,待焊锡进入集成电路引脚底部时,烙铁头再接触引脚,接触时不宜超过 3s,且要使焊锡均匀包住引脚。焊

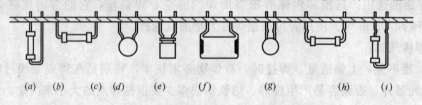

图1-85 焊点质量

(a) 焊点:优良焊点;(b) 焊点:焊料过多;(c) 焊点:焊料过少;(d) 焊点:外表不光滑,有毛刺,焊接时间过长;(e) 焊点:过于饱满,其实为焊锡未浸润焊点,多为虚焊;(f) 焊点:拖尾,易造成相互间短路,焊接时间过长造成;(g) 焊点:焊点不完整,机械强度不够;(h) 焊点:焊点反面渗出过多,因烙铁过热所致;(i) 焊点:焊点在凝固时元件有晃动,造成焊料凝固成松散的豆渣形状

后要检查有否漏焊、碰焊短接、虚焊之处,并清理焊点处焊料。

对于电容器、二极管、晶体管露在印制电路板面上多余引脚均需齐根剪去。

8) 焊点的检查。焊接焊点的结果,如图 1-85 所示。

9) 焊接。准备工作做好后,就可以焊接了。把元件的引线插入电路板的焊孔中;插入的深度视正面元件的布局而定;先不要剪去多余的引出线,待焊牢后再用斜口钳剪去。烙铁头应与焊锡丝同时从两个方向斜送到连接处,如图 1-86 所示。

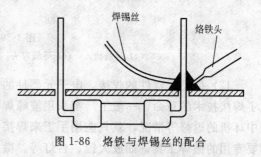

图 1-86 烙铁与焊锡丝的配合

当焊锡的熔液浸润整个焊点后,再同时移去,整个过程持续时间以 2~3s 为好。时间太短,焊接不牢靠;时间太长,容易损坏元件。如第一次焊点焊得不光洁,可在烙铁头上稍沾一些焊锡,再沾一些松香重焊,直至焊得满意为止。焊接时,还应掌握焊锡的用量,焊锡太多,既浪费又不美观,还容易引起搭焊现象(把不应连接的部分焊在一起了)。焊锡太少,则焊接不牢靠。接点焊好,待焊锡凝固后,可用镊子稍稍用力试拉被焊的引线,看看是否焊牢。

10) 单股线芯的焊接,如图 1-87 所示。

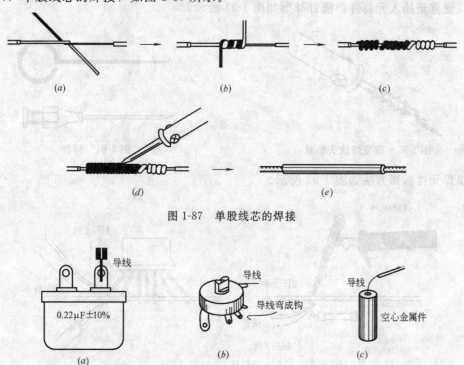

图 1-87 单股线芯的焊接

图 1-88 焊接方式
(a) 搭焊;(b) 钩焊;(c) 插焊

11) 元器件之间的焊接方式。元器件之间的焊接方式有钩焊、搭焊、插焊和网焊等几种形式,如图 1-88 和图 1-89 所示。

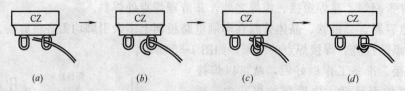

图 1-89 绕接焊
(a) 导线插入；(b) 导线弯头；(c) 线头再次插入；(d) 拉紧焊接

12) 微型元器件的焊接。电子元器件的发展趋势是微型化。电子元器件的微型化带来了焊接技术的革命，一般工厂都采用波峰焊接等专门技术，但遇到试制、修理和批量生产中坏机的返修等情况，就只能用手工来焊接。这样的操作需要耐心、细心，同时焊接也需要专用的微焊工具，如放大镜、台灯等。微型烙铁头可自制，其方法是在烙铁头上加缠不同直径的铜丝，并将铜丝锉成烙铁头形状，如图 1-90 所示。

13) 锡焊元器件的拆卸。从印制线路板上拆卸电子元器件，若拆卸得当，元器件、印制焊盘就可反复使用；若拆卸不当，则容易损坏元器件和印制线路板，为后续工作带来麻烦。

为了拆焊的顺利进行，在拆焊过程中要使用一些专用的拆焊工具，如吸锡器、捅针和钩形镊子等工具。捅针可用硬钢丝线或 6～12 号注射器针头改制，其作用是清理锡孔的堵塞，以便重新插入元器件，捅针外形如图 1-91 所示。

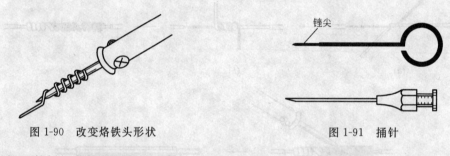

图 1-90 改变烙铁头形状　　　　　图 1-91 捅针

锡焊元件拆卸方法如图 1-92 所示。

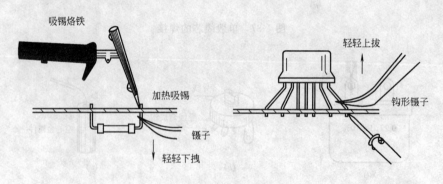

图 1-92 拆卸方法

10.4 技能训练

(1) 网焊、钩焊、搭焊和插焊的焊点各 15 个，并将焊接情况记入表 1-24 中。

焊接的比较　　　　　　　　　　　　　表 1-24

焊接名称	A. 不刮不镀 (5个)	B. 只刮不镀 (5个)	C. 又刮又镀 (5个)	效果 A	效果 B	效果 C	质量检查
网焊数量							
钩焊数量							
搭焊数量							
插焊数量							

（2）完成正直立装、倒装、卧装和横装电子元器件各 10 件，并将焊接结果填入表 1-25 中。

元器件安装方式　　　　　　　　　　　表 1-25

焊接名称	数　量	损　坏	质量检查
正直立装			
倒装			
卧装			
横装			

（3）拆焊练习，并将结果填入表 1-26 中。

拆焊记录　　　　　　　　　　　　　表 1-26

训练种类	焊接元件的(材料)名称规格及拆焊工具	焊点数	操作步骤	是否损伤铜箔	质量检查
分立元件					
集成元件					

思考题与习题

1. 以色环表示法为例，说明用色环表示电阻的方法。
2. 用万用表测量电阻的阻值时，应注意哪些问题？
3. 电阻的色环依次为黄、紫、蓝、黄、金，它们的阻值和误差各是多少？
4. 电容器有哪些主要参数？
5. 如何用万用表判断电容器的断路（大容量）、短路、漏电等故障？
6. 如何用万用表判断半导体二极管的好坏？
7. 在工作中，应如何选用合适的三极管？
8. PN 结为什么具有单向导电性？
9. 将二极管短路后是否有电流流通？
10. 图 1-93 中，设二极管的正向电阻为零，反向电阻为无穷大。试求下列几种情况下输出端电位 V_F 及各元件中通过的电流。

（1）$V_A = +10V$，$V_B = 0V$。

(2) $V_A = +6V$, $V_B = +5.8V$。
(3) $V_A = V_B = +5V$。

11. 图 1-94 中，$E=20V$，$R_1=900\Omega$，$R_2=1100\Omega$。稳压管 D_z 的稳定电压 $U_z=10V$，最大稳定电流 $I_{zmax}=8mA$。试求稳压管中通过的电流 I_z，I_z 是否超过 I_{zmax}？如果超过，怎么办？

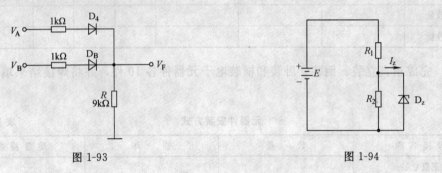

图 1-93   图 1-94

12. 有一个晶体管接在电路中，今测得它的三个管脚的电位分别为 $-9V$、$-6V$ 和 $-6.2V$。试判别管子的三个电极，并说明这个晶体管是哪种类型的？是硅管还是锗管？

13. 某一晶体管的 $P_{CM}=100mW$，$I_{CM}=20mA$，$U_{(SR)CEO}=15V$。试问在下列几种情况下，哪种是工作在正常状态？
(1) $U_{CE}=3V$，$I_c=10mA$。
(2) $U_{CE}=2V$，$I_c=40mA$。
(3) $U_{CE}=6V$，$I_c=20mA$。

单元 2 基本放大电路及模拟集成电路

知 识 点：通过本单元的学习，了解基本放大电路的基本组成及工作原理；了解模拟集成电路的工作原理和用途。

教学目标：通过本单元的技能训练，能熟练地使用模拟集成电路组装一般实用电路。

课题 1 晶体管基本交流放大电路

晶体管的主要用途之一是利用其放大作用组成放大电路。在生产和科学实验中，往往要求用微弱的信号去控制较大功率的负载。例如，在自动控制机床上，需要将反映加工要求的控制信号加以放大，得到一定输出功率以推动执行元件（电磁铁、电动机、液压机构等）。又例如在组合仪表中，首先将温度、压力、流量等非电量通过传感器变换为微弱的电信号，经过放大以后（使用的放大器的放大倍数从几百到几万倍），从显示仪表上读出被测非电量的大小，或者用来推动执行元件以实现自动调节。

在常见的收音机和电视机中，也需要将天线收到的微弱信号放大到足以推动扬声器和显象管的程度。可见晶体管放大器的用途十分广泛。

放大器一般由电压放大和功率放大两部分组成。先由电压放大电路将微弱信号加以放大去推动功率放大电路，再由功率放大电路输出足够大的功率去推动执行元件。电压放大电路通常工作在小信号情况下，而功率放大电路通常工作在大信号情况下。

在建筑业中，智能建筑必须配备大量的电子设备，以实现楼宇自动化（BA）、办公自动化（OA）和通讯自动化（CA）。因此，我们必须了解电子电路的基本结构、工作原理，掌握电路基本分析方法和常用电路的应用。

1.1 基本交流放大电路的组成

图 2-1 是共发射极接法的基本交流放大电路。输入端接交流信号源，输入电压为 u_i；输出端开路，输出电压为 u_o。

电路中各个元件的作用：

（1）晶体管（T）

晶体管是放大电路中的放大元件，利用它的电流放大作用，在集电极电路获得放大了的电压，这电流受输入信号的控制。如果从能量观点来看，输入信号的能量是较小的，而输出的能量是较大的，但这不是说放大电路把输入的能量放大了。能量是守恒的，不能放大，输出的较大能

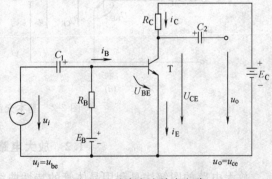

图 2-1 基本交流放大电路

量是来自直流电源 E_C。也就是输入信号通过晶体管的控制作用,去控制电源 E_C 所供给的能量,以在输出端获得一个能量较大的信号。就这个意义讲,晶体管也可以说是一个控制元件。

(2) 集电极电源(E_C)

集电极电源一方面保证集电结处于反向偏置,以使晶体管起放大作用;另一方面它又是放大电路的能源。E_C 一般为几伏到几十伏。

(3) 集电极负载电阻(R_C)

集电极负载电阻简称集电极电阻,它主要是将集电极电流的变化变换为电压的变化,以实现电压放大。R_C 的阻值一般为几千欧到几千千欧。

(4) 基极电源(E_B)和基极电阻(R_B)

它们的作用是使发射结处于正向偏置,并提供大小适当的基极电流 I_B,以使放大电路获得合适的工作点。R_B 的阻值一般为几十千欧到几百千欧。

(5) 耦合电容(C_1)和(C_2)

它们一方面起到隔直作用,C_1 用来隔断放大电路与信号源之间的直流通路,而 C_2 则用来隔断放大电路与负载之间通路,使三者之间无直流联系,互不影响。另一方面又起到交流耦合作用,保证交流信号畅通无阻地经过放大电路,沟通信号源、放大电路和负载三者之间的交流通路。通常要求耦合电容上的交流压降小到可以忽略不计,即对交流信号可视作短路;因此电容值要取得较大,对交流信号频率其容抗近似为零。C_1 和 C_2 的电容值一般为几微法到几十微法,用的是电解质电容器,连接时要注意其极性。

在图 2-1 的电路中,用了两个直流电源 E_C 和 E_B。实际上 E_B 可以省去,再把 R_B 改接一下,由 E_C 单独供电,如图 2-2(a)所示。这样,发射结仍是正向偏置,仍可以产生合适的基极电流 I_B(R_B 的阻值要相应调整)。

在放大电路中,通常把公共端接"地",设其电位为零,作为电路中其他各点电位的参考点。同时为了简化电路的画法,习惯上常不画电源 E_C 的符号,而只在连接其正极的一端标出它对"地"的电压值 U_{CC} 和极性("+"或"-"),如图 2-2(b)所示。如忽略电源 E_C 的内阻,则 $U_{CC}=E_C$。

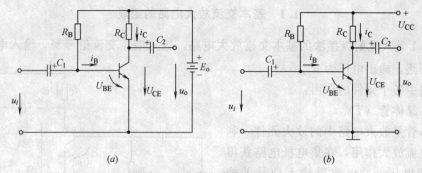

图 2-2 基本交流放大电路

1.2 放大电路的图解法

放大电路的图解法是利用晶体管的特性曲线,用作图的方法来分析放大电路的各个电压和电流之间的相互关系和变化情况。

下面分静态和动态两种情况来分析。

由于交流放大电路中电压和电流的名称较多，符号不同，特列成表 2-1，以便阅读理解。

交流放大电路中电压和电流的符号　　　表 2-1

名　称	静态值	交流分量		总电压或总电流		直流电源	
		瞬时值	有效值	瞬时值	平均值	电动势	电压
基极电流	I_B	i_b	I_b	i_B	I_B		
集电极电流	I_C	i_c	I_c	i_C	I_C		
发射极电流	I_E	i_e	I_e	i_E	I_E		
集-射极电压	U_{CB}	u_{ce}	U_{ce}	u_{CE}	U_{CE}		
基-射极电压	U_{BE}	u_{be}	U_{be}	u_{BE}	U_{Be}		
集电极电源						E_C	U_{CC}
基极电源						E_B	U_{BB}
发射极电源						E_E	U_{EE}

1.2.1 静态分析

放大电路没有交流输入时的工作状态，称为静态。这时电路的电流和电压都是直流，其值称为静态值。放大器的质量与其静态值的关系很大。

静态值既然是直流，故可用交流放大电路的直流通路来分析计算。图 2-3 是图 2-2（b）所示放大电路的直流通路。画直流通路时，电容 C_1 和 C_2 可视作开路。由图 2-3 的直流通路，可得出静态时的基极电流：

$$I_B = \frac{U_{CC} - U_{BE}}{R_B} \approx \frac{U_{CC}}{R_B} \quad (2-1)$$

由于 U_{BE}（硅管约为 0.6V）比 U_{CC} 小得多，故可忽略不计。

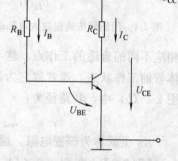

图 2-3　交流放大电路的直流通路

由 I_B，可得出静态时的集电极电流：

$$I_C = \bar{\beta} I_B + I_{CEO} \approx \bar{\beta} I_B \approx \bar{\beta} I_B$$

静态时的集-射极电压则为：

$$U_{CE} = U_{CC} - I_C R_C$$

【例 2-1】 在图 2-2（b）中，已知 $U_{CC}=12V$，$R_C=4k\Omega$，$R_B=300k\Omega$，$\bar{\beta}=37.5$。试求放大电路的静态值。

【解】 根据图 2-3 的直流通路可得出：

$$I_B \approx \frac{U_{CC}}{R_B} = \frac{12}{300} = 0.04 \text{mA}$$

$$I_C = \bar{\beta} I_B = 37.5 \times 0.04 = 1.5 \text{mA}$$

$$U_{CE} = U_{CC} - I_C R_C = 12 - 1.5 \times 4 = 12 - 6 = 6V$$

静态值可以通过放大电路的直流通路计算，也可以用图解法来确定，而后者能直观地分析和了解静态值的变化对放大电路工作的影响。

晶体管是一种非线性元件，即其集电极电流 I_C 与集—射极电压 U_{CE} 之间不是直线关系，它的伏安特性曲线即为输出特性曲线（图 2-4）。在图 2-3 中的输出直流通路中，晶体

管与集电极负载电阻 R_c 串联后接于电源 U_{cc}。我们可列出

$$U_{CE}=U_{CC}-I_CR_C$$

或

$$I_C=-\frac{1}{R_c}U_{CE}+\frac{U_{CC}}{R_c}$$

$$I_B=\frac{U_{CC}}{R_B}=\frac{12}{300}=0.04\text{mA}=40\mu\text{A}$$

这是一个直线方程，其斜率为 $\text{tg}\alpha=-1/R_c$，在横轴上的截距为 U_{CC}，在纵轴上的截距为 U_{CC}/R_c。这一直线很容易在图 2-4 上作出。

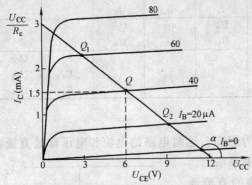

图 2-4 用图解法确定放大电路的静态工作点

因为它是由直流通路得出的，且与集电极负载电阻 R_C 有关，故称为直流负载线。负载线与晶体管的某条（由 I_B 确定）输出特性曲线的交点 Q，称为放大电路的静态工作点，由它确定放大电路的电压和电流的静态值。

由图 2-4 可见，基极电流 I_B 的大小不同，静态工作点在负载线上的位置也就不同。根据对晶体管工作状态的要求不同，要有一个相应不同的合适的工作点，这可通过改变 I_B 的大小来获得。因此，I_B 很重要，它确定晶体管的工作状态，通常称它为偏置电流，简称偏流。产生偏流的电路，称为偏置电路。在图 2-2 (b) 中，其路径为：

$$U_{CC}\rightarrow R_B\rightarrow 发射结\rightarrow "地"$$

R_B 也就称为偏置电阻。通常是改变 R_B 的阻值来调整偏流 I_B 的大小。

【例 2-2】 在图 2-2 (b) 所示的放大电路中，已知 $U_{CC}=12\text{V}$，$R_C=4\text{k}\Omega$，$R_B=300\text{k}\Omega$。晶体管的输出特性曲线组已给出（图 2-4）。(1) 作直流负载线；(2) 求静态值。

【解】 (1) 根据图 2-3 的直流通路，得：

$$U_{CE}=U_{CC}-I_CR_C$$

可得出：

$I_C=0$ 时，$U_{CE}=U_{CC}=12\text{V}$

$U_{CE}=0$ 时，$I_C=U_{CC}/R_C=12/4=3\text{mA}$

就可在图 2-4 中的晶体管输出特性曲线组上作出直流负载线。

(2) 根据式 (2-1) 可算出

$$I_B\approx U_{CC}/R_B=12/300=0.04=40\mu\text{A}$$

由此得出静态工作点 Q（图 2-4），静态值为：

$$I_B=40\mu\text{A}$$
$$I_C=1.5\text{mA}$$
$$U_{CE}=6\text{V}$$

所得结果与例 2-1 一致。

用图解法求静态值的一般步骤如下：

给出晶体管的输出特性曲线组→作出直流负载线→由直流通路求出偏流 I_B→得出合适的静态工作点→找出静态值。

1.2.2 输出端开路时的动态分析

放大电路有交流输入时的工作状态，称为动态。在图 2-2 的放大电路中，输入电压为 u_i，输出电压为 u_o。先讨论输出端开路的情况。设电路中 U_{CC}、R_c 和 R_B 的数值同例 2-2。分析步骤如下（图 2-5）。

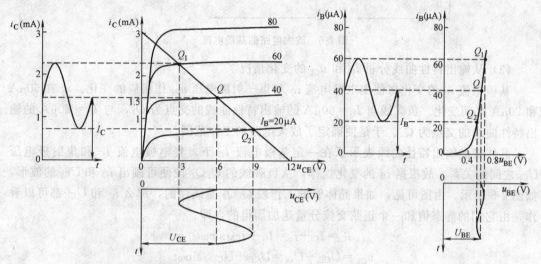

图 2-5 交流放大电路有输入信号时的图解分析

（1）确定静态工作点

根据上述的静态分析，作直流负载线，在已给出的晶体管输出特性曲线和输入特性曲线上确定合适的静态工作点 Q，静态值为：

$$I_B = 40\mu A \quad I_C = 1.5mA \quad U_{CE} = 6V$$

（2）从输入特性曲线分析 U_{BE} 和 i_B 的变化情况

设输入信号为一正弦电压

$$u_i = 0.02\sin\omega t \text{ V}$$

输入此电压后，将使基极电流 i_B 发生变化，其变化情况可从晶体管的输入特性曲线上得出。

当 $u_i = 0$ 时，

$$u_{BE} = U_{BE} \quad i_B = I_B = 40\mu A$$

当有输入信号 u_i 时，

$$u_{BE} = U_{BE} + u_i$$

在 u_i 的正半周，当 u_i 按正弦规律由 0 向正幅值增大时，i_B 便由 $40\mu A$ 向上增长到 $60\mu A$，在输入特性曲线上，工作点由 Q 向上移动到 Q_1；当 u_i 由正幅值回到 0 时，i_B 便由 $60\mu A$ 减小到 $40\mu A$，工作点由 Q_1 回到 Q。在负半周，当 U_i 变到负幅值时，$i_B = 20\mu A$，工作点移到 Q_2。由此可知，当输入信号 U_i 按正弦规律变化时，如果晶体管在它的输入特性的直线段工作，则基极电流 i_B 可认为是由静态值 I_B 和一个正弦电流 i_b 迭加而得的，即

$$i_B = I_B + i_b = I_B + I_{bm}\sin\omega t$$

其波形如图 2-6 所示。

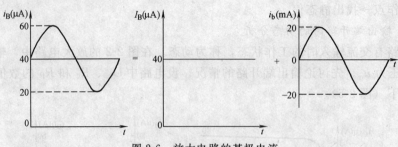

图 2-6 放大电路的基极电流

(3) 从输出特性曲线分析 i_C 和 u_{CE} 的变化情况

基极电流 i_B 的变化将使集电极电流 i_C 和集—射极电压 u_{CE} 作相应的变化。i_B 在 $60\mu A$ 和 $20\mu A$ 之间变化。负载线与 $I_B=60\mu A$ 的输出特性曲线的交点为 Q_1，与 $I_B=20\mu A$ 的输出特性曲线的交点为 Q_2。于是便确定了放大电路的工作范围。

晶体管的输出特性曲线表示了在一定基极电流 I_B 下，集电极电流 I_C 和集射极电压 U_{CE} 之间的关系。故根据 i_B 的变化规律，从负载线的 Q_1Q_2 段便可画出 i_C 和 U_{CE} 的波形，如图 2-5 所示。由图可见，如果晶体管的工作段 Q_1Q_2 是线性的，那么 i_C 和 U_{CE} 都可以看作是由它们的静态值和一个正弦交流分量迭加而得的，即：

$$i_C = I_C + i_c = I_C + I_{CM}\sin\omega t$$
$$u_{CE} = U_{CE} + U_{ce} = U_{CE} + U_{CEM}\sin\omega t$$

由于电容 C_2 的隔直作用，u_{CE} 的直流分量 U_{CE} 不能到达输出端，只有交流分量 u_{ce} 能通过 C_2 构成输出电压 u_o。

由上图解分析，可得出如下几点：

1) 当放大电路有交流信号输入时，i_B、i_C 和 u_{CE} 都含有两个分量。一个是直流分量 I_B、I_C 和 U_{CE}；还有一个是交流分量 i_b、i_c 和 u_{ce}，它们是由输入电压 u_i 引起的。

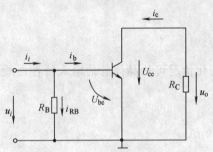

图 2-7 交流放大电路的交流通路

既然如此，交流放大电路就可以分为直流通路和交流通路，分别用来分析计算电流和电压的直流分量（一般即为静态值）和交流分量。直流通路如图 2-3 所示，在静态分析时已讲过。交流放大电路〔图 2-2(b)〕的交流通路如图 2-7 所示。对交流讲，电容 C_1 和 C_2 可视作短路；同时，一般直流电源的内阻很小，可以忽略不计，对交流讲电源也可以认为是短路的。

在图 2-7 的放大电路的交流通路中，标出的都是电压和电流的交流分量的正方向，如果在它们的正半周时是这样的方向，那么，在负半周时，方向相反。但是，对总电压 u_{BE} 和 u_{CE}，或对总电流 i_B 和 i_C 讲，只是大小上的变化，它们的方向或极性是不变的。

2) 从图 2-5 可以看出，当输入信号电压 u_i（即 u_{be}）在正半周时，输出电压 u_o（即 u_{ce}）却在负半周。因此，u_o 和 u_i 频率相同，相位相反。如从电压 u_{BE} 和 u_{CE} 的大小上看，前者增大时则后者减小，前者减小时则后者增大。一大一小，两者变化相反。如果设公共端发射极的电位为零（参考电位），那么，基极的电位升高时，集电极的电位降低，基极的电位降低时，集电极的电位升高。一高一低，两者变化也相反。

此外，从图2-5可见，u_i、i_b 和 i_c 都是同相的。

3）应用图解法可以计算交流放大电路的电压放大倍数数 A_U。

电压放大倍数就是输出正弦电压与输入正弦电压的幅值或有效值之比。u_i 的幅值为0.02V，是已知的，u_o 的幅值从图上可量出，它等于3V，那么，交流放大电路的电压放大倍数数：$A_U = 3/0.02 = 150$

1.2.3 输出端接有负载时的动态分析

为了便于分析，上面讨论的是输出端开路的情况。实际上放大电路的输出端都接有负载，如扬声器、继电器、电动机、测量仪表等，或者接有下一级放大电路。这些负载，一般都可用一个等效电阻 R_L 来代表，如图2-8（a）所示。图2-8（b）是它的交流通路，图中 R_C 和 R_L 并联，并联等效负载电阻 R_L' 为：

$$R_L' = R_C R_L / (R_C + R_L)$$

可见放大电路接有负载时，其集电极负载电阻不是 R_C，而是 R_L'。由于电容 C_2 的隔直作用，接 R_L 对放大电路的静态（直流工作状态）并无影响，但对交流，则应以 R_L' 代替 R_L，并作出与 R_L' 阻值相应的负载线。

直流负载线反映静态时电压和电流的变化关系，根据放大电路的直流通路作出；动态时的负载线称为交流负载线，它反映动态时电压和电流的变化关系，根据交流通路作出。

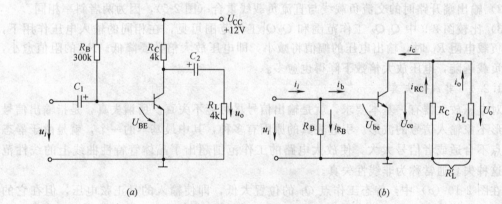

图2-8 接有负载电阻 R_L 的交流放大电路

【例2-3】 作出图2-8（a）所示放大电路的交流负载线，并求电压放大倍数。设输入电压为 $U_i = 0.02\sin\omega t$(V)，晶体管的特性曲线与图2-5所示的相同。

【解】 因为所给的 U_{CC}、R_C、R_B 的数值以及晶体管的特性曲线与例2-2和图2-5所示的相同，故得出同一直流负载线和静态工作点 Q。

然后，由图2-8（b）所示的交流通路作交流负载线：

$$R_L' = R_C R_L / (R_C + R_L) = 4 \times 4 / (4 + 4) = 2 \text{k}\Omega$$

$$U_{ce} = -i_c R_L' = 2i_c$$

由此得：

$$i_c = 0,\ U_{ce} = 0$$

$$i_c = 1.5\text{mA}, \ U_{ce} = -3\text{V}$$

以及相应的两点：

$$i_C = I_C + i_c = 1.5 + 0 = 1.5\text{mA}$$
$$u_{CE} = U_{CE} + u_{ce} = 6 + 0 = 6\text{V}$$
$$i_C = I_C + i_c = 1.5 + 1.5 = 3\text{mA}$$
$$u_{CE} = U_{CE} + u_{ce} = 6 - 3 = 3\text{V}$$

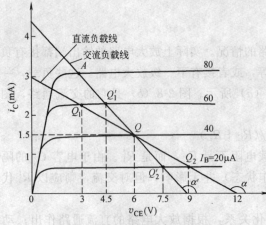

图 2-9 直流负载线和交流负载线

第一点即为静态工作点 Q，第二点为 A。连接 Q 和 A 两点，即得交流负载线。

根据图 2-5 可见，当输入电压的幅值为 0.02V 时，i_B 的工作范围为 $20\mu\text{A}$ 到 $60\mu\text{A}$，在图 2-9 上即在 Q_2' 与 Q_1' 之间。对应于 Q_2'、Q_1' 的 U_{CE} 分别为 4.5V 和 7.5V，即输出电压的幅值为 $7.5 - 6 = 1.5\text{V}$。电压放大倍数为：$A_U = 1.5/0.02 = 75$。

从上例可得出下面几点：

1）交流负载线通过静态工作点 Q 由 $U_{ce} = -i_c R_L'$ 可知，其斜率 $\text{tg}\alpha' = -1/R_L'$，而直流负载线的斜率 $\text{tg}\alpha = -1/R_C$。由 $R_L' < R_C$，故 $\alpha' < \alpha$，交流负载线比直流负载线要陡峭些。

2）输出端开路时的交流负载线与直流负载线重合（图 2-5），因为两者斜率相同。

3）比较图 2-9 中 $Q_1 Q_2$ 工作范围和 $Q_2' Q_1'$ 工作范围可见，在相同的输入电压作用下，接有负载电阻 R_L 时，输出电压的幅值将减小，即电压放大倍数要降低。R_L 的阻值愈小，交流负载越陡，电压放大倍数下降得也愈多。

1.2.4 非线性失真

对电压放大器有一基本要求，就是输出信号尽可能不失真。所谓失真，是指输出信号的波形不象输入信号的波形。引起失真的原因有多种，其中最基本的一个，就是由于静态工作点不合适或者信号太大，使放大电路的工作范围超出了晶体管特性曲线上的线性范围。这种失真通常称为非线性失真。

在图 2-10（a）中，静态工作点 Q_1 的位置太低，即使输入的是正弦电压，但在它的负半周，晶体管进入截止区工作，i_B、U_{CE} 和 i_C 都严重失真了，i_B 的负半周和 U_{CE} 的正半周被削平。这是由于晶体管的截止而引起的，故称为截止失真。

在图 2-10（b）中，静态工作点 Q_2 太高，在输入电压的正半周，晶体管进入饱和区工作，这时 i_B 可以不失真，但是 U_{CE} 和 i_C 都严重失真了。这是由于晶体管的饱和而引起的，故称为饱和失真。

因此，要使放大电路不产生非线性失真，必须要有一个合适的静态工作点，工作点 Q 应大致选在交流负载线中点。此外，输入信号 U_i 的幅值不能太大，以避免放大电路的工作范围超出特性曲线的线性范围。在小信号放大电路中，此条件一般都能满足。

1.3 静态工作点的稳定

放大电路应有合适的静态工作点，才能保证有较好的放大效果，并且不引起非线性失

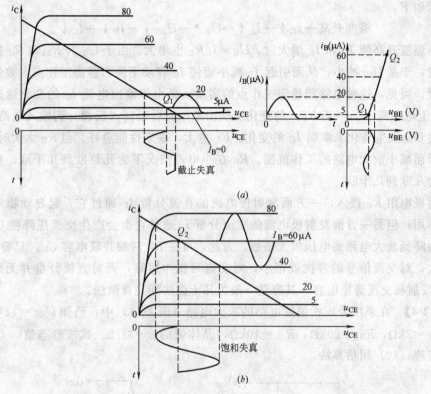

图 2-10 工作点不合适引起输出电压波形失真

真。由于静态工作点由负载线与晶体管输出特性曲线（对应于静态基极电流的那一条）的交点确定，当电源 U_{CC} 和集电极电阻 R_C 的大小确定后，静态工作点的位置决定于偏置电流 I_B 的大小。在图 2-2 和图 2-8 所示的放大电路中，偏置电流由下式确定：

$$I_B = \frac{U_{CC} - U_{BE}}{R_B} \approx \frac{U_{CC}}{R_B}$$

当 R_B 一经选定后，I_B 也就固定不变，故其电路称为固定偏置电路。固定偏置电路虽然简单和容易调整，但在外部因素（例如温度变化、晶体管老化、电源电压波动等）的影响下，将引起静态工作点的变动，严重时使放大电路不能正常工作，其中影响最大的是温度的变化。

(1) 温度对静态工作点的影响

温度的变化要影响晶体管的参数 I_{CBO}、$\bar{\beta}$ 和 U_{BE} 而使静态工作点发生变动。I_{CBO}、$\bar{\beta}$ 和 U_{BE} 三者随温度升高的变化，都使集电极电流的静态值 I_C 增大。当温度变化时，要使 I_C 近似维持不变以稳定静态工作点，可采用分压式偏置电路。

(2) 分压式偏置电路

图 2-11 是分压式偏置电路，此电路既能提供偏流，同时能稳定静态工作点。

分压式偏置电路能稳定静态工作点的物理过

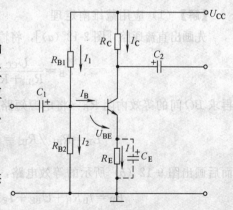

图 2-11 分压式偏置电路

程可表示如下：

$$温度升高 \rightarrow I_C \uparrow \rightarrow I_E \uparrow \rightarrow U_E \uparrow \rightarrow U_{BE} \downarrow \rightarrow I_B \downarrow \rightarrow I_C \downarrow$$

即当温度升高使 I_C 和 I_B 增大时，$U_E=I_E R_E$ 也增大。由于 U_B 为 R_{B1} 和 R_{B2} 的分压电路所固定，于是 U_{BE} 减小，从而引起 I_B 减小而使 I_C 自动下降，静态工作点大致恢复到原来的位置；可见，这种电路能稳定工作点的实质，是由于输出电流 I_C 的变化通过发射极电阻 R_E 上电压降（$U_E=I_E R_E$）的变化反映出来，而后引回（反馈）到输入电路，和 U_B 比较，使 U_{BE} 发生变化来牵制 I_C 的变化。R_E 愈大，稳定性能愈好。但 R_E 太大时将使 U_E 增高，因而减小放大电路的工作范围。R_E 在小电流情况下为几百欧到几千欧，在大电流情况下为几欧到几十欧。

发射极电阻 R_E 接入，一方面发射极电流的直流分量 I_E 通过它，起自动稳定静态工作点的作用；但另一方面发射极电流的交流分量 i_e 通过它也会产生交流压降使 U_{be} 减小，这样就会降低放大电路的电压放大倍数。为此，可在 R_E 两端并联电容 C_E。只要 C_E 的容量足够大，对交流信号的容抗就很小，对交流可视作短路，而对直流分量并无影响，故 C_E 称为发射极交流旁路电容，其容量一般为几十微法到几百微法。

【例 2-4】 在采用分压式偏置电路的放大电路（图 2-11）中，已知 $U_{CC}=12V$，$R_C=2k\Omega$，$R_E=2k\Omega$，$R_{B1}=20k\Omega$，$R_{B2}=10k\Omega$，晶体管的 $\bar{\beta}=37.5$。试求静态值：（1）应用戴维南定理；（2）用估算法。

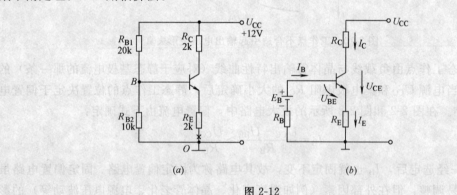

图 2-12

(a) 图 2-11 的直流通路；(b) 等效电路

【解】（1）应用戴维南定理

先画出直流通路 [图 2-12 (a)]，将输入电路在"×"处断开，求 BO 间开路电压 E_B，

$$E_B = \frac{U_{CC}}{R_{B1}+R_{B2}} R_{B2} = \frac{12}{20+10} \times 10 = 4V$$

再求 BO 间的等效内阻 R_B（将电源短路），

$$E_B = R_{B1} // R_{B2} = \frac{R_{B1} R_{B2}}{R_{B1}+R_{B2}} = \frac{20 \times 10}{20+10} = 6.7 k\Omega$$

而后画出图 9-12 (b) 所示的等效电路，由此可列出：

$$E_B = I_B R_B + U_{BE} + I_E R_E = I_B R_B + U_{BE} + (1+\bar{\beta}) I_B R_E$$

得：

$$I_B = \frac{E_B - E_{BE}}{R_B + (1+\beta)R_E} = \frac{4-0.6}{6.7+(1+37.5)\times 2} = 0.04\text{mA}$$

集电极电流的静态值为：
$$I_C = \bar{\beta} I_B = 37.5 \times 0.04 = 1.5\text{mA}$$

集射极电压的静态值为：
$$U_{CE} = U_{CC} - I_E R_E \approx U_{CC} - I_C(R_C + R_E) = 12 - 1.5(2+2) = 12 - 6 = 6\text{V}$$

(2) 用估算法
$$U_B = \frac{R_{B2}}{R_{B1}+R_{B2}} U_{CC} = \frac{10}{20+10} \times 22 = 4\text{V}$$

发射极电流的静态值为：
$$I_E = \frac{U_B - U_{BE}}{R_E} = \frac{4-0.6}{2} = 1.7\text{mA}$$

集电极电流的静态值为：
$$I_C \approx I_E = 1.7\text{mA}$$

基极电流的静态值为：
$$I_B = I_C/\bar{\beta} = 1.5/37.5 = 0.045\text{mA}$$

集—射极电压的静态值为
$$U_{CE} \approx U_{CC} - I_C(R_C + R_E) = 12 - 1.7(2+2) = 5.2\text{V}$$

应用戴维南定理计算可得出较精确的结果。但通常都采用估算法，而后通过实验调整阻值（一般可调整 R_{B1}），使静态工作点合乎要求。

【例 2-5】 在图 2-13 中，已知 $U_{CC}=12\text{V}$，$\bar{\beta}=37.5$。若要求静态值 $I_C=1.5\text{mA}$，$U_{CE}=6\text{V}$，试估算 R_E、R_{B1}、R_{B2} 及 R_C 之阻值。

【解】 设取 $U_B = 4\text{V}$，由此得
$$R_E = \frac{U_B - U_{BE}}{I_E} \approx \frac{4-0.6}{1.5} = 2.26\text{k}\Omega$$

取标称值 2.2kΩ，
$$I_B = I_C/\bar{\beta} = 1.5/37.5 = 0.045\text{mA}$$

设流经 R_{B2} 的电流 $I_2 = 10 I_B$，即
$$I_2 = 10 \times 0.04 = 0.4\text{mA}$$

故：
$$R_{B1} + R_{B2} \approx 12/0.4 = 30\text{k}\Omega$$

因：
$$U_B \approx \frac{R_{B2}}{R_{B1}+R_{B2}} U_{CC}$$

则可算出：$R_{B1}=20$；$R_{B2}=10$
因：
$$U_{CE} \approx U_{CC} - I_C(R_C + R_E)$$

则可算出：$R_C = 1.8\text{k}\Omega$

课题 2　多级放大电路

几乎在所有情况下，放大器的输入信号都很微弱，一般为毫伏或微伏数量级，输入功率常在 1 毫瓦以下。为推动负载工作，必须由多级放大电路对微弱信号进行连续放大，方可在输出端获得必要的电压幅值或足够的功率。图 2-13 为多级放大电路的组成方框图，其中前面若干级（称为前置级）主要用作电压放大，以将微弱的输入电压放大到足够的幅度，然后推动功率放大级（末前级及末级）工作，以输出负载所需要的功率。

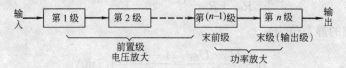

图 2-13　多级放大电路的方框图

在多级放大电路中，每两个单级放大电路之间的连接方式叫耦合。实现耦合的电路称为级间耦合电路，其任务是将前级信号传送到后级。对级间耦合电路的基本要求是：

(1) 耦合电路对前、后级放大电路的静态工作点不起影响。
(2) 不引起信号失真。
(3) 尽量减少信号电压在耦合电路上的损失（压降）。

在多级放大电路的前置级中，多采用阻容耦合方式，在功率输出级中，多采用变压器耦合方式，在直流（及极低频）放大电路中，常采用直接耦合方式。

2.1　阻容耦合放大电路

图 2-14 为两级阻容耦合放大电路，两级之间通过耦合电容 C_2 与下级输入电阻连接，故称为阻容耦合。由于电容有隔直作用，它可使前、后级的直流工作状态相互之间无影响，故各级放大电路的静态工作点可以单独考虑。耦合电容对交流信号的容抗必须很小，以使前级输出信号电压差不多无损失地传送到后级输入端。信号频率愈低、电容值应愈大。耦合电容通常取几微法到几十微法。

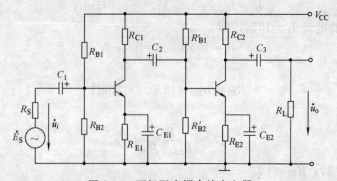

图 2-14　两级阻容耦合放大电器

图中，C_1 为信号源与第一级放大电路之间的耦合电容，C_3 是第二级放大电路与负载（或下一级放大电路）之间的耦合电容。信号源或前级放大电路的输出信号在耦合电阻上产生压降,作为后级放大电路的输入信号。

在阻容耦合放大电路中,由于存在级间耦合电容、发射极旁路电容及晶体管的结电容等,它们的容抗将随频率的变化而变化,故当信号频率不同时,放大电路输出电压相对于输入电压的幅值和相位都会发生变化。放大电路的电压放大倍数与频率的关系称为幅频特性,输出电压相对于输入电压的相位移与频率的关系称为相频特性,两者统称频率特性。图 2-15 所示的是单级阻容耦合放大电路的频率特性。它证明,在阻容耦合放大电路的某一段频率范围内,电压放大倍数 A_{V0} 与频率无关,输出信号相对于输入信号的相位移为 $180°$。随着频率的增高或降低,电压放大倍数都要减小,相位移也要发生变化。当放大倍数下降为 $A_{V0}/\sqrt{2}$ 时所对应的两个频率,分别为下限频率 f_1 和上限频率 f_2。在这两个频率之间的频率范围,称为放大电路的通频带,它是表明放大电路频率特性的一个重要指标。

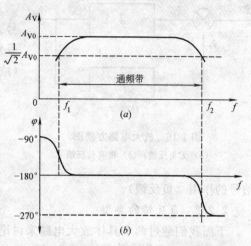

图 2-15 单级阻容耦合放大电路的频率特性
(a) 幅频特性;(b) 相频特性

因为从实际应用上说,放大电路的输入信号往往不是单一频率的正弦波,其中包含基波和各种频率的谐波,对低频放大电路而言,频率范围通常在几十赫至上万赫之间。所以当信号电压是一非正弦波时,其中各次谐波放大的倍数不一样,不能均匀放大,而引起所谓频率失真。为了避免产生显著的频率失真,非正弦信号中幅值较大的各次谐波频率都应该在通频带的范围内。另外一方面,有些放大电路确是要输入不同频率的信号,例如晶体管伏特计中的放大电路,对不同频率信号的电压放大倍数应该尽量做到一样,以免引起误差。以上说明,在实际应用上对放大电路的通频带有一定的要求。

2.2 放大电路中的负反馈

负反馈在低频放大电路中的应用非常广泛,采用负反馈的目的是为了改善放大器的工作性能。在其他科学技术领域中,负反馈的应用也是很多的。例如自动调节系统,它就是通过反馈来实现自动调节的。所以,研究负反馈具有普遍意义。本节是讲交流放大电路中的负反馈,我们将分下面几个问题来讨论。

2.2.1 什么是负反馈

凡是将放大电路(或某个系统)输出端的信号(电压或电流)的一部分或全部通过某种电路(反馈电路)引回到输入端,就称为反馈。若引回的反馈信号削弱输入信号而使放大电路的放大倍数降低,则称这种反馈为负反馈。若引回的反馈信号增强输入信号,为正反馈。本节我们只讲负反馈。

图 2-16 分别为无负反馈的和带有负反馈的放大电路的方框图。任何带有负反馈的放大电路都包含两个部分:一个是不带负反馈的基本放大电路 $\dot{A}$ 它可以是单级或多级的;一个是反馈电路 $\dot{F}$,它是联系放大电路的输出电路和输入电路的环节,多数是由电阻元件组成。

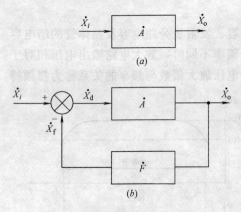

图中,用 $\dot{X}$ 表示信号,它既可表示电压,也可表示电流,并设为正弦信号,故用向量表示。信号的传递方向如图中箭头所示。

$\dot{X}_i$、$\dot{X}_0$ 和 $\dot{X}_f$ 分别为输入、输出和反馈信号。$\dot{X}_i$ 和 $\dot{X}_f$ 在输入端比较(⊗是比较环节符号),并根据图中"+"、"-"极性可得差值信号(或称净输入信号)

$$\dot{X}_d = \dot{X}_i - \dot{X}_f$$

若 $\dot{X}_i$ 与 $\dot{X}_f$ 同相,则:

$$X_d = X_i - X_f$$

可见 $X_d < X_i$,即反馈信号起了削弱净输入信号的作用(负反馈)。

图 2-16 放大电路方框图
(a)无负反馈;(b)带有负反馈

2.2.2 负反馈的类型

下面我们通过两个具体放大电路来讨论负反馈和负反馈的类型。

(1)接有发射极电阻的放大电路

图 2-17 是具有分压式偏置的交流放大电路,在发射极电阻 R_E 两端不并接交流旁路电容 C_E。R_E 是自动稳定静态工作点的。这个稳定过程,实际上也是个负反馈过程。R_E 就是反馈电阻,它是联系放大电路的输出电路和输入电路的。当输出电流 I_C 增大时,它通过 R_E 而使发射极电位 V_E 升高,因为基极电位 V_B 被 R_{B1} 和 R_{B2} 分压而固定,于是输入电压 V_{BE} 就减小,从而牵制 I_C 的变化,致使静态工作点趋于稳定。这是对直流而言的,是直流负反馈。R_E 中除通过直流外,还通过交流,对交流而言,也起负反馈作用。本节所讨论的是交流负反馈。

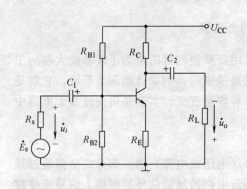

图 2-17 接有发射极电阻 R_E 的放大电路

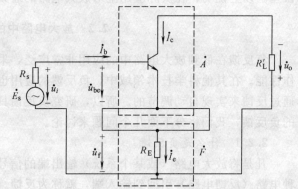

图 2-18 图 2-17 所示放大电路的交流通路

图 2-18 是图 2-17 所示放大电路的交流通路。为了简单起见,将偏置电阻及 R_{B1} 和 R_{B2} 的分流作用忽略不计。

首先,为什么是负反馈。例如,在 $\dot{u}_f$ 的正半周,这时它的瞬时极性为上正下负,$\dot{I}_e$ 和 $\dot{I}_c$ 也在正半周,其实际方向与图中的正方向一致。所以这时流过 R_E 的电流 $\dot{I}_e$(≈

$\dot{I}_c$)所产生的电压 $\dot{u}_e \approx \dot{I}_c R_E$ 的瞬时极性也如图中所示。而 $\dot{u}_e$ 即为反馈电压 $\dot{u}_f$。如果沿输入电路循行一周来看,$\dot{u}_f$ 与 $\dot{u}_i$ 的瞬时极性是相反的,即反馈信号削弱了净输入信号。

从输入电路根据电压正方向列出的式子

$$\dot{u}_{be} = \dot{u}_i - \dot{u}_f$$

来看,由于 $\dot{u}_f$ 和 $\dot{u}_i$ 的正方向与瞬时极性是一致的,两者同相,即都在正半周,于是可写成:

$$u_{be} = u_i - u_f$$

可见净输入电压 $u_{be} < u_i$,u_f 削弱了净输入信号,故为负反馈。

其次,从放大电路的输入端看,反馈信号与输入信号串联,故为串联反馈。从放大电路的输出端看,反馈电压

$$\dot{u}_f = \dot{I}_C R_E$$

是取自输出电流,故为电流反馈。

由此可知,图 2-17 是一种带有串联电流负反馈的放大电路。

(2) 在集电极与基极间接有电阻的放大电路

图 2-19 所示的放大电路中,在集电极与基极之间接有电阻 R_F,它是联系放大电路的输出电路和输入电路的一个反馈电阻。为了说明交流负反馈,画出图 2-19 所示放大电路的交流通路(图 2-20)。

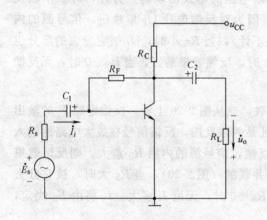
图 2-19 在基极与集电极间接有电阻 R_F 的放大电路

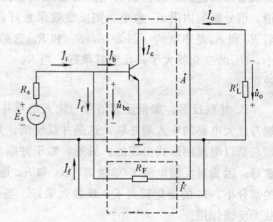
图 2-20 图 2-19 所示放大电路的交流通路

首先,为什么是负反馈。例如,在 $\dot{I}_i$ 的正半周,其实际方向与图中的正方向一致。这时 $\dot{I}_b$ 也在正半周,$\dot{u}_{be}$ 的瞬时极性应该是基极为正,发射极为负。而输出电压 $\dot{u}_o$ 与输入电压 $\dot{u}_{be}$ 是反相的(一般都指中频段而言),故 $\dot{u}_o$ 在负半周,其瞬时极性应该是发射极为正,集电极为负,如图 2-20 所示。这样,从 $\dot{u}_{be}$ 和 $\dot{u}_o$ 的瞬时极性就可知道反馈电阻 R_F 两端的瞬时极性应该是基极为正,集电极为负。所以这时 $\dot{I}_f$ 的实际方向与图中的正方向一致,即也在正半周。可见,$\dot{I}_i$、$\dot{I}_i$ 和 $\dot{I}_b$ 三者是同相的,在正半周其实际方向与图中的方

向一致，在负半周其实际方向都与正方向相反。

根据图中的正方向可列出

$$\dot{I}_\mathrm{b} = \dot{I}_i - \dot{I}_\mathrm{f}$$

因为三者同相，于是可写成

$$I_\mathrm{b} = I_i - I_\mathrm{f}$$

可见净输入电流 $I_\mathrm{b} < I_i$，即 I_f 削弱了净输入信号，故为负反馈。

其次，从放大电路的输入端看，反馈信号与输入信号并联，故为并联反馈。从放大电路的输出端看，反馈电流为：

$$\dot{I}_\mathrm{f} = \frac{\dot{u}_\mathrm{be} - \dot{u}_\mathrm{c}}{R_\mathrm{f}} \approx -\frac{\dot{u}_\mathrm{o}}{R_\mathrm{f}} \text{ 或 } I_\mathrm{f} \approx \frac{u_\mathrm{o}}{R_\mathrm{F}}$$

是取自输出电压，故为电压反馈。

由此可知，图 2-19 是一种带有并联电压负反馈的放大电路。

上面分析的是交流负反馈，实际上电阻 R_F 也起直流负反馈的作用以稳定静态工作点。

对上面两个具体放大电路的分析可知：

1) 根据反馈信号在放大电路输入端连接形式的不同，可分为串联反馈和并联反馈。

A. 串联反馈。如果反馈信号与输入信号串联，或从图 2-18 上看，反馈电路 $\dot{F}$ 的输出端与放大电路的输入端串联，这是串联反馈。凡是串联反馈，不论反馈信号取自输出电压或者输出电流，它在放大电路的输入端总是以电压的形式出现的。另外，对于串联反馈，信号源的内阻 R_S 愈小，则反馈效果愈好；因为对反馈电压 U_f 单独讲，信号源的内阻 R_S 和 r_be 是串联的（图 2-18，R_B1 和 R_B2 忽略不计），当 R_S 小时，U_f 被它分去的部分也小，U_be 的变化就大了，反馈效果好。当 $R_\mathrm{S} = \infty$ 时，反馈效果最好，当 $R_\mathrm{S} = 0$ 时，无反馈效果。

B. 并联反馈。如果反馈信号与输入信号并联，或从图 2-20 上看，反馈电路 $\dot{F}$ 的输出端与放大电路的输入端并联，这是并联反馈。凡是并联反馈，反馈信号在放大电路的输入端总是以电流的形式出现的。另外，对于并联反馈，信号源的内阻 R_S 愈大，则反馈效里愈好；因为对反馈电流 I_f 单独讲，R_S 和 R_be 是并联的（图 2-20），当 R_S 大时，被它分去的部分小，I_b 的变化就大了，反馈效果好。当 $R_\mathrm{S} = 0$ 时，无论 I_f 多大，I_b 将由 E_S 决定，故无反馈作用。

2) 根据反馈信号所取自的输出信号的不同，可分为电流反馈和电压反馈。

A. 电流反馈。如果反馈信号取自输出电流，并与之成正比，或从图 2-18 上看，反馈电路的输入端与放大电路的输出端串联，这是电流反馈。不论输入端是串联反馈或是并联反馈，电流负反馈具有稳定输出电流的作用。如以图 2-17 的串联电流负反馈放大电路为例，在 U_i 一定的条件下，由于电流放大系数的减小而使输出电流 I_C 减小时，负反馈的作用将牵制 I_C 的减小，而使之基本维持恒定，其稳定过程如下：

$$\beta \downarrow \to \begin{array}{l} I_\mathrm{C} \downarrow \to U_\mathrm{f} \downarrow \to U_\mathrm{be} \uparrow \to I_\mathrm{b} \uparrow \\ I_\mathrm{c} \uparrow \longleftarrow \end{array}$$

B. 电压反馈。如果反馈信号取自输出电压,并与之成正比,或从图 2-20 上看,反馈电路的输入端与放大电路的输出端并联,这是电压反馈。电压负反馈具有稳定输出电压的作用。如以图 2-19 的并联电压负反馈放大电路为例,在 $R_S \neq 0$ 的条件下,由于 β 或 R_L 发生变化而使输出电压 u_o 减小时($I_f \approx u_o/R_f$ 也随着减小),负反馈的作用将牵制 u_o 的减小,而使之基本维持恒定,其稳定过程如下:

$$\left.\begin{array}{l}\beta\downarrow\\P_L\downarrow\end{array}\right\} u_o\downarrow \to I_f\downarrow \to I_b\uparrow \to I_c\uparrow$$
$$u_o\uparrow \longleftarrow$$

由上述四种反馈形式,可组合成下列四种类型的负反馈:串联电流负反馈;并联电压负反馈;串联电压负反馈;并联电流负反馈。前两种我们已在上面分析过,后两种也将在下面分析。

(3) 反馈的判别

反馈的判别就是判别是正反馈还是负反馈,是电压反馈还是电流反馈,是串联反馈还是并联反馈。这对分析电子电路是很重要的。下面我们通过图 2-21 和图 2-22 两个具体放大电路来判别。

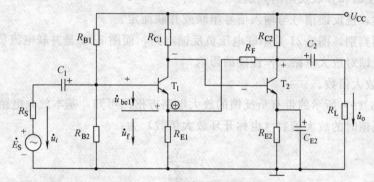

图 2-21 串联电压负反馈电路

1) 正反馈和负反馈的判别。

利用电路中各点对"地"的交流电位的瞬时极性来判别正反馈还是负反馈,十分简便。正半周电位为正,负半周电位为负。判别时可根据下述方法:

A. 先设输入端电位的瞬时极性为正或负,则集电极电位的瞬时极性和它相反,而接有发射极电阻(无旁路电容)的发射极的瞬时极性和它相同,而后逐级定出各点电位的瞬时极性。

B. 判断反馈到输入端的信号的瞬时极性是否对净输入信号起削弱的作用。如果是削弱的,则为负反馈;反之,则为正反馈。

在图 2-21 的两级放大电路中,联系后级输出电路与前级输入电路的是 R_F 和 R_{E1} 两个电阻,它们构成分压式反馈电路,R_{E1} 上分到的一部分输出电压作为反馈电压。设在 $\dot{E}_S$ 的正半周,前级基极电位的瞬时极性为正。根据上述判别方法可知,反馈到前级发射极的信号的瞬时极性为正(用 ⊕ 表示),提高了前级发射极的电位,即削弱了净输入信号 U_{be},故为负反馈。此外,R_{E1} 还单独构成前级的串联电流负反馈。

在图 2-22 中,R_F 是反馈电阻。设在 $\dot{E}_S$ 的正半周,前级基极电位的瞬时极性为正,

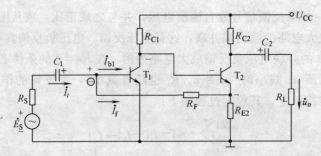

图 2-22 并联电流负反馈电路

后级发射极的极性为负,因此,经 R_F 反馈到前级基极的信号的瞬时极性为负(用⊖表示),削弱了净输入信号,即减小了 I_{b1},故为负反馈。

2) 电压反馈和电流反馈的判别。

判别这两种反馈时,可将放大电路的输出端短路,如短路后反馈信号(电压或电流)消失,则为电压反馈,否则为电流反馈。由此可判别出:图 2-21 中的是电压反馈,图 2-22 中的是电流反馈。

3) 串联反馈和并联反馈的判别。

如上所述,视反馈信号与输入信号串联或并联而定。

根据上面判别,图 2-21 是串联电压负反馈电路,而图 2-22 是并联电流负反馈电路。

(4) 负反馈对放大电路工作性能的影响

1) 降低放大倍数。

由图 2-16 (b) 所示的带有负反馈的放大电路方框图可知,基本放大电路的放大倍数,即未引入负反馈时的放大倍数(也称开环放大倍数)为:

$$\dot{A} = \frac{\dot{X}_o}{\dot{X}_d}$$

反馈信号与输出信号之比称为反馈系数,即:

$$\dot{F} = \frac{\dot{X}_f}{\dot{X}_o}$$

其值恒小于 1。引入负反馈后的净输入信号为:

$$\dot{X}_d = \dot{X}_i - \dot{X}_f$$

故,

$$\dot{A} = \frac{\dot{X}_o}{\dot{X}_i - \dot{X}_f} = \frac{\dot{X}_o}{\dot{X}_i - \dot{F}\dot{X}_o}$$

包括反馈电路在内的整个放大电路的放大倍数,即引入负反馈时的放大倍(也称闭环放大倍数)为 $\dot{A}_f$,由上

$$\dot{A}_f = \frac{\dot{X}_o}{\dot{X}_i} = \frac{\dot{A}}{1 + \dot{A}\dot{F}}$$

可得:

$$\dot{A}\dot{F} = \frac{\dot{X}_f}{\dot{X}_d}$$

在负反馈的情况下，$\dot{X}_f$ 与 $\dot{X}_d$ 是同相的（一般都指中频段），故 $\dot{A}\dot{F}$ 是正实数。因此，由上式可见，$A_f < A$。这是因为引入负反馈后，削弱了净输入信号，故输出信号 X_o 比未引入负反馈时要小，也就是引入负反馈后放大倍数降低了。反馈系数 F 愈接近于1，即 X_f 愈接近于 X_o，则反馈愈深；A_f 降低得也愈多。我们把 $1 + \dot{A}\dot{F}$ 称为反馈深度，其值愈大，负反馈作用愈强，A_f 也就愈小。

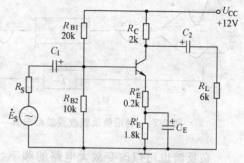

图 2-23 串联电流反馈放大电路

【例 2-6】 图 2-23 是串联电流负反馈放大电路，R_E'' 是反馈电阻。晶体管的 $\beta = 40$，$r_{be} = 1\text{k}\Omega$，根据图上给出的数据计算电压放大倍数 $\dot{A}_{Vf}$，并计算未引入负反馈（将 C_E 的正极性端接到发射极）时的电压放大倍数 $\dot{A}_V$。设 $R_S = 0$。

【解】

$$\dot{A}_{Vf} = -\frac{\beta R_L'}{r_{be} + (\beta + 1)R_E''} = -\frac{40 \times \frac{2 \times 6}{2 \times 6}}{1 + (40 + 1) \times 0.2} = -6.5$$

而

$$\dot{A}_V = -\beta R_L''/r_{be} = -40 \times 1.5/1 = -60$$

可见引入负反馈后，电压放大倍数降低很多。

引入负反馈后，虽然放大倍数降低了，但是换来了很多好处，在很多方面改善了放大电路的工作性能。例如，提高了放大倍数的稳定性；改善了波形失真；展宽了通频带；尤其是可以通过选用不同类型的负反馈，来改变放大电路的输入电阻和输出电阻，以适应实际的需要。至于因负反馈而引起放大倍数的降低，则可通过增多放大电路的级数来提高。下面简单地分析负反馈对放大电路工作性能的改善。

2）提高放大倍数的稳定性。

当外界条件变化时（例如环境温度变化、管子老化、元件参数变化、电源电压波动等），即使输入信号一定，仍将引起输出信号的变化，也就是引起放大倍数的变化。如果这种变化相对较小，则说明其稳定性较高。

负反馈能提高放大电路的稳定性是不难理解的。例如，如果由于某种原因使输出信号减小，则反馈信号也相应减小，于是净输入信号和输出信号也就相应增大，以牵制输出信号的减小，而使放大电路能比较稳定地工作。如前所述，电压负反馈能稳定输出电压，电流负反馈能稳定输出电流。

负反馈深度愈深，放大电路愈稳定，在深度负反馈的情况下，闭环放大倍数仅与反馈电路的参数有关，基本上不受外界因素变化的影响。这时放大电路的工作非常稳定。

3）改善波形失真。

前面说过，由于工作点选择不合适，或者输入信号过大，都将引起信号波形的失真（图

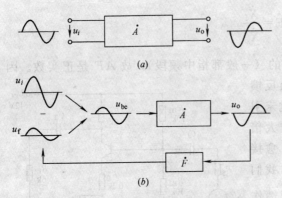

图 2-24 利用负反馈改善波形失真

2-24（a））。但引入负反馈之后，可将输出端的失真信号反送到输入端，使净输入信号发生某种程度的失真，经过放大之后，即可使输出信号的失真得到一定程度的补偿。从本质上说，负反馈是利用失真了的波形来改善波形的失真，因此只能减小失真，不能完全消除失真（图 2-24（b））。

图 2-24 是以串联电流负反馈放大电路（图 2-18）为例的，其 $u_f \approx i_c R_E$，$u_o = -i_c R_L'$，故 u_f 与 u_o 反相。

4）展宽通频带。

负反馈也可以改变放大电路的频率特性。在中频段，开环放大电路 A 较高，反馈信号也较高，因而使闭环放大倍数 A_f 降低得较多。而在低频段和高频段，A 较低，反馈信号也较低，因而使 A_f 降低得较少。这样，就将放大电路的通频带展宽了（图 2-25）。当然，这也是以牺牲放大倍数为代价的。

5）对放大电路输入电阻的影响。

放大电路中引入负反馈后能使输入电阻 r_{if} 增高还是降低与串联反馈还是并联反馈有关。并联负反馈使放大电路的输入电阻减低；串联负反馈使输入电阻增高。

6）对放大电路输出电阻的影响。

放大电路中引入负反馈后能使输出电阻 r_{of} 降低还是提高与电压反馈还是电流反馈有关。

电压反馈的放大电路具有稳定输出电压的作用，即有恒压输出的特性，而恒压源的内阻很低，故放大电路的输出电阻很低。

电流反馈的放大电路具有稳定输出电流的作用，即有恒流输出的特性，而恒流源的内阻很高，故放大电路的输出电阻较高，近似等于 R_C。

2.3 射极输出器

负反馈放大电路的一个重要特例是射极输出器。这个电路的输出信号不是由晶体管的集电极取出，而是由发射极取出，输出信号是发射极电流在发射极电阻 R_E 上的压降，如图 2-26 所示。由于电源 U_{CC} 对交流信号而言相当于短路，故集电极成为输入与输出回路的公共端，因而它实际上是一个共集电极电路。

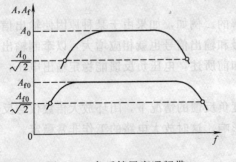

图 2-25 负反馈展宽通频带

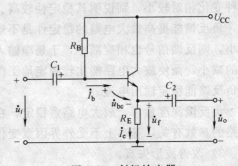

图 2-26 射极输出器

在图 2-26 中，输出电压 $\dot u_o$ 全部反馈到输入端，与输入电压 $\dot u_i$ 串联后加到晶体管的发射结上，即

$$\dot u_f = \dot u_o = \dot I_e R_E$$
$$\dot u_{be} = \dot u_i - \dot u_f = \dot u_i - \dot u_o$$

从反馈类型看，它是一个串联电压负反馈电路。

射极输出器的主要特点是：

(1) 电压放大倍数近似为 1，但恒小于 1。

因 U_{be} 很小，$\dot u_o \approx \dot u_i$，即输出电压的大小基本上等于输入电压的大小，故电压放大倍数

$$\dot A_V = \frac{\dot u_o}{\dot u_i} \approx 1$$

实际上 u_o 略小于 u_i。上式表明，由于输出信号全部反馈到输入端，反馈系数 $\dot F = 1$，它是一个反馈极深的负反馈电路，没有电压放大作用。但因它的发射极电流 I_e 大于基极电流 I_b，故仍具有一定的电流放大和功率放大作用。

(2) 输出电压与输入电压同相，具有跟随作用。

由 $\dot u_o \approx \dot u_i$ 可知，输出电压与输入电压同相（这是与共射极放大电路不同的），并且两者大小基本相等，因而输出端电位跟随着输入端电位的变化而变化，这是射极输出器的跟随作用，故它又称为射极跟随器。

(3) 输入电阻高。

射极输出器的输入电阻可从图 2-27 的微变等效电路求得。

$$r_i = R_B /\!/ [r_{be} + (\beta + 1) R_E]$$

式中 $(\beta+1) R_E$ 是折算到基极回路的发射极电阻。$I_e = (\beta+1) I_b$，如果 I_b 流过发射极电路时，则发射极电阻的折算值也应比原阻值大 $(\beta+1)$ 倍。

可见，射极输出器的输入电阻是由偏置电阻 R_B 和基极回路电阻 $[r_{be} + (\beta+1) R_E]$ 并联

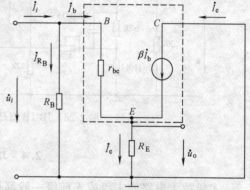

图 2-27 射极输出器的微变等效电路

而得的。通常 R_B 的阻值很大（几十千欧至几百千欧），同时 $[r_{be} + (\beta+1) R_E]$ 也比无负反馈的共发射极放大电路的输入电阻 ($r_i \approx r_{be}$) 大得多。因此，射极输出器的输入电阻很高，可达几十千欧到几百千欧。输入电阻所以很高的原因，是由于采用了很深（反馈系数 $F=1$）的串联负反馈。

(4) 输出电阻低

由于 $\dot u_o \approx \dot u_i$，当 u_i 的大小一定时，不论负载大小如何变化，V_o 基本上保持不变，这说明射极输出器具有恒压输出的特性，故其输出电阻很低，约为几十欧到几百欧，比共发射极放大电路的输出电阻低得多。

射极输出器的应用十分广泛，主要由于它具有高输入电阻和低输出电阻的特点。因为输入电阻高，它常被用作多级放大电路的输入级，这对高内阻的信号源更为有意义。如果

信号源的内阻很高,而它接一个输入电阻很低的共发射极放大电路,那么,信号电压主要降在信号源本身的内阻上,分到放大电路输入端的电压就很小。又如测量仪器里的放大电路要求有高的输入电阻,以减小仪器接入时对被测电路产生的影响,也常用射极输出器作为输入级。另外,如果放大电路的输出电阻较低,则当负载接入后或当负载增大时,输出电压的下降就较小,或者说它带负载的能力较强。所以射极输出器也常用作多级放大电路的输出级。有时还将射极输出器接在两级共发射极放大电路之间,则对前级放大电路而言,它的高输入电阻对前级的影响甚小(前级提供的信号电流小),而对后级放大电路而言,由于它的输出电阻低,正好与输入电阻低的共发射极电路配合。这就是射极输出器的阻抗变换作用。这一级射极输出器称为缓冲级或中间隔离级。

由此可见,虽然射极输出器本身的电压放大倍数小于1,但接入多级放大电路后(作为输入级、输出级或中间级),使放大电路的工作得到改善。

图 2-28 是 JD-1B 型晶体管毫伏表中放大电路的最后几级,其中 T_2 和 T_4 都是射极输出器。T_2 作为缓冲级接在两级共发射极放大电路之间,T_4 作为输出级。

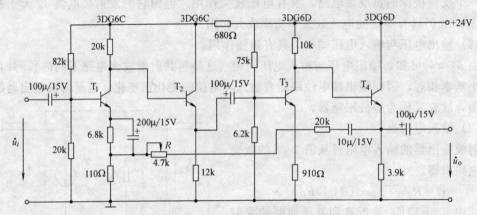

图 2-28　JB-1B 型晶体管毫伏表中的放大电路

2.4　功率放大电路

多级放大电路的末级或末前级一般都是功率放大级,以将前置电压放大级送来的低频信号进行功率放大,去推动负载工作。例如使扬声器发声,使电动机旋转,使继电器动作,使仪表指针偏转等等。电压放大电路和功率放大电路都是利用晶体管的放大作用将信号放大,所不同的是前者的目的是输出足够大的电压,而后者主要是要求输出最大的功率;前者是工作在小信号状态,而后者工作在大信号状态。因而两者对放大电路的考虑有各自的侧重。

功率放大电路中的交流信号较大,为了充分利用晶体管的放大性能,往往让它工作在极限状态,但不能超过晶体管的极限参数:P_{CM}、I_{CM} 和 BV_{CEO}。由于信号大,功率放大电路工作的动态范围大,这就要考虑到失真问题。另外,功率放大电路中直流电源的功率消耗大,还必须考虑放大电路的效率。

下面就耦合方式的不同来讨论两类功率放大电路。

2.4.1　变压器耦合的功率放大电路

(1) 单管功率放大电路

图 2-29 是变压器耦合单管功率放大电路。它的输入端和前级之间用一个输入变压器耦合，它的输出端和负载用一个输出变压器耦合。变压器和电容器一样，也起隔断直流和传输交流的作用。此外，这两个变压器还起阻抗变换的作用。

由于常用的负载如扬声器、电动机、电磁继电器等线圈的电阻约为几欧到几十欧，如果直接接入集电极电路，不可能得到足够的功率。因而利用变压器的阻抗变换作用，将接在副边的负载电阻 R_L 变换（折算）到原边，得出一个交流等效电阻

$$R'_L = \left(\frac{N_1}{N_2}\right)^2 R_L = k^2 R_L$$

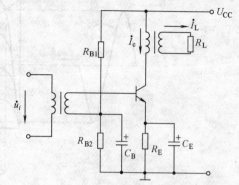

图 2-29 变压器耦合单管功率放大电路

只要合理选择输出变压器的变比 k，就可以得到 R'_L 的合适的阻值，以使负载获得较大的输出功率。

【例 2-7】 在图 2-29 中，负载是扬声器，其音圈电阻 $R_L=8\Omega$。设集电极电流交流分量的有效值 $I_C=10\text{mA}$，输出功率 $P_0=20\text{mW}$，试求输出变压器的变比。如将扬声器直接接在集电极电路，获得多大功率？

【解】

$$R'_L = \frac{P_0}{I_C^2} = \frac{20\times 10^{-3}}{(10\times 10^{-3})^2} = 200\Omega$$

如将扬声器直接接入，则得到的功率为：

$$P_0 = I_C^2 R_L = (10\times 10^{-3})^2 \times 8 = 0.8\text{mW}$$

输入变压器也起阻抗变换作用，使前级得到合适的负载，以获得较大的功率输入。

图 2-29 中，电阻 R_{B1}、R_{B2} 和 R_E 构成使静态工作点稳定的分压式偏置电路。电容 C_B 和 C_E 都是交流旁路电容，以使交流输入信号能全部加到晶体管的发射结上。

下面用图解法分析图 2-29 的单管功率放大电路。

在静态时，由于输出变压器原边的电阻很小，发射极电 R_E 也很小，均可忽略不计，故 $U_{CE} \approx U_{CC}$，由此即可在晶体管的输出特性曲线组上作出直流负载线（图 2-30），它是一条差不多垂直于横轴的直线。静态工作点 Q 的确定取决于输出功率的要求，可调整偏置电阻 R_{B1} 和 R_{B2} 的分压比以改变偏流 I_B 的大小，从而定出工作点和静态值 I_B，I_C 及 U_{CE}（近似为 U_{CC}）。为了充分利用晶体管的极限参数，可将静态工作点提高到靠近 P_{CM} 曲线，以获得尽可能大的输出功率。

在动态时，负载电阻 R_L 折算到原边的交流等效电阻为 R'_L，由此可作出交流负载线，它是一条通过 Q 点、斜率为 $\text{tg}\alpha' = -1/R'_L$ 的直线。为了在不失真的情况下获得尽可能大的输出功率，交流负载线与横轴的交点应该大致在 $2U_{CC}$ 处，与纵轴的交点大致在 $2I_C$ 处，但不能超出晶体管的极限参数 BV_{CEO} 和 I_{CM}。这样，在输入信号的作用下，由图可见，最大动态范围为 Q_1Q_2，也就是交流分量 i_c 的最大幅位约为 I_C，u_{ce} 的最大幅值约为 U_{CC}，在这条件下，根据交流负载线的斜率可得交流等效电阻

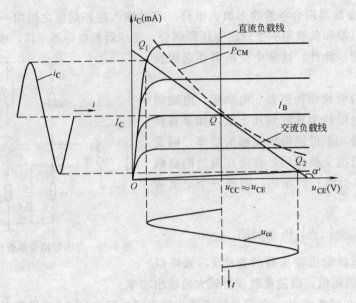

图 2-30 单管功率放大电路的图解分析

$$R_L' = U_{CC}/I_C$$

其值最为合适。

在图 2-30 中，静态工作点大致在交流负载线的中点，这样可以不引起失真，即当输入正弦信号时，i_c 和 u_{ce} 也都是正弦波。功率放大电路的这种工作状态称为甲类状态。单管功率放大电路常工作于甲类状态。

由图 2-30 可得出最大输出交流功率：

$$P_0 = u_{ce} I_C \approx \frac{U_{CC}}{\sqrt{2}} \frac{I_C}{\sqrt{2}} = \frac{1}{2} U_{CC} I_C$$

而电源供给的功率为：

$$P_E = u_{CC} i_C$$

故甲类功率放大电路的最高效率为：

$$\eta = P_0/P_E = 50\%$$

放大电路中的损耗功率 $\Delta P = P_E - P_0$，以管子的集电极损耗为主，而不论有无功率输出 P_E 是不变的。

功率放大电路的输出功率大，故其效率具有重要意义。欲提高效率，需从两方面着手，一是用增加放大电路的动态工作范围来增加向负载输出的功率，一是减小电源供给的功率。而后者要在 U_{CC} 一定的条件下使静态电流 I_C 减小，以降低晶体管的集电极损耗。要减小 I_C，须使静态工作点 Q 沿负载线下移，但这将使输出信号失真。功率放大电路的这种工作状态称为甲乙类状态。若将静态工作点下移到 $I_C \approx 0$ 处，则管耗更小，但信号波形有一半被削掉，这种工作状态称为乙类状态。

为了提高功率放大电路的效率，同时又能减小信号的波形失真，通常采用推挽功率放大电路。

(2) 推挽功率放大电路

图 2-31 是典型的推挽功率放大电路，由两个型号相同和参数相同的晶体管 T_1 和 T_2

组成。输入和输出变压器的绕组皆有中心抽头。输入变压器副边的中心抽头保证输入信号对称地输入,以使 T_1 和 T_2 两管的基极信号大小相等,相位相反。输出变压器原边的中心,抽头分别将 T_1 和 T_2 的集电极电流耦合到变压器副边,向负载输出功率。

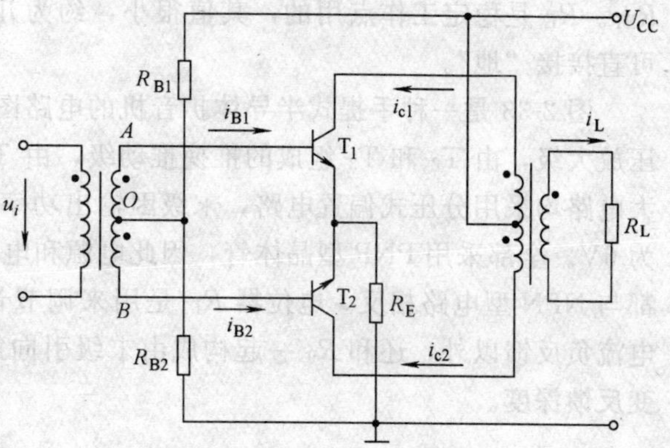

就每一个晶体管来说,其电路结构及工作原理都和上面所讨论的单管功率放大电路相同,但因推挽功率放大电路一般都工作于乙类或甲乙类,静态工作点取得较低,基极电流和集电极电流的静态值都很小,故可近似地认为每个管只在输入信号的半个周期内工作。例如在 u_i 的正半周,设 A 点的电位高于 B 点的电位。对输入变压器副边的中心抽头 O 而言,这时 u_{ao} 为正,晶体管 T_1 的发射结正向偏置,故 T_1 导通工作,而这时 u_{bo} 为负,T_2 的发射结反向偏置,故 T_2 截止不工作;在 u_i 的另外半个周期,情况恰好相反,T_1 截止,T_2 导通。因此,在信号的一个周期内,两管是轮流导通交替工作的。

图 2-31 推挽功率放大电路

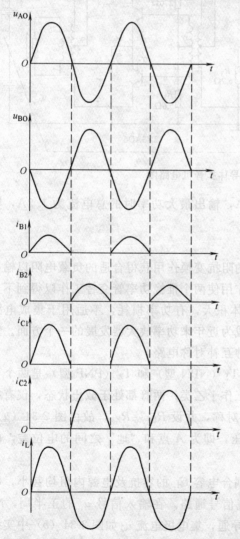

图 2-32 推挽功率放大电路的电压和电流的波形图

从输出电路来看,在信号的一个周期内,两管的集电极电流 i_{c1} 和 i_{c2} 轮流出现,分别流过输出变压器原边的半个绕组。这两个半波电流在原绕组中的方向相反,但是在负载上就可以得到一个不失真的交流信号。推挽功率放大电路的电压和电流的波形如图 2-32 所示,图中设信号电压为正弦电压。

因为这两个管子交替工作的情况,很像两个人拉锯一样,一推一拉,故称为推挽。

在推挽功率放大器中,虽然每个管的静态集电极电流 I_c 都接近于零,但当有信号输入时,电流是半个正弦波,它仍会在集电极上产生功率损耗,但这种放大电路的效率比甲类单管功率放大电路高。

在图 2-31 中,R_{B1} 约为几千欧,R_{B2} 约为几十欧到几百欧,在使用中可调整

R_{B1}。R_E是稳定工作点用的,其值很小,约为几欧到十几欧,对大功率放大器,发射极可直接接"地"。

图2-33是一种手提式半导体扩音机的电路图,它共有三级放大:由T_1组成的前置电压放大级,由T_2和T_3组成的推挽推动级,由T_4和T_5组成的推挽功率输出级。三级放大电路均采用分压式偏置电路,末级因输出功率较大,故发射极直接接"地"。电源电压为6V。全部采用PNP型晶体管,因此电源和电解质电容器的极性以及电压和电流的方向都与NPN型电路相反。电位器R_{P1}是用来调节音量的。电位器R_{P2}除构成第一级的串联电流负反馈以外,还和R_9一起构成由末级引向第一级的串联电压负反馈,调节R_{P2}可改变反馈深度。

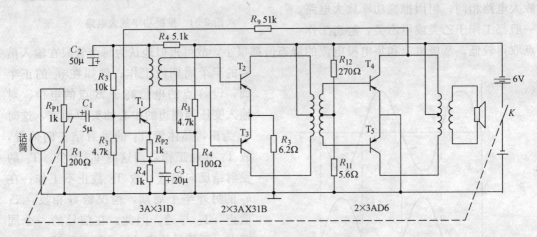

图2-33 手提式半导体扩音机电路图

这个电路无输入时的整机总电流为70mA,输出最大功率时的总电流为1.2A,整机最大输出功率为3W。

2.4.2 无变压器的功率放大电路

前面讨论的功率放大电路,利用变压器的阻抗变换作用获得合适的负载电阻以输出较大功率,并利用带中心抽头的变压器的反相作用使两个推挽功率管交替工作以得到不失真的输出信号。但是,变压器有着一些缺点:体积大,有功率损耗,不适用于集成电路等等;因此,采用无变压器的功率放大电路,成为近年来功率放大器发展的一个方面。无变压器的功率放大电路有多种,我们只讨论一种互补对称电路。

图2-34(a)是互补对称电路的原理图,T_1(NPN型)和T_2(PNP型)是两个不同类型的晶体管,两管的特性对称。在静态时工作于乙类;两管都处于截止状态,仅有很小的穿透电流I_{CEO}通过。由于T_1和T_2的特性对称,并设$R_{E1}=R_{E2}$,故由图2-34(a)可见,A点的电位为$1/2U_{CC}$。电容C_L上的电压,即为A点和"地"之间的电位差,也等于$1/2U_{CC}$。

如果有信号输入,则对交流信号而言,耦合电容C_L的容抗及电源内阻均甚小,可略去不考虑,于是得到图2-34(b)所示的交流信号通路。在输入信号u_i的正半周,NPN型晶体管T_1的发射结处于正向偏置,故T_1导通,集电极电流i_{c1}如图2-34(b)中实线所示。但PNP型管T_2的发射结处于反向偏置,故T_2截止。同理,在u_i的负半周,T_1截

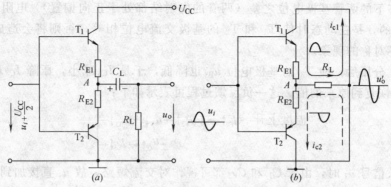

图 2-34 互补对称电路及其交流电路
(a) 互补对称电路；(b) 交流信号通路

止，T_2 导通，电流 i_{c2} 如图 2-34 (b) 中虚线所示。

由图 2-34 (a) 可见，当 T_1 导通时，电容 C_L 被充电，其上电压为 $1/2U_{CC}$。当 T_2 导通时，C_L 代替电源向 T_2 供电，C_L 要放电。但是，要使输出波形对称，即 $i_{c1}=i_{c2}$（大小相等，方向相反），必须保持 C_L 上的电压为 $1/2U_{CC}$，在 C_L 放电过程中，其电压不能下降过多，因此 C_L 的容量必须足够大。

由此可见，在输入信号 u_i 的一个周期内，电流 i_{c1} 和 i_{c2} 以正反不同的方向交替流过负载电阻 R_L，在 R_L 上合成而得出一个不失真的输出信号电压 u_o。

互补对称电路与变压器耦合推挽功率放大电路比较，有如下特点：第一，采用不同类型的两个晶体管 T_1（NPN 型）和 T_2（PNP 型）组成推挽输出级。当加输入电压时，两管发射结的偏置极性正好相反，能自行完成反相作用，两管交替导通和截止，因此，就可以去掉作为反相用的带中心抽头的输入变压器。其次，互补对称电路联成射极输出方式，这种电路具有输入电阻高和输出电阻低的特点，因而解决了阻抗匹配的问题。低阻负载（如扬声器）可以直接接到放大电路的输出端，输出变压器也就可以不用了。此外，电容 C_L 被充电后其两端电压在工作期间基本维持 $1/2U_{CC}$（极性如图 2-34 (a) 所示），作为 T_2 的电源电压。而当 T_1 导通时，它的电源电压也等于 $1/2U_{CC}$（即 U_{CC} 减去电容 C_L 上的电压）。

为了使互补对称电路具有尽可能大的输出功率，一般要加前置放大级（推动级），以保证有足够的功率推动输出管。图 2-35 是一种具有推动级的互补对称电路。T_2 是工作于甲类状态的推动管，R_1 和 R_2 组成它的分压式偏置电路，调节 R_1 即可调整 I_{C3} 的数值。R_3 和 R_4 既是 T_2 的集电极电阻，又是 T_1 和 T_2 偏置电路的一部分。为了避免信号产生交越失真，常使 T_1 和 T_2 工作于甲乙类。在 T_1 和 T_2 的基极之间接入电阻 R_4 就是为了调整 T_1 和 T_2 的静态工作点的。一般应使 T_3 的静态集电极电流 I_{C3} 在 R_4 上的压降恰好等于 T_1 和 T_2 处于甲

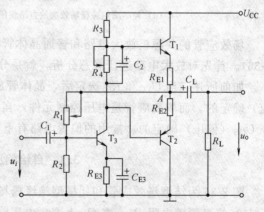

图 2-35 具有前置放大电路的互补对称电路

乙类工作状态下的两管基极电位之差（两管的发射结都处于正向偏置）。电阻 R_4 上并联电容 C_2 的目的，是在动态时使 T_1 和 T_2 的基极交流电位相等，否则将会造成输出波形正、负半周不对称的现象。

R_1 和 R_2 分压后，使 T_3 的基极电位 u_{B3} 也降低，于是 I_{C3} 减小，压降 $I_{C3}R_3$ 也下降，使 u_A 基本上恢复到原来的值。这一负反馈过程可表示如下：

$$温度上升 \to I_{C3}\uparrow \to I_{C3}R_3\uparrow \to u_A\downarrow \to u_{B3}\downarrow$$
$$u_A\uparrow \leftarrow I_{C3}\downarrow$$

当有输入信号 u_i 时，由于 C_1 和 C_{E3} 都可视作对交流短路，故 u_i 直接加到 T_3 的发射结，放大后从 T_3 的集电极取出的信号，就是输出管 T_1 和 T_3 的输入信号，其工作情况与图 2-34 所示电路一样。

课题 3　场效应管放大电路

由于场效应管具有高输入电阻的特点，它适用于作为多级放大电路的输入极，尤其对高内阻的信号源，采用场效应管放大电路才能有效地放大。

场效应管和普通晶体管比较，场效应管的源极、漏极、栅极相当于它的发射极、集电极、基极。两者的放大电路也类似，场效应管也有共源极放大电路和源极输出器等。在晶体管放大电路中，必须设置合适的静态工作点，否则将造成输出信号的失真。同理，场效应管放大电路也必须设置合适的工作点，以使管子工作在特性曲线的平坦区域。

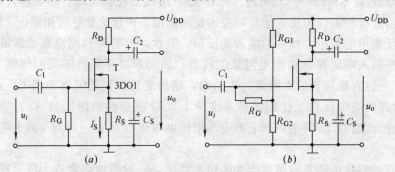

图 2-36　场效应管放大电路
(a) 耗尽型绝缘栅场效应的自给偏压偏置电路；(b) 分压式偏置电路

场效应管的共源极放大电路和普通晶体管的共发射极放大电路在电路结构上类似（图 2-36）。首先对放大电路进行静态分析，就是分析它的静态工作点。

如前所述，当 U_{CC} 和 R_C 选定后，晶体管放大电路的静态工作点是由基极电流 I_B（偏流）确定的。而场效应管是电压控制元件，当 U_{DD} 和 R_D 选定后，静态工作点是由栅源电压 U_{GS}（偏压）确定的。常用的偏置电路有下面两种。

3.1　自给偏压偏置电路

图 2-36 为结型场效应管和耗尽型绝缘栅场效应管的自给偏压偏置电路。源极电流 I_S（等于 I_D）流经源极电阻 R_S，在 R_S 上产生电压降 $I_S R_S$，显然 $U_{GS}=-I_S R_S=-I_D R_S$，所以

称为自给偏压偏置电路。

电路中各元件的作用如下：

(1) R_S 为源极电阻，静态工作点受它控制，其阻值约为几个千欧；

(2) C_S 为源极电阻上的交流旁路电容，用来防止交流负反馈，其容量约为几十微法；

(3) R_G 为栅极电阻，用以构成栅、源极间的直流通路，R_G 不能太小，否则影响放大电路的输入电阻，其阻值约为 200kΩ 到 10MΩ；

(4) R_D 为漏极电阻，它使放大电路具有电压放大功能，其阻值约为几十千欧；

(5) C_1、C_2 分别为输入电路和输出电路的耦合电容，其容量约为 0.01～0.047 微法。

应该指出，由增强型的缘栅场效应管组成的放大电路，工作时栅源电压 u_{GS} 为正，所以无法采用自给偏压偏置电路。

3.2 分压式偏置电路

图 2-36 采用分压式偏置电路，R_{G1} 和 R_{G2} 为分压电阻，这样栅源电压为

$$U_{GS} = \frac{R_{G2}}{R_{G1}+R_{G2}}U_{DD} - I_D R_S = V_G - I_G R_S$$

式中，V_G 为栅极电位，由于一般 N 沟道耗尽型场效应管要求 $u_{GS}<0$，所以

$$I_D R_S > \frac{R_{G2}}{R_{G1}+R_{G2}}U_{DD}$$

由偏置电路确定静态工作点。

当有输入信号时，我们对放大电路进行动态分析，主要是分析它的电压放大倍数和输入电阻与输出电阻。

将图 2-36 中两图作比较，为什么多出一个电阻 R_G。

图 2-36 (a) 所示放大电路的输入电阻为

$$r_i = R_{G1} /\!/ R_{G2} /\!/ R_{GS} \approx R_{G1} /\!/ R_{G2}$$

因为场效应管的输入电阻 R_{GS} 是很高的，比 R_{G1} 或 R_{G2} 都高得多，三者并联后 R_{GS} 可略去。显然，由于 R_{G1} 和 R_{G2} 的接入使放大电路的输入电阻降低了。因此，通常在分压点和栅极之间接入一阻值较高的电阻 R_G（图 2-36 (b)），这样，

$$r_i = R_G + (R_{G1} /\!/ R_{G2}) \approx R_G$$

就可大大提高放大电路的输入电阻，而对电压放大倍数并无影响。此外，在静态时 R_G 中并无电流通过，因此也不影响静态工作点。由于场效应管的输出特性具有恒流特性（从输出特性曲线上可见），故其输出电阻

$$r_{ds} = \frac{\Delta u_{DS}}{\Delta I_D}\bigg|_{u_{GS}}$$

是很高的。在共源极放大电路中，漏极电阻 R_D 是和管子的输出电阻 r_{ds} 并联的，所以当 $r_{ds} \gg R_D$ 时，放大电路的输出电阻：

$$r_0 \approx R_D$$

这点和晶体管共发射极放大电路是类似的。

输出电压为：

$$\dot{u}_0 = -\dot{I}_d R_D = -g_m \dot{u}_{gs} R_D$$

式中，$\dot{I}_d = g_m \dot{u}_{gs}$，并设 $r_{ds} \gg R_D$

电压放大倍数为：

$$\dot{A}_V = -g_m R_D$$

式中负号表示输出电压和输入电压反相。

课题 4　直流放大电路

直流放大电路在工业技术领域中，特别是在一些测量仪器和自动控制系统中的应用是很广泛的。例如，用热电偶测量高温炉的炉温时，由于炉温的变化很慢，所以热电偶给出的就是一个变化缓慢的电压信号。这个信号通常只有几毫伏到几十毫伏，必须加以放大，才能推动测量、记录机构或控制执行元件。用来放大这种变化缓慢的信号或某个直流量的变化（统称为直流信号）的放大电路，就是直流放大电路。

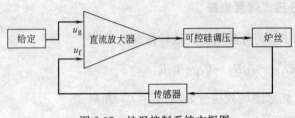

图 2-37　炉温控制系统方框图

图 2-37 是一个闭环负反馈炉温控制系统的方框图。通过调节给定量 u_g，就可以连续地调节炉温；在某一给定量 u_g 下，炉子就被加热到预定温度。同时，由于某种原因引起炉温改变时，还能进行恒温控制。譬如，当炉温降低时，则热电偶传感器取得的负反馈电压信号 u_f 也减小，它和给定电压比较后的差值（$u_g - u_f$）增加。这个偏差信号经直流放大器放大后，去调整可控硅电路的输出交流电压，并使之增高，从而使炉温再恢复到原先给定的温度值。

不仅炉温控制系统是这样，就是在其他一些自动控制系统中，往往也先要把被调的非电量（如转速、温度、压力、流量、照度等）用传感器（如测速装置、热电偶，光电元件等）测量出来，变换为电信号，再与给定量比较后，得出一个微弱的偏差信号。而后把这个偏差信号放大，去推动执行机构（如电动机、继电器或可控硅调压电路等）或送到仪表中去显示读数，从而达到自动控制和测量的目的。因为被放大的多属直流信号，所以要组成一个性能较好的自动控制系统，其关键常常是要求有一个放大倍数较高而且稳定性能较好的直流放大电路。

运算放大器是一种具有高放大倍数带负反馈的直接耦合放大器，它的应用非常广泛，已远远超出直流放大的范围。本课题主要介绍直流放大电路的直接耦合、差动放大电路和运算放大器三个问题。

4.1　直流放大电路的直接耦合

要提高放大倍数，就需要采用多级直流放大电路，而多级放大有一个耦合问题。为了传递直流信号，无论在放大电路的级与级之间，还是在共输入端和输出端上，都不能与交流放大电路那样采用阻容耦合或变压器耦合，而只能采用直接耦合的方式。可见，直接耦合是直流放大电路结构上的一大特征，因此，这种放大电路也可称为直接耦合放大电路。应该指出，在前两章所讨论的交流放大电路只能放大交流信号，不能直接放大直流信号；

而直接耦合放大电路既可以用来放大直流信号，又可以用来放大交流信号。

直接耦合似乎很简单，其实不然，它所带来的问题远比交流放大电路严重。其中主要有两个问题需要解决：一个是前、后级的静态工作点互相影响的问题；一个是零点漂移的问题。

4.1.1 前级与后级静态工作点的相互影响

图 2-38 是直接耦合两极放大电路，由图可见，前级的集电极电位恒等于后级的基极电位，而且前级的集电极电阻 R_{C1} 同时又是后级的偏流电阻，前、后级的静态工作点就相互影响，互相牵制。

在直接耦合放大电路中必须采取一定的措施，以保证既能有效地传递直流信号，又要使每一级有合适的静态工作点。常用的有下面两种耦合方式。

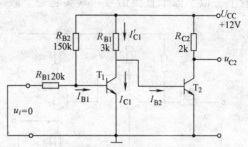

图 2-38 直接耦合两级放大电路

（1）提高后级的发射极电位

提高后级 u_2 的发射极电位，是兼顾前、后级工作点和放大倍数的简单有效的措施。在图 2-39（a）中，是利用电阻 R_{E2} 上的压降来提高发射极的电位。这一方面能提高 u_1 的集电极电位，增大其输出电压的幅度，另一方面又能使 u_2 获得合适的工作点。R_{E2} 的大小可根据静态时前级的集-射极电压 u_{CE1} 和后级的发射极电流 I_{E2} 来决定，即

$$R_{E2}=(u_{CE1}-u_{BE2})/I_{E2}$$

不过要注意到，电阻 R_{E2} 又使后级引进了较深的电流负反馈，这固然有利于该级工作点的稳定，但却也使该级的放大倍数下降了。对直流信号来讲，还不能像交流放大电路那样，也在电阻 R_{E2} 两端并接旁路电容来排除这种负反馈。

采用硅稳压管 D_Z（或硅二极管）代换电阻 R_{E2}（图 2-39（b）），也可以提高 u_2 的发射极电位。同时，由于稳压管的管压降具有相应的固定值，基本上不随 I_{E2} 而变，所以，也就几乎不会引起负反馈了。图中的 R 是稳压电路的降压电阻，它使稳压管工作于正常电流范围内。

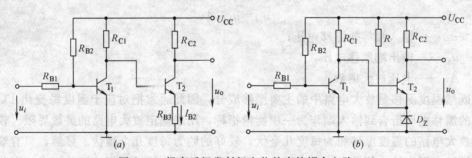

图 2-39 提高后级发射极电位的直接耦合电路

（a）串接发射极电阻；（b）串接硅稳压管

（2）NPN—PNP 管直接耦合电路

利用 NPN 型管和 PNP 型管具有不同偏置极性的特点，可接成图 2-40 所示的电路。这样，便可把前级较高的集电极电压转移到后级的管子和负载电阻上去，使输出电压 u_o 有较大的变化范围。

4.1.2 零点漂移

一个理想的直流放大电路，当输入信号为零时，其输出电压应保持不变（不一定是零）。但实际上，把一个多级直接耦合放大电路的输入端短接（$u_i=0$），测其输出端电压时，却如图 2-41 中记录仪所显示的那样，它并不保持恒值。而在缓慢地、无规则地变化着，这种现象就称为零点漂移。所谓漂移就是指输出电压偏离原来的起始值作上下漂动，看上去似乎像个直流信号，其实它是个假"信号"。

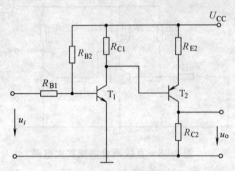

图 2-40　NPN-PNP 管直接耦合电器

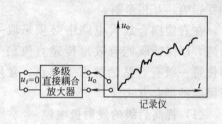

图 2-41　零点漂移现象

当放大电路输入直流信号后，这种漂移就伴随着信号共存于放大电路中，两者都在缓慢地变动着，一真一假，互相纠缠在一起，难于分辨。如果当漂移量大到足以和信号量相比时，放大电路就更难工作了。因此，必须查明产生漂移的原因，并采取相应地抑制漂移的措施。

引起零点漂移的原因很多，如晶体管参数（I_{CBO}、u_{BE}、β）随温度的变化，电源电压的波动，电路元件参数的变化等，其中温度的影响是最严重的。在多级放大电路各级的漂移当中，又以第一级的漂移影响最为严重。因为由于直接耦合，第一级的漂移被逐级放大，以致影响到整个放大电路的工作。所以，抑制漂移要着重于第一级。

作为评价放大电路零点漂移的指标，只看其输出端漂移电压的大小是不充分的，必须同时考虑到放大倍数的不同。就是说，只有把输出端的漂移电压折合到输入端才能真正说明问题，即

$$u_{id}=u_{od}/A_V$$

式中　u_{id}——输入端等效漂移电压；

　　　u_{od}——输出端漂移电压；

　　　A_V——电压放大倍数。

既然温度漂移是放大电路中的主要漂移成分，因此通常把对应于温度每变化 1℃ 在输出端的漂移电压折合到输入端作为一项衡量指标，用来确定放大电路的灵敏界限。较差的直流放大电路的温度漂移约为每度几毫伏，较好的约为每度几个微伏。显然，只有输入端等效漂移电压比输入信号小许多时，放大后的有用信号才能被很好地区分出来。因此，抑制零点漂移就成为制作高质量直流放大电路的一个重要问题。

4.2　差动放大电路

在直接耦合放大电路中抑制零点漂移最有效的电路结构是差动放大电路。因此，要求较高的直流放大电路，特别是多级直流放大电路的前置级，广泛采用这种电路。

4.2.1 差动放大电路的工作情况

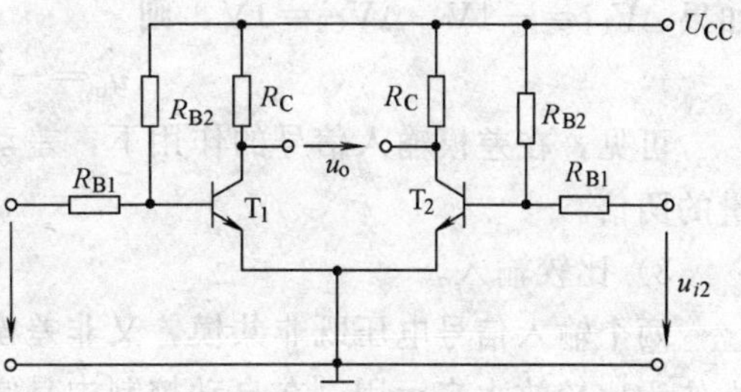

图 2-42 是用两个晶体管组成的最简单的差动放大电路。信号电压由两管基极输入，输出电压则取自两管的集电极之间。电路结构对称，在理想的情况下，两管的特性及对应电阻元件的参数值都相同，因而它们的静态工作点也必然相同。

图 2-42 差动放大原理电路

(1) 零点漂移的抑制

在静态时，$u_{i1}=u_{i2}=0$，即在图 2-42 中将两边输入端短路，由于电路的对称性，两边的集电极电流相等，集电极电位也相等，即

$$I_{C1}=I_{C2}, \quad V_{C1}=V_{C2}$$

故输出端电压

$$u_o=V_{C1}-V_{C2}=0$$

当温度升高时，两管的集电极电流都增大了，集电极电位都下降了，并且两边的变化量相等，即：

$$\Delta I_{C1}=\Delta I_{C2}, \quad \Delta V_{C1}=\Delta V_{C2}$$

虽然每个管都产生了零点漂移，但是，由于两集电极电位的变化是互相抵消的，所以输出电压依然为零，即

$$u_o=\Delta V_{C1}-\Delta V_{C2}=0$$

零点漂移完全被抑制了。对称差动放大电路对两管所产生的同向漂移（不管是什么原因引起的）都具有抑制作用，这是它的突出优点。

(2) 信号输入

当有信号输入时，对称差动放大电路（图 2-42）的工作情况可以分为下列几种输入类型来分析。

1) 共模输入。

两个输入信号电压的大小相等，极性相同，即 $u_{i1}=u_{i2}$，这样的输入称为共模输入。

在共模输入信号的作用下，对于完全对称的差动放大电路来说，显然两管的集电极电位变化相同，因而输出电压等于零，所以它对共模信号没有放大能力，亦即放大倍数为零。实际上，前面讲到的差动放大电路对零点漂移的抑制就是该电路抑制共模信号的一个特例。因为折合到两个输入端的等效漂移电压如果相同，就相当于给放大电路加了一对共模信号。所以，差动电路抑制共模信号能力的大小，也反映出它对零点漂移的抑制水平。这一作用是很有实际意义的。

2) 差模输入。

两个输入电压的大小相等，两极性相反，即 $u_{i1}=-u_{i2}$，这样的输入称为差模输入。

设 $u_{i1}>0$，$u_{i2}<0$，则 u_{i1} 使 T_1 的集电极电流增大了 ΔI_{C1}，T_1 的集电极电位（即其输出电压）因而降低 ΔV_{C1}，（负值）；而 u_{i1} 却使 T_2 的集电极电流减小了 ΔI_{C2}，T_2 的集电极电位因而增高了 ΔV_{C2}（正值）。这样，两个集电极电位一增一减，呈现异向变化，其差值即为输出电压

$$u_o=\Delta V_{C1}-\Delta V_{C2}$$

如果 $\Delta V_{C1}=-1V$，$\Delta V_{C2}=1V$，则
$$u_o=-1-1=-2V$$

可见，在差模输入信号的作用下，差动放大电路的输出电压为两管各自输出电压变化量的两倍。

3）比较输入。

两个输入信号电压既非共模，又非差模，它们的大小和相对极性是任意的，这种输入常作为比较放大来运用，在自动控制中是常见的。

例如 u_{i1} 是给定信号电压（或称基准电压），u_{i2} 是一个缓慢变化的信号（如反映炉温的变化）或是一个反馈信号，两者在放大电路的输入端进行比较后，得出偏差值（$u_{i1}-u_{i2}$），偏差电压经放大后，输出电压为

$$u_o=A_u(u_{i1}-u_{i2})$$

其值仅与偏差值有关，而不需要反映两个信号本身的大小。不仅输出电压的大小与偏差值有关，而且它的极性与偏差值也有关系。在图 2-43 中，如果 u_{i1} 和 u_{i2} 极性相同，并设 u_o 的正方向如图中所示，当 $u_{i2}>u_{i1}$ 时，则 $u_o>0$；当 $u_{i2}=u_{i1}$ （共模）时，则 $u_o=0$；而当 $u_{i2}<u_{i1}$ 时，则 $u_o<0$，即其极性改变，而极性的改变反映了某个物理量向相反方向变化的情况，例如在炉温控制中反映炉温的升高和降低。显然 A_u 应为负值。

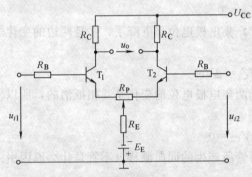

图 2-43 典型差动放大电路

此外，有时为了便于分析和处理，可以将这种既非共模、又非差模的信号分解为共模分量和差模分量。例如 u_{i1} 和 u_{i2} 是两个极性相同的输入信号，设 $u_{i1}=10mV$，$u_{i2}=6mV$。我们可以将 u_{i1} 分解为 8mV 与 2mV 之和，即 $u_{i1}=8mV+2mV$；而把 u_{i2} 分解为 8mV 与 2mV 之差，即 $u_{i2}=8mV-2mV$。这样，就可认为 8mV 是输入信号中的共模分量，即：$u_{c1}=u_{c2}=8mV$；而 +2mV 和 -2mV 则为差模分量，即 $u_{d1}=2mV$，$u_{d2}=-2mV$。于是可得出：

$$u_{i1}=u_{c1}+u_{d1}$$
$$u_{i2}=u_{c2}+u_{d2}$$

并由此可求出输入信号的共模分量和差模分量。

4.2.2 典型差动放大电路

上面讲到，差动放大电路之所以能抑制零点漂移，是由于电路的对称性。实际上完全对称的理想情况并不存在，所以单靠提高电路的对称性来抑制零点漂移是有限度的。

另外，上述差动电路的每个管的集电极电位的漂移并未受到抑制，如果采用单端输出（输出电压从一个管子的集电极与"地"之间取出），漂移根本无法抑制。为此，常采用的是图 2-43 所示的电路，在这个电路中多加了电位器 R_P、发射极电阻 R_E 和负电源 E_E。

R_E 的主要作用是稳定电路的工作点，从而限制每个管子的漂移范围，进一步减小零点漂移。例如当温度升高使 I_{C1} 和 I_{C2} 均增加时，则有如下的抑制漂移的过程。

可见，由于 R_E 的电流负反馈作用，使每个管子的漂移又得到了一定程度的抑制，这样，输出端的漂移就进一步减小了。显然，R_E 的阻值取得大些，电流负反馈作用就强些，稳流效果会更好些，抑制每个管子的漂移作用就愈显著。例如当温度升高使 I_{c1} 和 I_{c2} 均增加时，则有如下的抑制漂移过程。

$$温度\uparrow \longrightarrow \begin{matrix} I_{C1}\downarrow \\ I_{C2}\uparrow \\ I_{C3}\uparrow \\ I_{C4}\downarrow \end{matrix} \longrightarrow I_E\uparrow \longrightarrow U_{RE}\uparrow \longrightarrow \begin{matrix} U_{BE1}\downarrow \longrightarrow I_{B1}\downarrow \\ U_{BE2}\downarrow \longrightarrow I_{b2}\downarrow \end{matrix}$$

同理，凡是由于种种原因（其中也包括两个输入信号中含有共模分量或 50Hz 交流的共模干扰等）引起两管的集电极电流、集电极电位产生同向的漂移时，R_E 对它们都具有电流负反馈作用，使每管的漂移都受到了削弱，这样就进一步增强了差动电路抑制漂移和共模信号的能力。因此也称为共模反馈电阻。

那么 R_E 对要放大的差模信号有没有影响呢？由于差模信号使两管的集电极电流产生异向变化，只要电路的对称性足够好，两管电流一增一减，其变化量相等，通过 R_E 中的电流就近似于不变，R_E 不起负反馈作用。因此，R_E 基本上不影响差模信号的放大效果。

如上所述，R_E 能区别对待共模信号与差模信号，这正是我们所期望的。譬如，差动放大电路的两个输入信号中既含有待放大的差模分量，又含有较大的共模分量时，如果未设置共模反馈电阻 R_E，则较大的共模分量会使两管的工作点发生较大的偏移，甚至有可能进入非线性区而使放大电路工作失常。接用 R_E 后，由于它对共模信号的负反馈作用，稳定了工作点，使它不进入非线性区，而 R_E 又几乎与差模信号无关。这样，对差模信号的放大作用就不易受共模信号大小的影响。

虽然，R_E 愈大，抑制零点漂移的作用愈显著，但是，在 U_{CC} 一定时，过大的 R_E 会使集电极电流过小，这要影响静态工作点和电压放大倍数。为此，接入负电源 E_E 来抵偿 R_E 两端的直流压降，从而获得合适的静态工作点。

电位器 R_P 是调平衡用的，又称调零电位器。因为电路不会完全对称，当输入电压为零（把两输入端都接"地"）时，输出电压不一定等于零。这时可以通过调节 R_P 来改变两管的初始工作状态，从而使输出电压为零。但对差模信号将起负反馈作用，因此阻值不宜过大，一般 R_P 值取在几十欧到几百欧之间。

差动放大电路的有双端输入-双端输出，单端输入-单端输出两种输入-输出方式。

单端输出差动电路的电压放大倍数只有双端输出差动电路的一半。

4.2.3 共模抑制比

对差动放大电路来说，差模信号是有用信号，要求它有较大的放大倍数；而共模信号是需要抑制的，因此它的放大倍数要越小越好。对共模信号的放大倍数越小，就意味着零点漂移越小，抗共模干扰能力越强。当用作比较放大时，就越能准确、灵敏地反映出信号的偏差值。为了全面衡量差动放大电路放大差模信号和抑制共模信号的能力，通常引用共模抑制比 K_{CMR} 来表征。其定义为：放大电路对差模信号的放大倍数 A_d 和对共模信号的放大倍数 A_C 之比，即

$$K_{CMR} = A_d/A_C$$

或用对数形式表示为

$$K_{CMR} = 20\lg A_d/A_C \quad (dB)$$

其表示单位为分贝（dB）。

显然，共模抑制比越大，差动放大电路分辨所需要的差模信号的能力就越强，而受共模信号的影响就越小。对于双端输出差动电路，若电路完全对称，则 $A_C=0$，$K_{CMR}\rightarrow\infty$，这是理想情况。而实际情况是，电路完全对称并不存在，共模抑制比也不可能趋于无穷大。

从原则上看，提高双端输出差动放大电路共模抑制比的途径是：一方面要使电路参数尽量对称，另一方面则应尽可能地加大共模反馈电阻 R_E。对于单端输出的差动电路来说，主要的手段只能是加强共模反馈电阻 R_E 的作用。

课题5　模拟集成电器

5.1　集成电路简介

集成电路（简称为 IC）是将二极管、三极管、电阻、电容和连接线等整个电路集中制造在一个很小的硅片上，再经引线和封装，形成一个具有预定功能的微型整体。与过去用晶体管等分立元件组成的电路比较，它具有体积小、寿命长、成本低、可靠性高、性能好等优点。集成电路的外形通常有扁平式、双列直插式、单边双列直插式和圆壳式等几种，如图 2-44 所示。

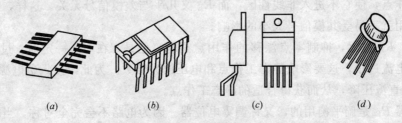

图 2-44　集成电路外形
(a) 扁平式；(b) 双列直插式；(c) 单边双列直插式；(d) 圆壳式

5.1.1　集成电路的分类
(1) 半导体集成电路按功能分类
半导体集成电路按功能分为数字集成电路和模拟集成电路。

1) 数字集成电路。数字集成电路是输入信号与输出信号为高、低两种电平，且具有一定逻辑关系的电路。电路中的晶体管都工作于开关状态，即稳态时是处于导通或截止状态。数字集成电路形式比较简单，通用性较强，类型繁多，广泛地用于计算机技术及自动控制电路中。

2) 模拟集成电路。模拟集成电路的输入信号或输出信号为连续变化的电压或电流信号，它能对信号进行放大或变换。晶体管工作在线性放大区的模拟集成电路称线性集成电路，线性集成电路的输入信号与输出信号间成线性关系，包括各种集成运算放大器、集成功率放大器、集成高频放大器、集成中频放大器等。晶体管工作在非线性区的模拟集成电路称非线性集成电路,非线性集成电路的输入与输出信号成非线性关系,包括集成稳压器、集成混频器、振荡器、检波器等。

(2) 半导体集成电路按集成度分类

半导体集成电路按其集成度分为小规模、中规模、大规模和超大规模集成电路。

小规模集成电路是一个集成块内只包含十几个到几十个元器件的集成电路;中规模集成电路是一个集成块内包含有一百个到几百个元器件的集成电路;大规模集成电路和超大规模集成电路是一个集成块内包含有一千个以上元器件的集成电路,它的显著的特点是可以把一个系统集成在一块硅片上,而这块硅片的面积只有几十平方毫米。

5.1.2 集成电路的特点

与分立元件组成同样的电路相比,集成电路具有以下特点:

(1) 组件中各元件是在同一硅片上,并且制造工艺相同,温度均一性好,容易制成特性相同的管子或阻值相等的电阻,这对于差动式放大器的制造特别有意义。

(2) 组件中的电阻元件是由硅半导体的体电阻构成,电阻值的范围一般约为几十欧到 $20k\Omega$ 左右,阻值较小,需高阻值时得另作处理。

(3) 集成电路中电容容量也不大,约在几十微法以下,常用 PN 结的结电容构成,误差比较大,至于电感更难制造,所以集成电路中都采用直接耦合方式。

(4) 组件中使用的二极管、作温度补偿的元件或电位移动电路,大都用半导体三极管构成,能较好地补偿半导体三极管发射结的温度特性。

5.2 集成运算放大器

5.2.1 现行国产运算放大器型号说明和符号

(1) 现行国产型号说明

  C   F   X X X   — —
  ①   ②   ③   ④ ⑤

① C:符合国家标准。

② F:放大器。

③ 系列品种代号(阿拉伯数字),如 702、324 等。

④ 工作温度范围代号(字母):

C:0～70℃

L:-25～+85℃

M:-55～+125℃

⑤ 封装形式代号(字母):

D:多层陶瓷双列直插。

J:黑瓷双列直插。

P:塑料双列直插。

T:金属圆壳。

(2) 符号

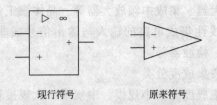

现行符号   原来符号

由于从事电子专业的工程技术人员习惯于使用原来符号,且国际上也仍在使用,故在编写中使用原来符号。

5.2.2 运算放大器功能及电路主要组成

在信号的放大、信号的运算(加、减、乘、除、对数、反对数、平方、开方)、信号的处理(滤波、调制)以及波形的产生和变换的电路中,运算放大器(以下简称运放)是它们的核心部分。它是由多级直接耦合放大电路组成,早期的集成运放电路CF702(或F001)结构具有一定的代表性,其原理电路如图2-45所示。现将各部分的作用简述如下,这对于了解其他运放电路也可作为借鉴。

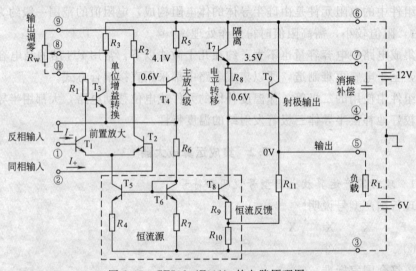

图2-45 CF702(F001)的电路原理图

(1)总体

F001是由前置放大级(由T_1、T_2组成)、主放大级(T_4)和射极输出级(T_9)所组成。T_1的基极和输出是反相关系,T_2的基极和输出是同相关系,在图2-46中分别用

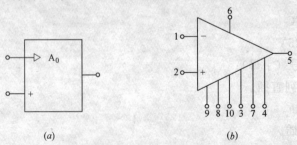

图2-46 运放符号

(a)采用国家标准运放符号;(b)惯用表示法(管脚号为CF702)

"—"和"+"表示。

(2) 偏置电路

T_5 是提供给 T_1、T_2 管的恒流源，T_8 是供给 T_7 的恒流源。它们的作用是保证有关晶体管工作在合适区域，其具体数值由 R_6、T_6、R_7 及 R_4、R_9、R_{10} 决定。

(3) 单位增益转换

T_3 的作用是当有信号输入时，将 T_1 集电极的电压变化放大后再经 R_w、R_2 转到 T_4，其方向和 T_2 的变化相同，因此能把放大倍数提高将近一倍。

(4) 电平转移

目的是要使输入端对地的电位为零时，输出端对地的电位也为零。在图 2-45 所示的电路中，若将 T_4 的集电极直接耦合到 T_9 的基极，则输出端就不可能为零电位，因此要用电阻来降压。不过若将 R_8 直接接到 T_4 的集电极和 T_9 基极之间，它两端所产生的压降将使 T_4 的放大倍数下降，于是加 T_7 管起隔离作用。

(5) 恒流反馈

它的作用是使 R_8 两端的直流压降满足使静态时输出为零的要求，但交流（变化量）压降则为零，以减少放大倍数的损失。表现在输出端把反馈通路引到 T_8 的射极后，若 T_7 的射极电位上升，则经 T_9 输出再经 R_{11}、R_{10}、R_9 到 T_8 的射极，将导致 T_8 的集电极电位也上升，如配合得当，可以使 R_8 两端的电位上升幅度相等，即变化量经 R_8 传递可不受损失，从而提高了放大倍数。

(6) 消振补偿

由于电路中引入了反馈，而在实际使用时也经常要引入各种形式的反馈，所以很容易产生自激振荡，为此可在⑦、④两端接入电容器，以破坏产生振荡的条件。

目前通用的集成运放除电平移动和与之配合的恒流反馈部分已经采用其他方式外，其余部分的基本组成形式和 CF702 大同小异，可用图 2-47 表示。

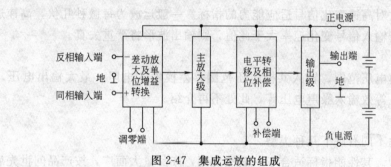

图 2-47 集成运放的组成

5.2.3 主要参数

(1) 差模开环增益（或差模开环放大倍数）（A_{UD}）

是指运放在无外加反馈回路情况下的差模放大倍数，它体现了运放的放大能力。$A_{UD} = \Delta U_o / \Delta(U_+ - U_-)$，$U_+$ 是加在同相端的电压，U_- 是加在反相端的电压。A_{UD} 常用分贝（dB）表示，性能较好的运放可达到 120dB（即 10^6）数量级，一般为 100dB 左右。

(2) 共模开环放大倍数（A_{UC}）

是指 U_+ 和 U_- 以同幅度、同方向变化时对输出量变化所产生的影响，即：$A_{UC} =$

$\Delta U_o / \Delta U_+ (= U_-)$)。它是衡量前置差放级参数是否对称的标志,也是衡量抗温漂、抗共模干扰能力的标志。优质运放的 A_{UC} 应接近于零。

(3) 共模抑制比（K_{CMR}）

为了全面衡量运放的放大能力和抗温漂、抗共模干扰能力,取差模开环增益与共模开环增益之比并定义为 $K_{CMR} = 20\lg(|A_{UD}/A_{UC}|)$。性能较好的运放的 K_{CMR} 值应在 100dB 以上。

(4) 输入失调电压（U_{IO}）

是指为了使输出对地电压为零,在输入端所加的补偿电压值。高精度运放的 U_{IO} 值可达微伏级,一般为毫伏级。它是衡量差放级参数对称程度的静态指标。

(5) 失调电压温度系数（αU_{IO}）

$\alpha U_{IO} = dU_{IO}/dT$ 是指温度变化时所产生的失调电压变化。高精度运放的 αU_{IO} 可达每度 $0.01\mu V$,一般为每度几十微伏。它是衡量差放级参数对称程度的动态指标,也是衡量由运放组成的放大器所能达到的精确度的重要指标。

(6) 输入失调电流（I_{IO}）

$I_{IO} = I_+ - I_-$ 是衡量差放输入对管在静态下输入电流不对称程度的指标。双极型对管的 I_{IO} 为纳安级,场效应管的 I_{IO} 可低达皮安级。

(7) 失调电流温度系数（αI_{IO}）

$\alpha I_{IO} = dI_{IO}/dT$ 是衡量差放对管在温度变化时所产生的失调电流变化程度的指标。双极型对管一般为每度 1nA 以下,场效应对管因数值太低一般不给出。

(8) 单位增益带宽（f_{BWG}）

是指 A_{UD} 幅值下降到 1 时的频率。一般运放的 f_{BWG} 为几兆赫至几十兆赫,宽频带运放可达 100MHz 以上。

(9) 转换速率（S_R）

是衡量运放对高速变化信号适应能力的指标。一般运放为每微秒几伏,高速运放为每微秒几十伏。若输入信号变化速率大于此值,则输出波形将严重失真。

(10) 其他

如输入差模电压范围、输入共模电压范围、差模输入电阻、最大输出电压、电源电压、静态动耗、等效输入噪声电压等,此处不再介绍。

5.2.4 类型

运放因用途不同有以下几种类型。

(1) 通用型。其性能指标适合于一般性使用,产品量大面广,按产品问世先后及指标先进程度又分Ⅰ、Ⅱ和Ⅲ三种类型。Ⅰ型为早期制造的（如 CF702）,Ⅲ型为第三代产品（如 CF741）。

(2) 低功耗型。静态功耗在 1mW 左右。

(3) 高精度型。失调电压温度系数在 $1\mu V$ 左右。

(4) 高速型。转换速率在 $10V/\mu s$ 左右。

(5) 高阻型。输入电阻在 $10^{12}\Omega$ 左右。

(6) 宽带型。带宽在 100MHz 左右。

(7) 高压型。允许供电电压在 ±30V 左右。

(8) 功率型。允许的供电电压较高（例如大于15V），输出电流较大（例如大于1A）。

(9) 跨导型。输入为电压，输出为电流。

(10) 差动电流型。输入为差动电流，输出为电压。

(11) 其他。如程控、电压跟随型等。

5.2.5 选用时要考虑的问题

(1) 如果没有特殊的要求，应尽量选通用型，既可降低设备费用，又易保证货源。当一个系统中有多个运放时，应选多运放的型号，例如，CF324和CF14573都是将4个运放封装在一起的集成电路。

(2) 当工作环境常有冲击电压和电流出现时，或在实验调试阶段，应尽量选用带有过压、过流、过热保护的型号，以避免由于意外事故造成器件的损坏。如果运放内部不具有上述措施，则应外接。

(3) 不要盲目追求指标先进。事实上一个尽善尽美的运放是不存在的。例如，低功耗的运放，其转换速率必然低；利用斩波稳零达到低温度系数的运放，其频宽必然窄；场效应管作输入级的运放，其输入电阻虽然高，但失调电压也较大。

(4) 尽量避免采用有两级以上放大级的运放，以减少消振补偿的困难。

(5) 要注意在系统中各单元之间的电压配合问题。例如，若运放的输出接到数字电路，则应按后者的输入逻辑电平选择供电电压及能适应供电电压的运放型号，否则，它们之间应加电平转换电路。

(6) 要注意手册中给出的性能指标是在某一特定条件下测出的，如果使用条件与所规定的不一致，则将影响指标的正确性。例如，当共模输入电压较高时，失调电压和失调电流的指标将显著恶化；又如，在消振补偿端所加的电容器容量比规定的要大时，将要影响运放的频宽和转换速率。

(7) 在弱信号条件下使用时，除应注意温漂、失调等指标外，还要注意噪声系数不能太大，否则难以达到预期效果。

5.3 集成电压比较器

5.3.1 功能及电路组成

电压比较器（以下简称比较器）的功能是将两个输入电压进行比较，根据一定的规律在输出端产生两个高低不同的电平，这种功能在模/数转换和波形发生等方面有广泛的应用。它的结构形式和运放基本相同，符号也一致。早期常用的比较器是CJ0710，其电路示意图与图2-48相似，其不同之处有以下几方面：

(1) 前已指出，比较器的输出往往需要和数字电路的逻辑电平相配合，例如CT1000系列门电路的输入高电平的最低值为2V，低电平的最高值是0.8V，因此，比较器的输出高电平（记作U_{OH}）只要大于2V，低电平（记作U_{OL}）只要小于0.8V即可，并不需要静态时输出为零，电源电压也不一定正负相等。例如图2-56中，若电源是+12V和−6V，输出高电平（对应于同相端电位高于反相端）时，输出为3.3V，输出低电平（反相端高于同相端）时，输出为−0.4V，若两个输入端对地电位均为零，则输出为+1.4V而不为0V。

(2) 为了使输出高电平时其值不是太高，且不受负载影响，引入T_8管作为高电平钳

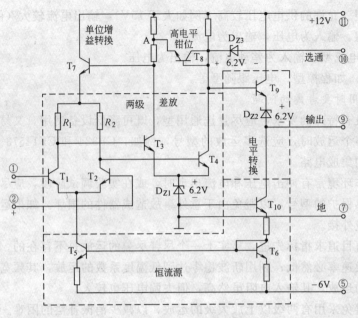

图 2-48 CJ070 的电路原理图

位,其作用是,在输出高电平时,T_4 管截止,T_3 管导通,则 U_4 下降(设计时令 U_4 为 10.9V),T_8 导通,使输出电压为 3.3V。

(3) 为了与数字系统配合,比较器设有选通端。当选通端接低电平(-0.4V)时,D_{Z3} 导通,将输出端电位固定在低电平而不受输入信号变化的影响。在选通端高电平(+3.3V)时,D_{Z3} 不导通,于是输出端电子可以随输入信号变化。

(4) 为了实现对比较器的结果快速反应(即转换速率要高),比较器的工作电流必须放大,因此失调电压和失调电流也要大。

(5) 比较器经常工作在开环状态,因此一般不需要调零和消振补偿。

5.3.2 主要参数

比较器的参数大部分和运放一致,其不同部分较突出的有以下几点:

(1) 灵敏度。体现比较器对输入信号差别的分辨能力。灵敏度与差模开环增益有关,此外对温度系数也应有一定的要求。通用型的 A_{UD} 约为 100dB,失调电压为毫伏级。

(2) 上升时间(t_r)。体现比较器进行逻辑判断的速度。它的定义为从 $U_{OL}+[1/10(U_{OH}-U_{OL})]$ 开始到 $U_{OH}-[1/10(U_{OH}-U_{OL})]$ 所需要的时间。通用型的 t_r 约为几百纳秒,高速型的约为几十纳秒。

(3) 输出高、低电平(U_{OH})、(U_{OL})。

5.3.3 选用时要考虑的问题

(1) 在要求不高时,也可以将运放作为比较器,但输出高、低电平要与下级相配合。

(2) 在要求精度(或灵敏度)高而响应速度不高时,可以选精密型比较器,如 CJ0119。在要求响应快时要选高速型,如 CJ0361($t_r=12$ns),但灵敏度不高($A_{UD}=3000$),两者难以兼顾。

(3) 比较器的输出电平虽然是要与数字电路的逻辑电平配合,但还要注意器件类型。一般来说,双极型的比较器与双极型的数字电路能配合,但未必能与场效应管的数字电路相配合，反之亦然。对供电电源是否能合用也应考虑。

5.4 集成模拟乘法器

5.4.1 功能及电路组成

集成模拟乘法器（以下简称乘法器）的主要功能是实现两个模拟信号的乘积。它不仅能进行乘法，还能进行除法、平方、开方等运算，还可以组成增益控制、调制、解调、鉴频、倍频等功能组件，因此，它的应用是十分广泛的。

5.4.2 主要参数

如果乘法器属于变跨导型，则由于它是由差动放大电路组成，所以差动放大电路有关的参数（例如运放）也都适用。除此之外，还有几个与它有关的主要参数：

（1）线性误差

指测出的输出电压与理论计算值之间的最大偏差。

它们是用来表明一个输入量为最大值时，另一个输入量所产生的误差。通用型乘法器的 δ_X、δ_Y 约为 1%。

（2）直通误差

在理论上只要 u_X、u_Y 任意一个输入量为零，则输出 u_o 应为零，但实际上都有一定的数值，一般为几十毫伏，它是用来表明当一个输入量为零时另一个输入量所产生的误差。

（3）平方误差

平方误差即将两个输入端并联，用来检查实际输出与输入量平方之间的偏差。

（4）比例系数（K）

一般情况下，它的数值应在 u_X 和 u_Y 的变化范围内，$|U_o|$ 的最大值为 ±10V。

（5）频率响应

在这方面乘法器有几种定义：

f_o 定义为幅度下降 3dB 时的频率。

$f_1\%$ 定义为幅度下降 1% 时的频率。

f_{fp} 定义为全功率频率，即在额定功率输出且波形基本不失真的条件下的频率。

f_V 是指输入与输出之间的相位差等于某一数值（例如 0.01 弧度）时的频率。

（6）其他

如失调电压、失调电流、温漂系数、最大输入幅度、最大输出幅度、输入电阻等，此处不再介绍。

5.4.3 选用时要注意的问题

（1）要注意乘法器的类型。乘法器除上述"变跨导"型外，还有"对数—反对数"型和"开关（又称时间分割）"型。其中，开关型的精度较高，但高频响应不如变跨导型的好；对数—反对数型的输入量适应面较宽，但对极性有要求，不能正、负双向变化，且其值不能为零。

（2）要能实现手册中所规定的技术指标，必须精选电阻并进行精细地调整工作，如调整失调电压、比例系数等。

5.5 集成锁相环

5.5.1 功能及电路组成

集成锁相环（简称锁相环）是一个根据相位差进行控制的闭环系统。它由鉴相器、低通滤波器、压控振荡器等环节组成。在平衡（锁定）时，输出电压的频率与输入电压的频率相等，但二者相差一个角度 $\theta_e = \theta_i - \theta_o$（以保证输出电压的存在）。

这种频率锁定的功能，使锁相环对其他频率具有很窄的带通滤波功能，适用于调制信号的解调，频率的合成，在噪声干扰严重的情况下提取微弱信号以及电动机转速的精密控制等。锁相环有模拟和数字两种，两者基本原理相同，只是对象和工作方式不同。

5.5.2 主要参数

（1）压控振荡器中心频率最大值。CB565 为 500kHz，超过这个频率，波形和幅度将达不到要求。

（2）振荡频率的温漂。CB565 为 2×10^{-4}。

（3）三角波输出幅度。CB565 的最大值为 3V。

（4）三角波的线性度。指实际波形与三角波形的差别程度，CB565 为 0.5%。

（5）同步带。即锁相环由锁定状态到失锁状态的频率跟踪范围，它与环路增益有关。

（6）捕捉带。即锁相环由锁定状态到失锁状态的频率范围，与环路滤波器特性和输入频率有关，它的范围要比同步带窄。

（7）跟踪输入电平。锁相环在该输入电压下能线性运行。CB565 为 10mV。

（8）鉴相灵敏度。指每弧度相位差的变化所引起输入到压控振荡器的电压变化。

5.6 集成采样保持电路

采样保持电路（以下简称采保电路）的作用是在规定时间内对输入信号（模拟量）进行检测（采样），并将该数值保持下来，直到下一次采样时又保持新的数值，依此类推。

5.6.1 主要参数

（1）捕捉时间（t_{pc}）。指从采样指令开始到输出电压 u_o 跟踪输入电压 u_x 达到一定精度的时间，见图 2-49。它和保持电容 C_h 的容量有关，也和器件的性能（如转换速率 S_R）有关。5G582 的捕捉时间（当 $C_h = 100pF$ 和跟踪输入阶跃 10V 离稳定值 0.1% 时）是 6μs。

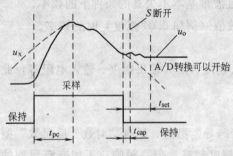

图 2-49 采样的时间和孔隙时间

（2）孔隙时间（t_{cap}）。指从保持指令开始到开关 S 实际断开的时间，如图 2-49 所示。孔隙时间和器件瞬态响应有关，它所造成的输出电压误差和 t_{cap} 本身晃动有关。5G582 的孔隙时间是 0.2μs，晃动时间为 15ns。

（3）建立时间（t_{set}）。指从保持指令开始到输出电压稳定到满足一定精度的时间。经过 t_{set} 以后，A/D 转换即可开始。5G582 按输入电压 20V，峰至峰电压保持 0V，离稳压值差 0.01% 的建立时间是 0.5μs。

(4) 降落漏电流（I_{dr}）或保持电压的下降率（$\Delta U_c/\Delta T$）。在保持期间，由于电容器的泄漏现象，使保持电压不能维持在某一恒定值而逐渐下降，其下降率可用 $\Delta U_c/\Delta T = I/C_h$ 表示。5G582 在 0℃时的降落漏电流约为 100μA，若 C_h 为 100pF，则 $\Delta U_c/\Delta T$ 为 1μV/μs。

(5) 穿通电容。由于器件存在寄生电容，在保持期间输入电压的变化也要通过它传送到输出端。5G582 的穿通电容为 0.05pF，它和 C_h 的比值将决定输入电压对输出电压的影响。

(6) 电荷转移（Q_{tr}）。采保开关 S 的分布电容所储存的电荷，在开关接通时将转移给 C_h。5G582 的 Q_{tr} 值约为 1.5pC。

(7) 其他。5G582 采样时的电压转换速率 S_R 为 3V/μs，线性度为±0.01%，开环增益为 56000，共模抑制比为 70dB，小信号增益带宽为 1.5MHz，满功率带宽为 70kHz，输入失调电压为 4mV，输入失调电流为 0.3μA，最大差动电压为 30V 等。

5.6.2 选用时要注意的问题

(1) 应根据信号变化的快慢和采样速度来选择采样保持电路的型号。如信号变化和采样速度都比较慢，则主要考虑电压下降率，而对其他参数的要求可以低一些。如信号变化和采样速度都比较快，则捕捉时间、孔隙时间和它的晃动，以及穿通电容、频带（或转换速率）等都应考虑，而对电压下降率的要求可以低一些。

(2) 许多参数都和外接保持电容器的数值有关。若数值比手册中规定的大，则漏电流和捕捉时间都要增加。

(3) 降落漏电流与温度有关。例如手册中 5G582 的数值为 100pA（在 0℃时），但在 25℃时将增至 600pA。

5.7 集成函数发生器

在电子设备的测试和信号传输过程中，常需要有正弦波、矩形波或三角波作为信号源。如果用分立器件来实现，则所组成的电路比较复杂，随着集成电路的发展，已经能在一个硅片上制造出能同时产生出以上三种波形的组件，给安装调试工作也带来很大的方便。其中常用的是 8038 集成函数发生器，它的内部原理框图如图 2-50 所示。

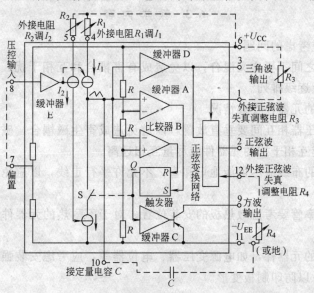

图 2-50 集成函数发生器 8038 的内部框图

主要参数（以 8038 为例）：

(1) 输出频率范围，可以从 0.001Hz～300kHz。

(2) 频率的温漂，可以低达 $50 \times 10^{-6}/℃$。

(3) 单电源供电电压范围，为 10～30V，双电源为 ±5～±15V。

(4) 方波的输出幅度，接近电源电压，它的上升时间是 180ns，下降时间是 40ns。

(5) 三角波的输出幅度，是 6.6V（±10V 供电），线性度是 0.1%。

(6) 正弦波的输出，峰值电压是 4.4V（±10V 供电），失真度的典型值是 1.5%。如经过仔细调整，可低到 1% 以下。

(7) 矩形波的占空可调范围，为 2%～98%。

实训课题一　印制板的制作

印制板主要用于互连各种电子元件，并起支撑的作用。印制线路板是在一定规格的绝缘板上印制导线和制作小孔，以实现电子元器件之间的相互连接，简称印制板。

6.1　目的要求

(1) 了解印制板的自制过程和需要注意的问题。

(2) 根据要求绘制印制板图。

(3) 了解印制板的工艺过程。

(4) 学会自制电路板。

6.2　器　材

(1) 工具：钢锯、手枪钻、钻头、瓷盘。

(2) 耗材：铅笔、复写纸、描图笔、直尺、敷铜板、细砂纸、瓷漆。

6.3　教学内容

(1) 设计时应考虑的问题

1) 一般元件之间不要交叉混合，以免造成有害耦合和互相干扰，元器件分布应按信号流程在印制板上逐级排列。

2) 印制板上的元器件安装情况。

3) 电感、变压器相互间要垂直放置，以避免造成寄生磁耦合。磁性天线应远离扬声器，各类容易引起互相干扰的元器件应尽量互相远离。

4) 高频部分的布线应尽可能地短和直，不允许平行走线，以避免造成电容耦合与信号旁路。

5) 对于大功率管要考虑散热板的安装位置。对于不耐热的元器件要尽可能地远离发热器件。

6) 对于笨重的元器件，如电源变压器、电位器等，应考虑安装强度，一般安排在印制板的边缘位置，以防印制板变形。

(2) 制作要点

1) 常用印制导线的宽度有 0.5mm、1.0mm 和 1.5mm 等几种。它们允许通过的电流见表 2-2。

印制导线规格及允许电流 表 2-2

导线宽度(mm)	0.5	1.0	1.5	2.0
允许电流(A)	0.8	1.0	1.5	1.9

设计印制导线的宽度一般比规定的要略大些，设计时通常选用 1.5~2mm，最窄处不小于 0.5mm，对通过大电流的印制导线可放宽到 2~3mm。对于电源线和公共地线，在布线允许的条件下可放宽到 4~5mm 或更宽。

2) 布线时要重视地线的布置，通常地线面积较大、线条较宽，且安排在印制板的边缘处，但地线不能形成闭合回路，以免地线环流对电路产生噪声干扰，如图 2-51 所示。图 2-51 (b) 中地线形成了闭合回路，是错误设计。图 2-51 (a) 地线未形成闭合回路，设计正确。另外，若地线面积过大，则地线阻抗就小，将会减小对电路的寄生反馈。

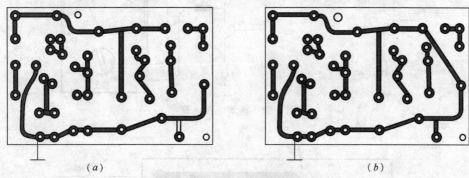

图 2-51 地线的安排
(a) 正确布线；(b) 错误布线

3) 带金属外壳的元器件之间应有适当距离，不可靠得太近，以免电路相碰造成短路，给维修带来困难。

4) 焊盘是一个与印制导线连接的圆环。焊盘的形状如图 2-52 所示。

焊盘的宽度一般为 0.5~1.5mm，穿孔直径一般比元器件引线的直径大 0.2~0.3mm，穿孔直径一般为 0.8~1.3mm。

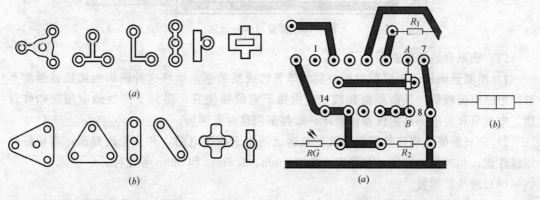

图 2-52 焊盘的形状
(a) 岛形焊盘；(b) 圆形焊盘

图 2-53 桥接电阻
(a) 桥接电阻时的布线图；(b) 零欧姆电阻

5) 布线时难免出现走线交叉,为防止走线兜圈,可采用加装零欧姆电阻实现"立交"的方法来解决该问题。

如图 2-53 所示,图 2-53（a）中的 A 和 B 就是桥接电阻。图 2-53（b）中电阻阻值为 0,电阻上没有任何字,中间有一道黑线。

6) 为了便于测试维修,在需要检测的部位应设置测试点。通常在线条某一点上设计切口焊盘,平时用焊锡覆盖,测量电流时只需焊开切口即可。例如,若要测试 VT 管的集电极电流,如图 2-54 所示,则必须在 A 点切断电路,然后在 A 切口处串入电流表进行测量,这样势必损坏电路板。为了避免这一问题,通常在印制板的设计时就加以考虑,即在测量点处设计切口焊盘,平时用焊锡覆盖,测量时只需烫开切口即可。如图 2-55 所示。

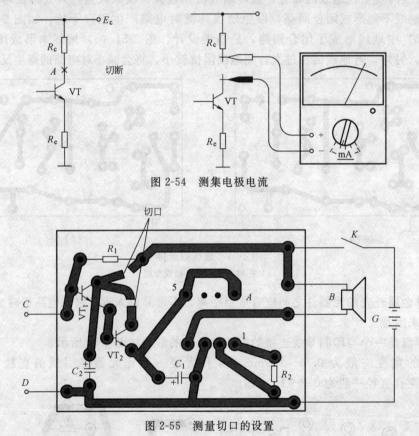

图 2-54 测集电极电流

图 2-55 测量切口的设置

（3）选取合适的敷铜板

1) 酚醛敷铜板。酚醛敷铜板一般为黑黄色或淡黄色。虽然这种敷铜板的机械强度不够,绝缘电阻较低,且高频损耗较大,但由于它价格便宜,得到了广泛地应用,如收音机、电视机和要求不高的仪器仪表等一般都采用这种敷铜板。

2) 环氧酚醛玻璃布敷铜板。这种敷铜板适用于高频电路,并且能耐高温,有较好的绝缘性能,相对价格较高。其厚度一般有 1mm、1.5mm 和 2mm 等几种。

（4）清洗敷铜板

一般用橡皮擦或用零号细砂纸轻轻地打磨铜皮,如图 2-56 所示,然后再用橡皮擦干净。

（5）在敷铜板上画图

用复写纸把已设计好的印制板图复印在敷铜板铜箔上,再用油漆描好。用毛笔或蘸水笔按复印好的线条,从上至下、从左至右依次描绘。

(6) 腐蚀

腐蚀剂三氯化铁或氯化铜在一般化工商店或电子市场即可购买。一般应现买现用,若保存不当腐蚀剂就会因吸潮融化而渗漏,污染存放处。使用固体三氯化铁配制腐蚀溶液可按 100g 固体三氯化铁加 200mL 水的比例调制,浓度高时腐蚀速度较快,浓度低时腐蚀速度较慢。腐蚀用的容器使用一般的瓷盘即可。冬季时,可以给三氯化铁溶液适当加热,这样可以提高腐蚀的速度,但加热温度不能超过 65℃。另外,加强晃动也可以提高腐蚀速度。最后用小刀或细砂纸把描在电路板上的油漆除掉。腐蚀敷铜板如图 2-57 所示。

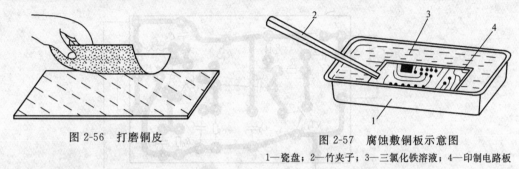

图 2-56 打磨铜皮　　图 2-57 腐蚀敷铜板示意图

1—瓷盘；2—竹夹子；3—三氯化铁溶液；4—印制电路板

(7) 清洗

当看到没有油漆的铜板被腐蚀掉以后,可用镊子把电路板从腐蚀液中夹出,并用清水冲洗,再用干布擦干,最后用小刀或细砂纸把描在电路板上的油漆除掉。

(8) 打孔

打孔时应选择合适直径的钻头。一般电阻、电容和三极管可选择直径为 1mm 的钻头。

(9) 涂松香水助焊保护层

用干净的毛笔或小刷子蘸上松香水,在印制电路板的铜箔面均匀地涂刷一层,然后晾干即可。松香水涂层很容易挥发硬结,覆盖在印制板上既是保护层,又是良好的助焊剂。

6.4　技能训练

(1) 思考和理解印制板的手制过程。如图 2-58～图 2-61 所示。

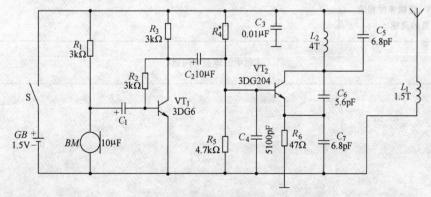

图 2-58　电路原理

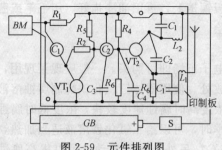

图 2-59 元件排列图

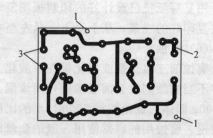

图 2-60 印制板腐蚀图
1—安装孔；2—铜箔线条；3—焊盘

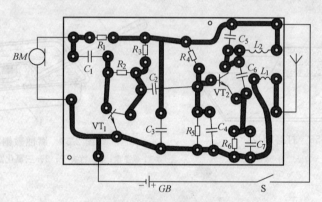

图 2-61 印制板安装图

（2）选择一电路，并自制印制板，在表 2-3 填入相关内容。

技能训练成果表　　　　　　　　　　表 2-3

名 称	面 积	数 量
工艺流程		
电原理图		印制板元件排列图
印制板腐蚀图		印制板安装图
三氯化铁溶液配制浓度、环境温度、腐蚀速度和效果的说明		
试制中的体会和问题		

实训课题二 音频功率放大器的制作

7.1 实训目的及要求

（1）了解音响放大器的主要技术指标及测试方法。
（2）提高阅读系统电路图的能力。
（3）熟悉整机的安装技术和工艺。
（4）学习使用集成运算放大器，了解集成运算放大器的主要参数。
（5）提高手工焊接水平与装配工艺水平。
（6）熟悉音响放大器的基本组成，电路工作原理，设计并画出系统电原理图。
（7）列出元器件清单，学习元器件参数的选择方法。
（8）焊接、制作并调试一台音响放大器。
（9）测试整机的有关参数。
（10）写出实训报告。

7.2 放大器的工作原理

放大器基本组成框图如图 2-62 所示。图 2-63 所示为音响放大器的电原理图。

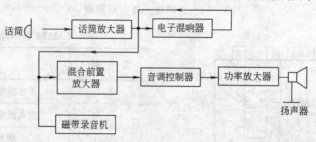

图 2-62 音响放大器组成

（1）麦克风放大器

话筒的输出信号一般只有 5mV 左右，而输出阻抗达到 20kΩ（也有低输出阻抗的话筒，如 20Ω、200Ω 等），因此，话筒放大器的作用就是不失真地放大声音信号（最高频率达到 100kHz），其输入阻抗远大于话筒的输出阻抗。图 2-63 中的话筒放大器是由运算放大器 A_1（LM324，LM324 的引脚排列如图 2-64 所示，各引脚功能见表 2-4 构成的同相放大器，C_{11} 为输入隔直耦合电容，R_{11}、R_{12} 构成负反馈网络，决定话筒放大器的放大倍数，其放大倍数 $A_u = 1 + \dfrac{R_{12}}{R_{11}}$，两个 10kΩ 电阻是为集成运算放大器同相输入端提供直流偏置而设的。

（2）混响器

电子混响器的作用是用电路模拟声音的多次反射，产生混响效果，使声音听起来具有一定的深度感和空间立体感。在"卡拉 OK"伴唱机中，都带有电子混响器。电子混响器的组成框图如图 2-65 所示。

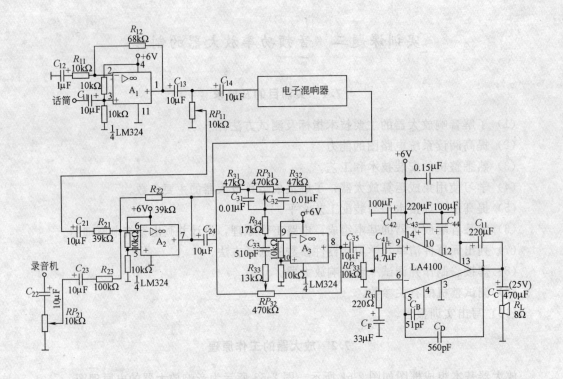

图 2-63 音响放大器电路原理

图 2-64 LM324 的引脚排列图

LM324 引脚功能表	表 2-4
引　脚	功　能
4	正电源端 $+V(+5\sim15V)$
11	负电源端 $-V(0\sim-15V)$
3,5,10,12	同相输入端 U_+
2,6,9,13	反相输入端 U_-
1,7,8,14	输出端 U_o

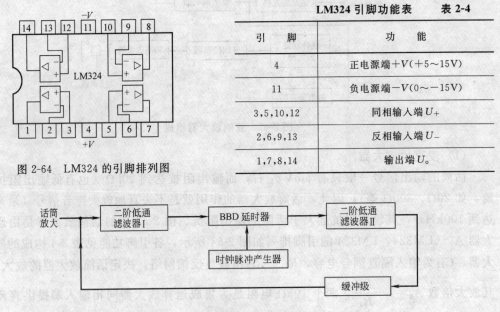

图 2-65 电子混响组成框图

其中，BBD 器件称为模拟延时集成电路，内部由场效应管构成多级电子开关和高精度存储器。在外加时钟脉冲作用下，这些电子开关不断地接通和断开，对输入信号进行取样、保持并向后级传递，从而使 BBD 的输出信号相对于输入信号延迟了一段时间。BBD 的级数越多，时钟脉冲的频率越高，延迟时间越长。BBD 配有专用时钟电路，如

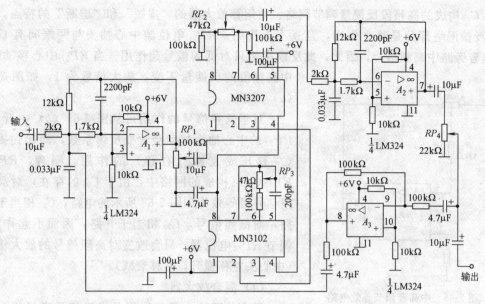

图 2-66 混响电路

MN3102 时钟电路与 MN3200 系列的 BBD 器件配套。电子混响器的电路如图 2-66 所示。

其中两级二阶低通滤波器 A_1、A_2 滤去 4kHz（语音）以上的高频成分，反相器 A_3 用于隔离混响器的输出与输入级间的相互影响。RP_1 控制混响器的输入电压，RP_2 控制 MN3207 的输出平衡以减小失真，RP_3 控制延时时间，RP_4 控制混响器的输出电压。

（3）音调控制器

根据不同的需要对信号频率特性进行人为加工，使频率特性中某一段频率特性增加或降低达到某种效果，这就是音调控制。在一般音响设备中都装有音调控制电路，音调控制又称音质调节，按其调节的频率范围分，有高低音音质调节和多频段音质调节，图 2-63 所示的音调控制器是反馈式高低音调节电路。

经过混合前置放大器放大的信号通过耦合电容 C_4 耦合到音调控制电路，实现高低频的频率补偿。音调控制电路采取 RC 网络反馈，集成运算放大器 A_3 构成反相放大电路。其中 RP_{31}，R_{31}，R_{32}，R_{34}，C_{31}，C_{32} 构成低频段反馈量调节网络；另一部分是由 RP_{32}，

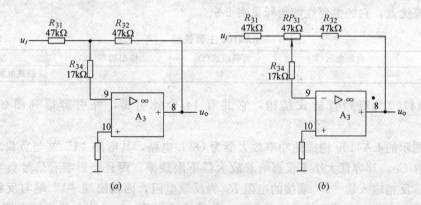

图 2-67 低音调节电路

（a）中高频等效电路；（b）低频等效电路

R_{33}，C_{33}构成的高频段反馈量调节网络。由运算放大器的"虚短"和"虚断"的特点，这两个反馈网络部分是独立作用，且互不干扰的。RP_{31}电位器中心抽头与两端间有C_{31}，C_{32}电容旁路中高频信号，因此，此反馈网络只对低频信号起作用。当RP_{31}中心移动时，中高频段的反馈量不变，放大倍数为1，如图2-67（a）所示。

对于低频信号的作用可从图2-67（b）中看出，RP_{32}的中心抽头移动会改变反馈系数，即起到提升（左移）或衰减（右移）的作用。同理，RP_{32}，RP_{33}，C_{33}构成的网络中，由于C_{33}的存在，对高频段信号可等效为如图2-68所示的电路，C_{33}相当于短路；对低频信号，C_{33}相当于开路，因而不起作用，调节RP_{32}电位器，只会改变对高频信号的放大倍数（中心头左移提升，右移衰减）。

(4) 混合放大器

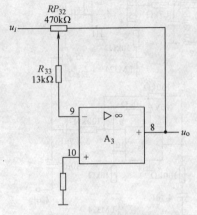

图2-68 中高音调节等效电路

混合前置放大器的作用是将磁带录音机输出的音乐信号与电子混响后的声音信号进行混合放大。图2-63中的混合前置放大器的电路是由运算放大器A_2组成的，这是一个反相加法器电路，其输出电压U_{o2}的表达式为

$$U_{o2} = -\frac{R_{22}}{R_{21}}U_{o1} + \frac{R_{22}}{R_{23}}U_{o2}$$

式中，U_{o1}为话筒放大器的输出电压；U_{o2}为录音机的输出电压。

进行卡拉OK演唱时，可以通过调节两个音量控制电位器RP_{11}，RP_{12}，分别用来控制话筒放大器输出的声音音量和录音机输出的音乐音量。

(5) 功率放大器

音调控制器处理后的音频信号经音量电位器RP_{33}的分压调节，可以改变送入功率放大器电路的信号大小，起到音量调节的作用，经音量调节后的音频信号，通过耦合电容C_{41}耦合送入集成功率放大器（LA4100）的输入端"9"，由功率放大器的输出端"1"输出放大了的音频信号去推动扬声器发声。

LA4100是音响设备中广泛采用的集成功率放大器，具有性能稳定，工作可靠及安装调试简单等优点，它的主要性能指标见表2-5。

LA4100 主要性能 表2-5

型号	电源电压(V)	负载阻抗(Ω)	输出功率(W)	备注
LA4100	6	4	0.65	最高电源电压9V

所LA4100为双列直插式结构，它共有14个外引脚，外引脚排列图如图2-69所示。

由于图示的LA4100构成的功率放大器为OTL电路，其输出"1"端与负载之间接了一个大电容C_C，其容量大小不仅影响着放大器下限频率，而且还影响着信号负半周能否正常工作。反相输入端"6"端接的电阻R_F为反馈电阻，因输出端"1"端与反相输入端"6"端之间在内部已集成了20kΩ的电阻，故改变R_F可以改变放大器的放大倍数。"1"端与"13"端之间接的电容C_{11}（220μF）为自举电容。"4"，"5"之间接的电容C_B为消振电容，当电路在工作时，如有自激现象出现时，可适当增加这个电容的容量。为了增加电路的稳定性，在"1"，"5"之间接入电容 C_D，形成电压并联负反馈，也可采用消除高频自激。

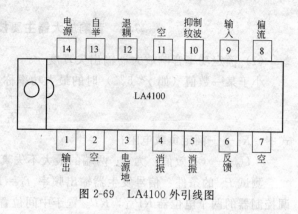

图 2-69 LA4100 外引线图

7.3 电路的安装与调试

(1) 合理布局，分级装调

音响放大器是一个小型电路系统，安装前要将各级进行合理布局，一般按照电路的顺序一级一级地布局，功率放大器级应远离输入级，每一级的地线尽量接在一起，连线尽可能短，否则，很容易出现自激。

(2) 电路的调试技术

电路的调试过程一般是先分级调试，再级联调试，最后整机调试与性能指标测试。

分级调试又分为静态调试与动态调试。静态调试时，将输入端对地短路，用万用表测该级输出端对地的直流电压。话筒放大级、混合前置级、音调控制级都是由运算放大器组成的，其静态输出直流电压均为 $U_{CC}/2$，功率放大器级的输出（OTL 电路）也为 $U_{CC}/2$，且输出电容 C_c 两端充电电压也应为 $U_{CC}/2$。动态调试是指输入端接入规定的信号，用示波器观测该级输出波形，并测量各项性能指标是否满足要求，如果相差很大，应检查电路是否接错，元器件数值是否合乎要求，否则是不会出现很大偏差的，因为集成运算放大器内部电路已经确定，偏差主要是外部元件参数的影响。

单级电路调试时的技术指标较容易达到，但进行级联时，由于级间相互影响，可能使单级的技术指标发生很大变化，甚至两级不能进行级联。产生的主要原因是布线不太合理，连接线太长，使级间影响较大，阻抗不匹配。如果重新布线还有影响，可在每一级的电源间接入 R_C 去耦滤波电路，R 一般取几十欧，C 一般取几百微法。特别是与功率放大器级进行级联时，由于功率放大器级输出信号较大，对前级容易产生影响，引起自激。产生高频自激的主要原因是集成块内部电路引起的正反馈，可以加强外部电路的负反馈予以抵消，如在功率放大器级的"1"端与"5"端之间接入电容；产生低频自激的主要原因是输出信号通过电源及地线产生了正反馈，可以通过接入 R_C 去耦滤波电路消除。

(3) 整机功能试听

话筒扩音。将话筒接入话筒放大器的输入端，讲话时，扬声器传出的声音应清晰，改变音量电位器，可控制声音大小。应注意，扬声器的方向与话筒方向相反，否则扬声器的输出声音经话筒输入后，会产生自激啸叫。

电子混响效果。将电子混响器模块接话筒放大器的输出。用手轻拍话筒一次，扬声器发出多次重复的声音，微调时钟频率，可以改变混响延时时间。

音乐欣赏。将录音机输出的音乐信号，接入混合前置放大器，改变音调控制级的高低音调控制电位器，扬声器的输出音调发生明显变化。

7.4 音响放大器主要技术指标的测试

(1) 额定功率音响放大器输出失真度

小于某一数值（如 $\gamma < 5\%$）时的最大功率称为额定功率。

$$P_0 = \frac{U_o}{R_L}$$

式中 R_L——额定负载电阻；

U_o——（有效值）为 R_L 两端的最大不失真电压。

测试 P_0 的条件：信号发生器输出频率 $f_1 = 1\text{kHz}$，输出电压 $U_o = 20\text{mV}$ 的信号，音调控制器的两个电位器 RP_{31}，RP_{32} 置于中间位置，音量电位器 RP_{33} 置于最大值，双踪示波器观测 U_i 及 U_o 的波形，失真度测量仪监测 U_o 的波形失真。

测量 P_0 的步骤：功率放大器的输出端接额定负载电阻 R_L（代替扬声器），音响放大器的输入端接 U_i，逐渐增大输入电压 U_i，直到 U_o 的波形刚好不出现削波失真（或 $\gamma < 3\%$），此时对应的输出电压为最大输出电压，由上式可算出额定功率 P_0。请注意，最大输出电压测量后应迅速减小 U_i，否则，会因测量时间太久而损坏功率放大器。

(2) 频率响应

放大器的电压增益相对于中频 f_0（1kHz）的电压增益下降 3dB 时所对应的低频段频率 f_L 和高频段频率 f_H 称为放大器的频率响应。测量条件同上，调节音量电位器 RP_{33} 使输出电压约为最大输出电压的 50%。

测量步骤：话筒放大器的输入端接 $U_i = 20\text{mV}$，输出端接低频毫伏表，使信号发生器的输出频率 f_i 从 20Hz～50kHz 变化（保持 $U_i = 20\text{mV}$ 不变），测出负载电阻 R_L 上对应的输出电压 U_o，用半对数坐标纸绘出频率响应曲线，并在曲线上标注 f_L 与 f_H 值。

(3) 音调控制特性

U_i（=100mV）从音调控制器输入端耦合电容加入，U_o 从输出端耦合电容引出。先测 1kHz 处的电压增益 A_u（≈0dB），再分别测低频特性和高频特性。测低频特性：将 RP_{31} 的滑动臂分别置于最左端和最右端时，频率从 20Hz～1kHz 变化，记下对应的电压增益。同样，测高频特性是将 RP_{32} 的滑动臂分别置于最左端和最右端，频率从 1～50kHz 变化，记下对应的电压增益。最后绘制出音调特性曲线，并标注 f_{L1}，f_{L2}，f_0（1kHz），f_{H1}，f_{H2} 等频率对应的电压增益。

(4) 其他指标测试

对于音响放大器还可以进行输入阻抗、输入灵敏度、噪声电压和整机效率等指标的测试。这里不再一一介绍，有条件可自行拟定测试方法，进行相关测试。

思考题与习题

1. 根据图 2-1 说明各元件的作用及电路工作原理。

2. 根据图 2-2（b），用图解法确定放大电路的静态工作点，并说明静态工作点的意义。

3. 电压放大器输出信号失真是怎样发生的？如何避免失真？
4. 对放大电路静态工作点的影响因素有哪些？
5. 采用多级放大电路的目的是什么？
6. 在多级放大电路中，对级间耦合电路的基本要求是什么？
7. 什么是放大电路的负反馈？负反馈的类型有哪些？负反馈目的是什么？
8. 说明射级输出器的特点及用途。
9. 说明功率放大电路的特点及作用。
10. 模拟集成电器是什么？
11. 说明模拟集成电器：集成运算放大器、集成电压比较器、集成乘法器、集成锁相环、集成采样保持电路、集成函数发生器的用途。

单元 3 直流稳压电源

知 识 点：通过本单元的学习，了解直流稳压电源的组成及各部分的工作原理。
教学目标：通过本单元的技能训练，能熟练地组装一般直流稳压电源。

课题 1 整 流 电 路

在各行业生产和科学实验中，主要采用 50Hz 交流电，但是在某些场合，例如电解、电镀、蓄电池的充电、直流电动机等，都需要用直流电源供电。此外，在电子线路和自动控制装置中还需要用电压非常稳定的直流电源。为了得到直流电，除了用直流发电机外，目前，广泛采用各种半导体直流电源。我们可以先用变压器从电网上获得交流电压，然后，利用二极管的单向导电性，将交流电压变换成一个单方向的脉动电压，再通过滤波电路，滤掉其中的脉动成分，从而得到比较平稳的直流电压，再经过稳压管稳压，即成为直流稳压电源。

图 3-1 是半导体直流电源的原理方框图，它表示把交流电变换为直流电的过程。图中各环节的功能如下：

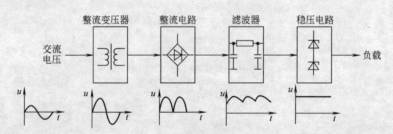

图 3-1 半导体直流电源的原理方框图

（1）整流变压器。将交流电压变换为符合整流需要的电压。
（2）整流电路。将交流电压变换为单向脉动电压。其中的整流元件（晶体二极管、电子二极管或晶闸管）所以能整流，是因为它们都具有单向导电的共同特性。
（3）滤波器。减小整流电压的脉动程度，以适合负载的需要。
（4）稳压电路。在交流电源电压波动或负载变动时，使直流输出电压稳定。在对直流电压的稳定程度要求较低的电路中，稳压电路也可以不要。

在这里，先讨论整流电路，然后再分析直流稳压电源。

1.1 整 流 电 路

1.1.1 单相半波整流电路

图 3-2 是单相半波整流电路。它是最简单的整流电路，由整流变压器 T_r、整流元件 D（晶体二极管）及负载电阻 R_L 组成。

设整流变压器副边的电压为：$u=\sqrt{2}\sin\omega t$，其波形如图 3-3 所示。由于二极管 D 具有单向导电性，只当它的阳极电位高于阴极电位时才能导通。在变压器副边电压 u 的正半周时，其极性为上正下负（图 3-2），即 a 点的电位高于 b 点，二极管因承受正向电压而导通。这时负载电阻 R_L 上的电压为 u_o，通过的电流为 i_o。在电压 u 的负半周时，a 点的电位低于 b

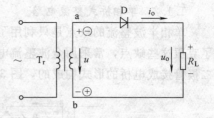

图 3-2 单相半波整流电路

点，二极管因承受反向电压而截止，负载电阻 R_L 上没有电压。因此，在负载电阻 R_L 上得到的是半波整流电压 u_o。在导通时，二极管的正向压降很小，可以忽略不计。因此，可以认为此时 u_o 的这半个周期和 u 的正半周是相同的（图 3-3）。负载上得到的整流电压虽然是单方向的（极性一定），但其大小是变化的。这种所谓单向脉动电压，常用一个周期的平均值来说明它的大小。单相半波整流电压的平均值为：

$$U_o = 0.45U$$

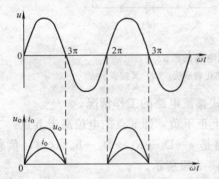

图 3-3 单相半波整流电路的电压与电流的波形

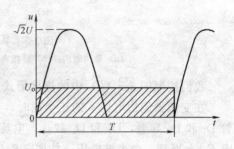

图 3-4 半波电压 u_o 的平均值

从图 3-4 所示的波形上看，如果使半个正弦波与横轴所包围的面积等于一个矩形的面积，矩形的宽度为周期 T，矩形的高度就是这半波的平均值，或者称为半波的直流分量。整流电流的平均值

$$I_o = U_o/R_L = 0.45U/R_L$$

我们除根据负载所需要的直流电压（即整流电压 U_o）和直流电流（即 I_o）选择整流元件外，还要考虑整流元件截止时所承受的最高反向电压 U_{DRM}。显然，在单相半波整流电路中，二极管不导通时承受的最高反向电压就是变压器副边交流电压 u 的最大值 U_m，即：

$$U_{DRM} = U_m = \sqrt{2}U$$

这样，根据 U_o、I_o 和 U_{DRM}，就可以选择合适的整流元件。

【例 3-1】 有一单相半波整流电路，如图 3-2 所示。已知负载电阻 $R_L=750\Omega$，变压器副边电压 $U=20V$，试求 U_o、I_o 及 U_{DRM}，并选用二极管。

【解】
$$U_o = 0.45U = 0.45 \times 20 = 9V$$
$$I_o = 0.45U/R_L = 9/450 = 0.012A = 12mA$$
$$U_{DRM} = \sqrt{2}U = \sqrt{2} \times 20 = 28.2V$$

从手册中选用二极管 2AP4（16mA，50V）。为了使用安全，二极管的反向工作峰值电压要选得比 U_{DRM} 大一倍左右。

1.1.2 单相桥式整流电路

单相半波整流的缺点是只利用了电源的半个周期，同时整流电压的脉动系数较大。为了克服这些缺点，常采用全波整流电路，其中最常用的是单相桥式整流电路。它是由四个二极管接成电桥的形式构成的，图3-5所示的是桥式整流电路的几种画法。

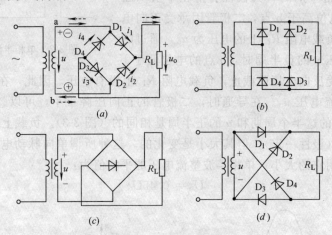

图 3-5 单相桥式整流电路的画法
(a) 常用画法；(b) 桥接表示法；(c) 简化表示法；(d) 叉接表示法

我们按照图3-5(a)中的连接形式来分析桥式整流电路的工作情况。

在变压器副边电压 u 的正半周时，其极性为上正下负，即 a 点的电位高于 b 点，二极管 D_1 和 D_3 导通，D_2 和 D_4 截止，电流 i_1 的通路是 a→D_1→R_L→D_3→b。这时，负载电阻 R_L 上得到一个半波电压，如图3-6(b)中的 0~π 段所示。

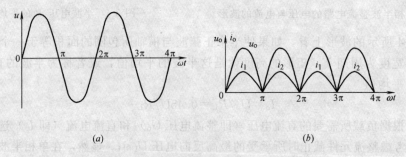

图 3-6 单相桥式整流电路的电压与电流的波形
(a) 电压波形；(b) 电压与电流波形

在电压 u 的负半周时，变压器副边的极性为上负下正，即 b 点的电位高于 a 点。因此，D_1 和 D_3 截止，D_2 和 D_4 导通，电流 i_2 的通路是 b→D_2→R_L→D_4→a。同样，在负载电阻上得到一个半波电压，如图3-6(b)中的 π~2π 段所示。

显然，全波整流电路的整流电压的平均值 U_o 比半波整流时增加了1倍，即

$$U_o = 2 \times 0.45 U = 0.9 U$$

负载电阻中的直流电流当然也增加了一倍，即

$$I_o = U_o / R_L = 0.9 U / R_L$$

每两个二极管串联导电半周,因此,每个二极管中流过的平均电流只有负载电流的一半,即

$$I_D = 1/2 I_o = 0.45U/R_L$$

至于二极管截止时所承受的最高反向电压,从图 3-5 可以看出。当 D_1 和 D_3 导通时,如果忽略二极管的正向压降,截止管 D_2 和 D_4 的阴极电位应等于 a 点的电位,阳极电位就等于 b 点的电位。所以截止管所承受的最高反向电压就是电源电压最大值,即

$$U_{DRM} = \sqrt{2} U$$

这一点与半波整流电路相同。

【例 3-2】 已知负载电阻 $R_L = 80\Omega$,负载电压 $U_o = 110V$。今采用单相桥式整流电路,交流电源电压为 380V。(1) 如何选用晶体二极管?(2) 求整流变压器的变化及容量。

【解】 (1) 负载电流

$$I_o = U_o/R_L = 110/80 \approx 1.4A$$

每个二极管通过的平均电流

$$I_D = 1/2 I_o = 0.7A$$

变压器副边电压的有效值为

$$U = U_o/0.9 = 110/0.9 \approx 122V$$

考虑到变压器副绕组及管子上的压降,变压器的副边电压大约要高出 10%,即 $122 \times 1.1 \approx 134V$。于是

$$U_{DRM} = \sqrt{2} \times 134 \approx 189V$$

因此可选用 2CZ11C 晶体二极管,其最大整流电流为 1A,反向工作峰值电压为 300V。

(2) 变压器的变比

$$K = 380/134 \approx 2.8$$

变压器副边电流的有效值为

$$I = I_o/0.9 \approx 1.56A$$

变压器的容量为

$$S = UI = 134 \times 1.56 \approx 209VA$$

可选用 BK300(300VA)、380/134V 的变压器。

1.1.3 三相桥式整流电路

前面所分析的是单相整流电路,功率一般为几瓦到几百瓦,常用在电子仪器中。然而在某些供电场合要求整流功率高达几千瓦以上,这时就不便于采用单相整流电路了,因为它会造成三相电网负载不平衡,影响供电质量。为此,常采用三相桥式整流电路,如图 3-7 所示。三相桥式整流电路经三相变压器交流电源。变压器的副边为星形连接,其三相电压 u_a、

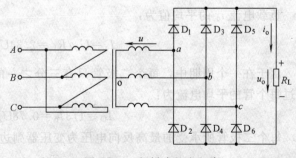

图 3-7 三相桥式整流电路

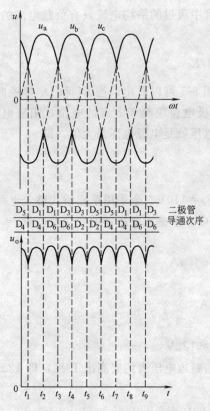

图 3-8 三相桥式整流电压的波形

u_b、u_c 的波形如图 3-8 所示。

图 3-7 中，D_1、D_3、D_5 组成第一组，其阴极联在一起；D_2、D_4、D_6 组成第二组，其阳极联在一起。每一组中三个二极管轮流导通。第一组中阴极电位最低者导通，第二组中阳级电位最高者导通。同一时间有两个管导通。例如在 $0\sim t_1$ 期间（图 3-8），c 相电压为正，b 相电压为负，a 相电压虽然也为正，但低于 c 相电压。因此，在这段时间内，图 3-7 电路中的 c 点电位最高，b 点电位最低。二极管 D_5 和 D_4 导通。如果忽略正向管压降，加在负载上的电压 u_o 就是线电压 U_{cb}。由于 D_5 导通，D_1 和 D_3 阴极电位基本上等于 c 点的电位，因此两管截止。而 D_4 导通，又使 D_2 和 D_6 的阳极电位接近 b 点的电位，故 D_2 和 D_6 也截止。在这段时间内的电流通路为：

$$c \to D_5 \to R_L \to D_4 \to b$$

在 $t_1 \sim t_2$ 期间，从图 3-8 可以看出，a 点电位最高，b 点电位仍然最低。因此从图 3-7 可见，电流通路为：

$$a \to D_1 \to R_L \to D_4 \to b$$

即 D_1 和 D_4 导通，其余四个二极管都截止。负载电压即为线电压 U_{ab}。

同理，在 $t_2 \sim t_3$ 期间，a 点电位最高，c 点电位最低，电流通路为：

$$a \to D_1 \to R_L \to D_6 \to c$$

依此类推，就可以列出图 3-8 中所示的二极管的导通次序。其阴极连接的三个二极管（D_1、D_3、D_5）在 t_1、t_3、t_5 等时刻轮流导通；共阳极连接的三个二极管（D_2、D_4、D_6）在 t_2、t_4、t_6 等时刻轮流导通。负载所得整流电压 u_o 的大小等于三相电压的上下包络线间的垂直距离（也就是每个时刻最大一个线电压的值），如图 3-8 所示。它的脉动系数较小，平均值由图 3-8 可得，并考虑到 U_{ab} 比 U_a 超前 30°，其大小为：

$$U_o = 2.34U$$

式中，U 为变压器副边相电压的有效值。

负载电流 i_o 的平均值为：

$$I_o = U_o/R_L = 2.34U/R_L$$

由于在一个周期中，每个二极管只有三分之一的时间导通（导通角为 120°），因此，流过每个管的平均电流为：

$$I_D = 1/3 I_o = 0.78U/R_L$$

每个二极管所承受的最高反向电压为变压器副边线电压的幅值，即，

$$U_{DRM} = \sqrt{3}U_M = 2.45U$$

今将常见的几种整流电路列成表 3-1，以便比较。

常见整流电路　　　　　　　　　　　　表 3-1

类　　型	单相半波	单相全波	单相桥式	三相半波	三相桥式
电　　路	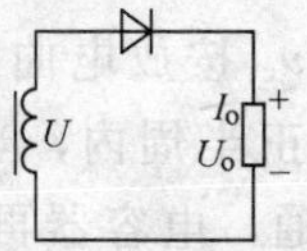	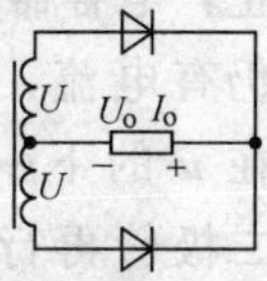	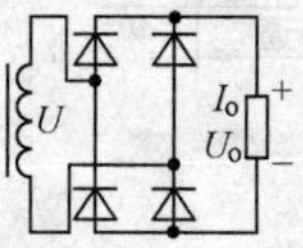	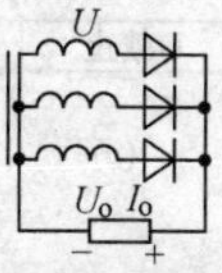	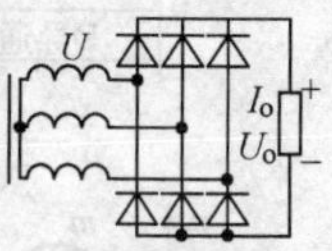
整流电压 u_o 的波形	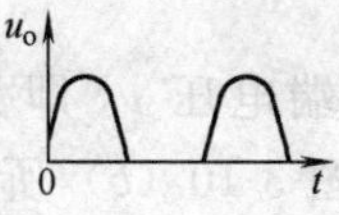	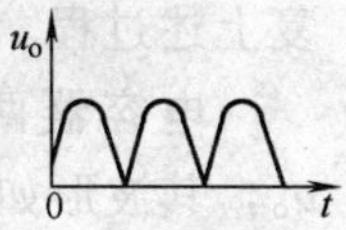	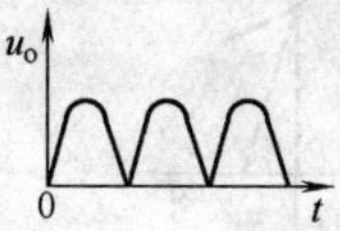	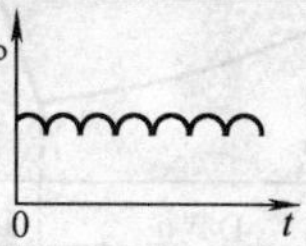	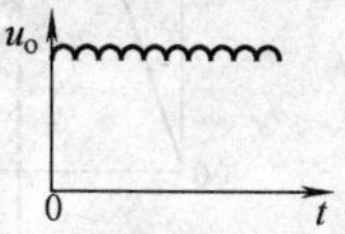
整流电压平均值 U_o	$0.45U$	$0.9U$	$0.9U$	$1.17U$	$2.34U$
流过每管的电流平均值 I_D	I_o	$\frac{1}{2}I_o$	$\frac{1}{2}I_o$	$\frac{1}{3}I_o$	$\frac{1}{3}I_o$
每管承受的最高反向电压 U_{DRM}	$\sqrt{2}U=1.41U$	$2\sqrt{2}U=2.83U$	$\sqrt{2}U=1.41U$	$\sqrt{3}\cdot\sqrt{2}U=2.45U$	$\sqrt{3}\cdot\sqrt{2}U=2.45U$
变压器副边电流有效值 I	$1.57I_o$	$0.79I_o$	$1.11I_o$	$0.59I_o$	$0.82I_o$

课题 2　滤　波　器

前面分析的几种整流电路虽然都可以把交流电压转换为直流电压，但是所得到的输出电压是单向脉动电压。在某些设备（例如电镀、蓄电池充电等）中，这种电压的脉动是允许的。但是在大多数电子设备中，整流电路中都要加接滤波器，以调整输出电压的脉动系数。下面介绍几种常用的滤波器。

2.1　电容滤波器

图 3-9 中与负载并联的电容器就是一个最简单的滤波器。电容滤波器又称 C 滤波器，是根据电容器的端电压在电路状态改变时不能跃变的原理制成的。

如果在单相半波整流电路中不接电容滤波器，输出电压的波形如图 3-10 (a) 所示。加接电容滤波器之后，输出电压的波形就变成图 3-10 (b) 所示的形状。

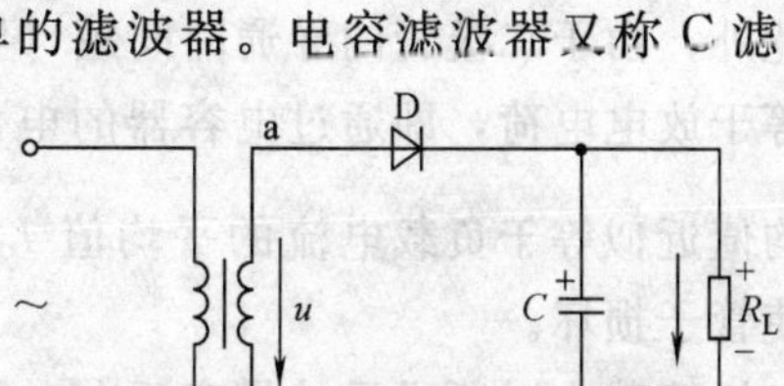

图 3-9　接有电容滤波器的单相半波整流电路

从图 3-9 中可以看出，在二极管导通时，交流电压一方面供电给负载，同时对电容器 C 充电。在忽略二极管正向压降的情况下，充电电压 u_c 与上升的正弦电压 u 一致，如图 3-10 (b) om' 段波形所示。电源电压 u 在 m'

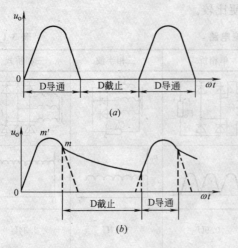

图 3-10 电容滤波器的作用
(a) 没有加电容的波形图；(b) 加电容后的波形图

点达到最大值，u_C 也达到最大值。而后 u 和 u_C 都开始下降，u 按正弦规律下降，当 $u<u_C$ 时，二极管承受反向电压而截止，电容器对负载电阻 R_L 放电，负载中仍有电流，而 u_C 按放电曲线 mn 下降。在 u 的下一个正半周内，当 $u>u_C$ 时，二极管再行导通，电容器再被充电，重复上述过程。

电容器两端电压 u_C 即为输出电压 u_o，其波形如图 3-10（b）所示。可见输出电压的脉动大为减小，并且电压较高。在空载（$R_L=\infty$）和忽略二极管正向压降的情况下，$U_o=\sqrt{2}U=1.4U$，U 是图 3-9 中变压器副边电压的有效值。但是随着负载的增加（R_L 减小，I_o 增大），放电时间常数及 R_LC 减小，放电加快，U_o 也就下降。整流电路的输出电压 U_o 与输出电流 I_o（即负载电流）的变化关系曲线称为整流电路的外特性曲线，如图 3-11 所示。由图可见，与无电容滤波时比较，输出电压随负载电阻的变化值有较大的变化，即外特性较差，或者说带负载能力较差。通常，我们取，

$$U_o = U \quad （半波）$$

$$U_o = 1.2U \quad （全波）$$

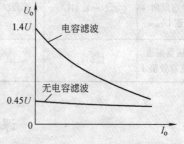

图 3-11 电阻负载和电容滤波的单相半波整流电路的外特性曲线

采用电容滤波时，输出电压的脉动程度与电容的放电时间常数 R_LC 有关系。R_LC 大一些，脉动就小一些。为了得到比较平直的输出电压，一般要求 $R_L \geqslant (10\sim15)1/\omega C$，即

$$R_L C \geqslant (3\sim5)T/2$$

式中，T 是电源交流电压的周期。

此外，由于二极管的导通时间短（导通角小于 $180°$），但在一个周期内电容器的充电电荷等于放电电荷，即通过电容器的电流平均值为零，可见在二极管导通期间其电流 i_D 的平均值近似等于负载电流的平均值 I_o，因此 i_D 的峰值必须较大，但 i_o 产生电流冲击，容易使管子损坏。

二极管截止时所承受的最高反向电压 U_{DRM}，见表 3-2。

截止二极管上的最高反向电压 U_{DRM}　　表 3-2

电路	无电容滤波	有电容滤波
单相半波整流	$\sqrt{2}U$	$2\sqrt{2}U$
单相桥式整流	$\sqrt{2}U$	$\sqrt{2}U$

对单相半波带有电容滤波的整流电路而言,当负载端开路时,$U_{DRM}=2\sqrt{2}U$(最高)。因为在交流电压的正半周时,电容器上的电压充到等于交流电压的最大值$\sqrt{2}U$,由于开路,不能放电,这个电压维持不变;而在负半周的最大值时,截止二极管上所承受的反向电压为交流电压的最大值$\sqrt{2}U$与电容器上电压$\sqrt{2}U$之和,即等于$2\sqrt{2}U$。

对单相桥式整流电路言,有电容滤波后,不影响U_{DRM}。

总之,电容滤波电路简单,输出电压U_o较高,脉动也较小,但是外特性较差,且有电流冲击。因此,电容滤波器一般用于要求输出电压较高,负载电流较小并且变化也较小的场合。滤波电容的数值一般在几十微法到几千微法(视负载电流的大小而定),其耐压应大于输出电压最大值,通常采用极性电容器。

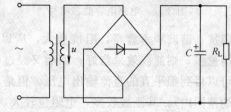

图 3-12

【例 3-3】 有一单相桥式电容滤波整流电路(图 3-12),已知交流电源频率 $f=50Hz$,负载电阻 $R_L=200\Omega$,要求直流输出电压 $U_o=30V$,选择整流二极管及滤波电容器。

【解】 (1) 选择整流二极管流过二极管的电流

$$I_D=1/2 I_o=1/2\times U_o/R_L$$
$$=1/2\times 30/200=0.075A$$
$$=75mA$$

根据式(全波),即 $U_o=1.2U$,所以变压器副边电压的有效值

$$U=U_o/1.2=30/1.2=25V$$

二极管所承受的最高反向电压

$$U_{DRM}=\sqrt{2}U=\sqrt{2}\times 25=35V$$

因此,可以选用二极管 2CP11,其最大整流电流为 100mA,反向工作峰值电压为 50V。

(2) 选择滤波电容器

根据式 $R_L C\geqslant (3\sim 5)T/2$

取 $R_L C=5\times T/2$,

所以, $R_L C=5\times (1/50)/2=0.05s$

已知 $R_L=200\Omega$,

所以, $C=0.05/R_L=250\times 10^{-6}F=250\mu F$

选用 $C=250\mu F$,耐压为 50V 的极性电容器。

2.2 电感电容滤波器

为了减小输出电压的脉动程度,在滤波电容之前串接一个铁芯电感线圈 L,这样就组

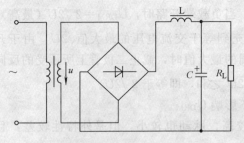

图 3-13 电感电容滤波电路

成了电感电容滤波器（图 3-13），又称 LC 滤波器。

由于通过电感线圈的电流发生变化时，线圈中要产生自感电动势阻碍电流的变化，因而使负载电流和负载电压的脉动大为减小。频率愈高，电感愈大，滤波效果愈好。

电感线圈为什么能滤波，可以这样来理解：因为电感线圈对整流电流的交流分量具有阻抗，谐波频率愈高，阻抗愈大，所以它可以减弱整流电压中的交流分量，ωL 比 R_L 大得愈多，则滤波效果愈好；而后又经过电容滤波器滤波，再一次滤掉交流分量。这样，便可以得到很平直的直流输出电压。但是，由于电感线圈的电感较大（一般在几亨到几十亨的范围内），其匝数较多，电阻也较大，因而其上也有一定的直流压降，造成输出电压的下降。

具有 LC 滤波器的整流电路适用于电流较大、要求输出电压脉动很小的场合，用于高频时更为适合。在电流较大，负载变动较大，并对输出电压的脉动程度要求不太高的场合下（例如可控硅电源），也可将电容除去，而采用电感滤波器（L 滤波器）。

2.3 π 形滤波器

如果要求输出电压的脉动更小，可以在 LC 滤波器的前面再并联一个滤波电容 C_1（图 3-14），这样便构成 π 形 LC 滤波器。它的滤波效果比 LC 滤波器更好，但整流二极管冲击电流较大。

由于电感线圈的体积大而笨重，成本又高，所以有时候用电阻去代替 π 形滤波器中的电感线圈，这样便构成了 π 形 RC 滤波器，如图 3-15 所示。电阻对于交、直流电流都具有同样的降压作用，但是当它和电容配合之后，就使脉动电压的交流分量较多地降落在电阻两端（因为电容 C_2 的交流阻抗甚小），而较少地降落在负载上，从而起到了滤波作用。R 愈大，C_2 愈大，滤波效果愈好，但 R 太大，将使直流压降增加，所以这种滤波电路主要适用于负载电流较小而又要求输出电压脉动很小的场合。

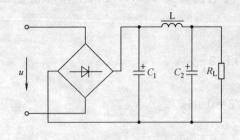

图 3-14 π 形 LC 滤波电路

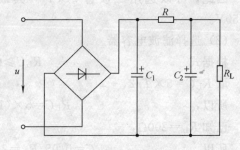

图 3-15 π 形 RC 滤波电路

图 3-16 是交直流收音扩音两用机的一种电源。输出电压为 24V，电流为 1.8A。变压器副绕组 N_3 的电压约为 20V，电容器 C_2 起抑制高频干扰作用。副绕组 N_2 的电压为 5.5V，供指示灯用。直流供电电源 24V 的正、负极性可以任意接。其余部分请自行分析。

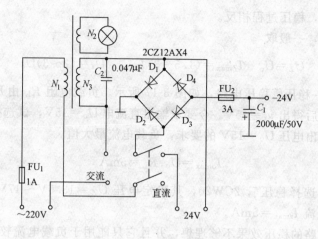

图 3-16 交直流收扩两用机电源

课题 3 稳压管稳压电路

经整流和滤波后的电压往往会随交流电源电压的波动和负载的变化而变化。电压的不稳定有时会产生测量和计算的误差，引起控制装置的工作不稳定，甚至设备根本无法正常工作。特别是精密电子测量仪器、自动控制、计算装置及晶闸管的触发电路等都要求有很稳定的直流电源供电。最简单的直流稳压电源是采用稳压管来稳定电压的。

图 3-17 是一种稳压管稳压电路，经过桥式整流电路整流和电容滤波器滤波得到直流电压 U_i，再经过限流电阻 R 和稳压管 D_Z 组成的稳压电路接到负载电阻 R_L 上。这样，负载上得到的就是一个比较稳定的电压。引起电压不稳定的原因是交流电源电压的波动和负载电流的变化。下面分析这两种情况下稳压电路的作用。例如，当交流电源电压增加而使整流输出电压 U_i 增加时，负载电压 U_o 也要增加。U_o 即为稳压管两端的反向电压。当负载电压 U_o 稍有增加时，稳压管的电流 I_Z 就显著增加，因此电阻 R 上的压降增加，以抵偿 U_i 的增加，从而使负载电压 U_o 保持近似不变。相反，如果交流电源电压减低而使 U_i 减低时，负载电压 U_o 也要减低，因而稳压管电流 I_Z 显著减小，电阻 R 上的压降也减小，仍然保持负载电压 U_o 近似不变。同理，如果当电源电压保持不变而是负载电流变化引起负载电压 U_o 改变时，上述稳压电路仍能起到稳压的作用。例如，当负载电流增大时，电阻 R 上的压降增大，负载电压 U_o 因而下降。只要 U_o 下降一点，稳压管电流就显著减小，通过电阻 R 的电流和电阻上的压降保持近似不变，因此负载电压 U_o 也就近似稳定不变。

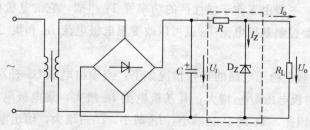

图 3-17 稳压管稳压电路

当负载电流减小时，稳压过程相反。

选择稳压管时，一般取

$$U_Z=U_o, \quad I_{Zmax}=(1.5\sim 3)I_{omax} \quad U_i=(2\sim 3)U_o$$

【例 3-4】 有一稳压管稳压电路，如图 3-17 所示。负载电阻 R_L 由开路变到 $3k\Omega$，交流电压经整流滤波后得出 $u_i=45V$。今要求输出直流电 $U_o=15V$，试选择稳压管 D_Z。

【解】 根据输出电压 $U_o=15V$ 的要求，负载电流最大值

$$I_{omax}=U_o/R_L=5mA$$

查相关手册，选择稳压管 2CW20，其稳定电压 $U_Z=13.5V\sim 17V$，稳定电流 $I_z=5mA$，最大稳定电流 $I_{zmax}=5mA$。

稳压管稳压电路的稳压效果不够理想，并且它只能用于负载电流较小的场合。为此，我们提出串联型晶体管稳压电路，如图 3-18 所示。虽然分立元件稳压电路已基本上被集成稳压器所代替，但其电路原理仍为内部电路的基础。

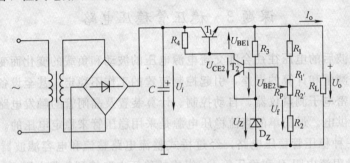

图 3-18 串联型晶体管稳压电路

(1) 采样环节 是由 R_1、R_2、R_p 组成的电阻分压器，它将输出电压 U_o 的一部分

$$U_f=\frac{R_2+R_{2'}}{R_1+R_2+R_p}$$

取出送到放大环节。电位器 R_p 是调节输出电压用的。

(2) 基准电压 由稳压管 D_Z 和电阻 R_3 构成的电路中取得，即稳压管的电压 U_z，它是一个稳定性较高的直流电压，可作为调整、比较的标准。R_3 是稳压管的限流电阻。

(3) 放大环节 是一个由晶体管 T_2 构成的直流放大电路，它的基-射极电压 U_{BE2} 是采样电压与基准电压之差，即 $U_{BE2}=U_f-U_z$。这个电压差值放大后将去控制调整管。R_4 是 T_2 的负载电阻，同时也是调整管 T_1 的偏置电阻。

(4) 调整环节 一般由工作于线性区的功率管 T_1 组成，它的基极电流受放大环节的输出信号控制。只要控制基极电流 I_{B1} 就可以改变集电极电流 I_{C1} 和集-射极电压 U_{CE1}，从而调整输出电压 U_o。

图 3-18 所示串联型稳压电路的工作情况如下：当输出电压 U_o 升高时，采样电压 U_f 就增大，T_2 的基-射极电压 U_{BE2} 增大，其基极电流 I_{B2} 增大，集电极电流 I_{C2} 上升，集-射极电压 U_{CE2} 下降。因此，T_1 的 U_{BE1} 减小，I_{C1} 减小，U_{CE1} 增大，输出电压 U_o 下降，使之保持稳定。这个自动调整过程可以表示如下：

$$U_\text{o}\uparrow \to U_\text{BE2}\uparrow \to I_\text{B2}\uparrow \to I_\text{C2}\uparrow \to U_\text{CE2}\downarrow$$
$$U_\text{o}\downarrow \to U_\text{CE1}\uparrow \to I_\text{C1}\downarrow \to I_\text{B1}\downarrow \to U_\text{BE1}\downarrow$$

当输出电压降低时,调整过程相反。

从调整过程看来,图 3-18 的串联型稳压电路是一种串联电压负反馈电路。放大环节也可采用运算放大器,如图 3-19 所示,其稳压原理同图 3-18。

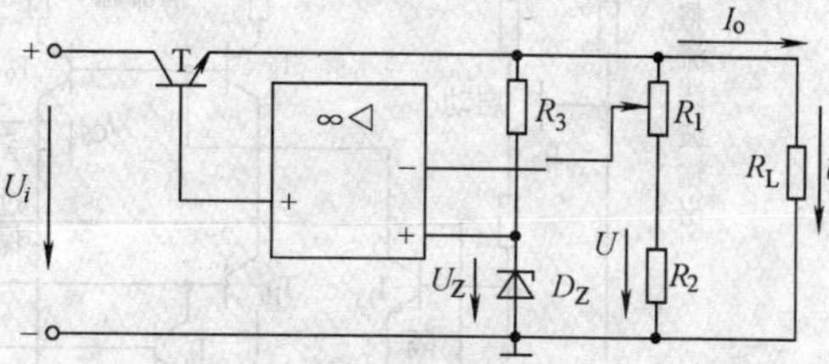

最简单的是由运算放大器组成的恒压源,如图 3-20 所示的两种。

图 3-19 采用运算放大器的串联型稳压电路

图 3-20（a）是反相输入恒压源,可得出:

$$u_\text{o}=-\frac{R_\text{f}}{R_\text{L}}U_\text{Z}$$

图 3-20（b）是同相输入恒压源,可得出:

$$u_\text{o}=\left(1+\frac{R_\text{F}}{R_\text{L}}U_\text{Z}\right)$$

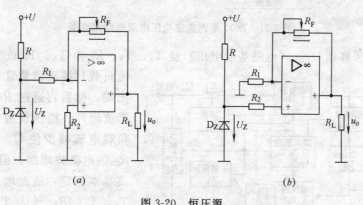

图 3-20 恒压源
(a) 反相输入; (b) 同相输入

课题 4 集成直流稳压电源

4.1 集成直流稳压电源的功能及电路组成

早期的直流电源的稳压部分是由分立元件组成。分立元件组成的稳压电源所用元器件多,占空间大,接线复杂。自从集成稳压电源问世后,较好地解决了上述问题,因此集成稳压电源得到迅速普及。

目前常用的集成稳压电源有三端固定式、三端可调式和开关式,现以集成三端固定正电源输出 7800（后两位代表额定稳压值,00 统称）系列为例来简单分析。它的电路原理图如图 3-21 所示,各部分的功能和相互联系已简化为方框的形式,画在图 3-22 中。请注意该图中的箭头只表明信号流通的方向而不是实际电流的方向。从图 3-21 中可以看出,

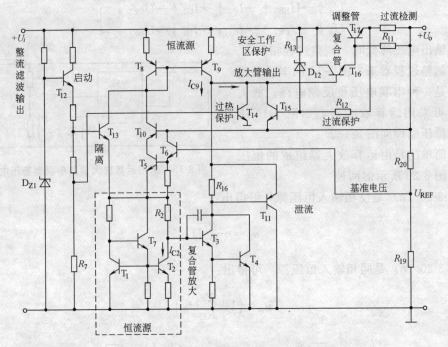

图 3-21 7800 系列集成稳压电源电路原理图

稳压主回路是采样点 U_{REF}（也是基准电压）经 T_6、T_5、R_2 由 T_3、T_4 放大（T_9 作为恒流负载）推动调整管 T_{16}、T_{17} 到输出端，然后再通过 R_{20} 反馈到 U_{REF} 形成闭环。稳压过程是这样的：当负载电流减少使 U_o 上升时，流经 R_{20} 的电流将增加，但流过 R_{19} 的电流基本恒定，故此增加的电流就沿 T_6、T_5、R_2 到达 T_3 的基极，使 I_{C3} 增加，则 I_{B16} 减少（I_{C9} 为恒流源），以致 U_o 下降到基本上为原来的数值。由反馈理论可知在深反馈

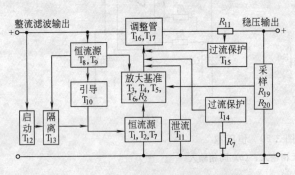

图 3-22 7800 系列的电路组成框图

电路中，输入（U_{REF}）和输出（U_o）的关系基本上由反馈系数（R_{19}、R_{20}）决定，只要 U_{REF} 稳定，U_o 也就稳定在某一数值而与其他元器件参数变化基本无关。因此，基准电压 U_{REF} 的稳定性是稳定电源质量高低的关键。通常基准电压是用稳压管来实现的，它的缺点是噪声系数较高而且温度系数还不够低。这里采用的是所谓能带间隙式基准源，它是由四个晶体管（T_3、T_4、T_5、T_6）的 PN 结和一个电阻（R_2）组成。前者的温度系数为负，后者的温度系数为正，如参数调整合适，就有可能使 U_{REF} 的温度系数为零。实现上述要求的条件与半导体的能带间隙有关（硅为 1.205V），因此得名。实际上产品的温度系数约为每度 1mV，和精密型稳压管的指标差不多，但噪声系数小得多，其他辅助环节的作用是：

(1) 启动

它的目的是使电源接通时恒流源能有导通的回路。当 U_I 接入后，有电流经 T_{12}、

T_{13}、T_7、T_1到地,于是T_8和T_9的基极电流经T_{13}、R_2、T_3、T_4导通,T_9的恒流源I_{C9}经T_{16}、T_{17}、R_{20}、R_{19}到地也导通。基准电压建立以后,T_{13}发射极的电位将比基极电位高,因此T_{13}截止,使启动部分与右边的电路隔离,即基准电压可不受输入电压的影响。由于此时T_{10}、T_{15}均已导通,T_8的恒流源可以供给T_7、T_1、T_2,在后者产生另一个恒流源I_{C2},其目的是使R_2上变化电流部分基本上都流到T_3的基极,以保证放大级有足够大的放大倍数。

(2) 过流保护

输出电流经检测电阻R_{11}(0.3Ω)产生的压降如超过某一额定值时,将使T_{15}导通,分走输送到调整管的电流,输出电流越大,T_{15}分走的电流越多,起到了限制电流的作用。

(3) 安全工作区保护

为了避免调整管的两端电压过高而超过工作范围,在它两端(包括R_{12})接入了R_{13}和D_{Z2}。过限时,D_{Z2}导通,使T_{15}也导通,起到了上述的限流作用。

(4) 过热保护

R_7具有正温度系数,当芯片温度升高时,R_7两端电压也升高,促使T_{14}导通,对输入到调整管的电流起分流作用,从而限制了输出电流。

(5) 泄流

当负载电流很低或空载时,T_9的恒流I_{C9}将大部分或全部流向T_3和T_4,若它们的总电流小于I_{C9},将破坏恒流的条件。为此,当流到T_3、T_4的总电流增加到接近最大值时,在R_{16}两端的压降使T_{11}导通,以便泄放T_9的电流。

4.2 集成直流稳压电源的主要参数

(1) 稳压值

表示在7800系列的后两位,如7805的稳压值为5V,7824的稳压值为24V。稳压值的容差约为5%,稳压值有5、6、8、9、12、15、18、24八档。

(2) 电压调整率(S_u)

设输入电压变化为ΔU_i时产生输出电压变化为ΔU_o,则

$$S_u = \frac{\Delta U_o / \Delta U_i}{U_o} \times 100\%$$

其意义是在额定输出电流为恒定时,单位输出电压U_o的电压变化ΔU_o和输入电压变化ΔU_i的百分比S_u,是检查电网电压发生变化对输出电压影响的指标。S_u的数值约为0.01%/V。

(3) 电流调整率(S_1)及输出电阻(R_o)

$$S_1 = \frac{\Delta U_o}{U_{OL}} \times 100\%$$

其中,U_{OL}为接入负载后的输出电压值。

R_o的意义是在输入电压(电网电压经整流、滤波后的电压)为恒定时,表征输出电流变化所引起的输出电压变化的程度,也就是从稳压输出端看进去的等效内阻,一般小于0.1Ω。

(4) 纹波抑制比(S_{rip})

$$S_{\text{rip}} = 20\lg \frac{U_{\text{ipp}}}{U_{\text{opp}}}$$

其中，U_{ipp} 和 U_{opp} 分别是输入电压交流部分的双峰值和输出电压交流部分的双峰值。它反映了稳压电源对输入电压纹波的抑制能力，一般为 50dB 左右。

（5）最小输入、输出电压差 $(U_i - U_o)_{\min}$

表示稳压器正常工作时所需输入电压的最低值，一般为 2V。但要注意，U_i 的交流部分不能过大，否则它的最低值和 U_o 相比可能小于 2V。

（6）最大输入电压 (U_{IM})

若超过此数值将发生晶体管击穿或过损耗，以致造成损坏。对于 7800 系列中 7805 至 7818 档次的稳压器，U_{IM} 为 35V，7824 档为 40V。

（7）最大输出电流 (I_{OM})

它受集成电路的工艺和功耗所限制。7800 系列为 1.5A，78M00 系列为 0.5A，78L00 系列为 0.1A。其内部过流保护即按此参数设计。

（8）温度系数 (S_T)

表示温度变化时对输出电压的影响。一般数值为每度 $1 \sim 2.4$mV。

（9）输出噪声 (U_N)

表示稳压器内部元器件所产生的噪声程度，主要是基准电压的噪声。在 10Hz 至 100kHz 范围内的噪声电压约为 $40 \sim 200 \mu$V。

4.3 其他类型的集成稳压电源

（1）负输出电压系列

与 7800 系列对应的是 7900 系列，它的参数和 7800 系列相同，只是输出对地的电压为负值。选用 7800 和 7900 即可得到对地正、负对称的稳压输出。

（2）三端可调稳压系列

三端固定式稳压器通过外接电位器也可以调节输出电压，但精度要下降。CW317 不仅使输出电压可调，还解决了精度下降的问题，因此被称为第二代三端集成稳压器。它的输出电压可以从 1.25V 调节到近 40V。其他指标，如 S_u、S_i、S_{rip}、S_T、U_N 等和 7800 系列差不多，有的还要高些。另有 CW117 和 CW217，它们的结构和 CW317 基本相同，只是工作温度范围不同。前者是 -55℃ $\sim +150$℃，后者是 -25℃ $\sim +150$℃，而 CW317 是 0℃ ~ 125℃。CW117/217/317 输出是正电压，与之对应的负电压三端可调稳压器是 CW137/237/337 系列。

（3）五端功率稳压器 CW200

它的基本结构和 7800 系列相仿，但可接成可调稳压的形式。输出电压可从 2.8V 调到 36V，最大输出电流可达 2A。它的主要特点是在芯片内部除了具有限流型过流保护、安全区保护和过热保护之外，还有一个灵敏度很高的比较电路，使用户可以根据需要预置过流或短路保护，或引入缓慢启动的功能，以防止输出电压在启动时对负载的冲击。

（4）低压差稳压器

上述 7800 系列或 CW317 系列的稳压器最低的输入电压与输出电压的压差为 2V，这对要求电源效率高或用干电池供电的设备来说是很不利的。因此，人们又设计了利用

PNP 管作调整管的电路，可使压差降到 0.6V。其型号是 CW2930、2931、2935、2940，其中 CW2931 有五个接线端，输出电压可以从 5V 向上连续调节，并可用逻辑电平控制稳压器输出的接通或断开。

(5) 正、负跟踪可调稳压器

为了适应正、负两种稳压值同时对称变化的需要，CW4194 利用调节一个电阻的阻值，即可实现从 ±50mV 到 ±40V 的变化范围。

(6) 开关式稳压器

为了进一步提高设备的效率，使滤波元件体积减小，并提高使用设备的灵活性，目前在许多设备中都采用了开关式稳压器。它的原理是使调整管工作在开关状态，从而减少管耗，通过控制开关的时间可达到稳压的目的。图 5-23 中是 CW1524/2524/3524 的内部原理框图。由于输出脉冲频率较高（几十 kHz），所以滤波电感器和电容器的容量都可以比较小（电感为几百微亨，电容为几百 μF）。它的缺点是电压调整率和纹波抑制比以及噪声指标都要比前面几种类型的稳压器的性能差。

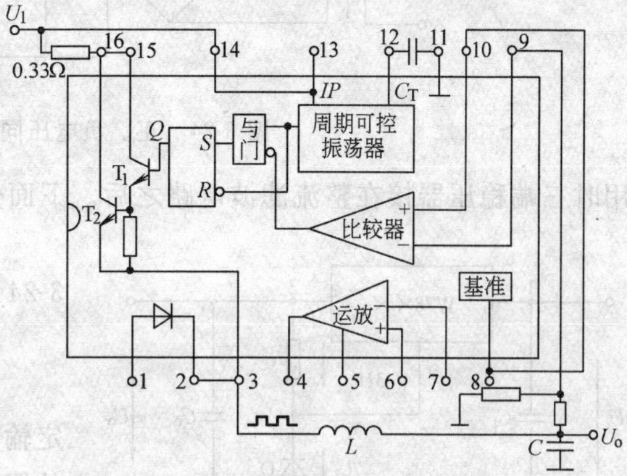

图 3-23 集成开关电源框图

(7) CMOS 集成稳压器

利用 CMOS 器件功耗低、压差小，便于集成等特点，用它制成的稳压器可以综合以上几种稳压器的特点。例如 CW7663 和 CW7664 分别为 CMOS 正压和负压稳压器，其输入电压可以从 1.3V 调节到 16V，自身功耗很低（取电流为微安级），温度系数可低于 10^{-5}/℃，输入、输出压差可低于 0.6V。若配合 CW7660 变换器，就可以将一个正电源转换为一个负电源或正、负两种电源，甚至可以将低压电源升高，因此具有较大的灵活性。它的缺点是输入部分仍需经高频变压器降压，输出的电流较小（几十 mA）。改进的措施是将电网电压直接整流，外接功率器件及高频变压器（体积小得多）隔离，其型号为 CW1840。

读者可以根据上述各种稳压器的特点，从实际工作需要出发，在"现代集成电路手册"中进行合理的选择。

4.4 集成直流稳压电源连接方法举例

如图 3-24 所示，使用稳压电源时，只需在其输入端和输出端与公共端之间各并联一个电容即可。C_i 用于抵消输入端较长接线的电感效应，防止产生自激振荡，接线不长时也可不用。C_o 是用于瞬时增减负载电流时不致引起输出电压有较大的波动。C_i 一般在 0.1～1μF 之间，如 0.33μF；C_o 可用 1μF。W7800 系列输出固定的正电压，有 5V、8V、12V、15V、18V、24V 多种。例如 W7815 的输出电压为 15V；最高输入电压为 35V；最小输入、输出电压差为 2V～3V；最大输出电流为 2.2A；输出电阻为 0.03～0.15Ω；电压变化率为 0.1%～0.2%。W7900 系列输出固定的负电压，其参数与 W7800 基本相同。

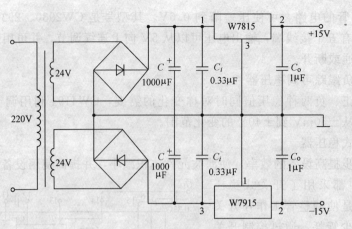

图 3-24　正、负电压同时输出的电路

使用时三端稳压器接在整流滤波电路之后。下面介绍几种三端集成稳压器的应用电路。

（1）正、负电压同时输出的电路，如图 3-24 所示。

（2）提高输出电压的电路

图 3-25 所示的电路能使输出电压高于固定输出电压。图中，$U_{××}$ 为 W78×× 稳压器的固定输出电压，显然

$$U_o = U_{××} + U_Z$$

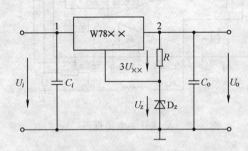

图 3-25　提高输出电压的电路

（3）扩大输出电流的电路

当电路所需电流大于 1~2A 时，可采用外接功率管 T 的方法来扩大输出电流。在图 3-26 中，I_2 为稳压器的输出电流，I_C 是功率管的集电极电流，I_R 是电阻 R 上的电流。一般 I_3 很小，可忽略不计，则可得出关系式

$$I_2 = I_1 = I_R + I_B = \frac{U_{BE}}{R} + \frac{I_C}{\beta}$$

式中，β 是功率管的电流放大系数。

设 $\beta = 10$，$U_{BE} = 0.3V$，$R = 0.5\Omega$，$I_2 = 1A$，则由上式可算出 $I_C = 16A$。可见输出电流比 I_2 扩大了。图中的电阻 R 的阻值要使功率管只能在输出电流较大时才导通。

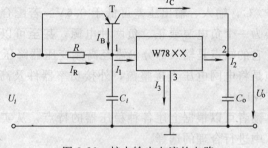

图 3-26　扩大输出电流的电路

实训课题　直流稳压电源实验

5.1　实验目的

（1）研究单相桥式整流、电容滤波电路的特性。

(2) 掌握串联型晶体管稳压电源主要技术指标的测试方法。
(3) 研究集成稳压器的特点和性能指标的测试方法。
(4) 了解集成稳压器扩展性能的方法。

5.2 实验原理

(1) 串联型晶体管稳压电源实验原理

电子设备一般都需要直流电源供电。这些直流电除了少数直接利用干电池和直流发电机外，大多数是采用把交流电（市电）转变为直流电的直流稳压电源。

直流稳压电源由电源变压器、整流、滤波和稳压电路四部分组成，其原理框图如图 3-27 所示。电网供给的交流电压 u_1（220V/50Hz）经电源变压器降压后，得到符合电路需要的交流电压 u_2，然后由整流电路变换成方向不变、大小随时间变化的脉动电压 U_2，再用滤波器滤去其交流分量，就可得到比较平直的直流电压 U_1。但这样的直流输出电压，还会随交流电网电压的波动或负载的变动而变化。在对直流供电要求较高的场合，还需要使用稳压电路，以保证输出直流电压更加稳定。

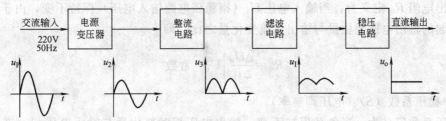

图 3-27 直流稳压电源框图

图 3-28 是由分立元件组成的串联型稳压电源的电路图。其整流部分为单相桥式整流、电容滤波电路。稳压部分为串联型稳压电路，它由调整元件（晶体管 T_1）；比较放大器 T_2、R_7；取样电路 R_1、R_2、R_W，基准电压 D_W、R_3 和过流保护电路 T_3 管及电阻 R_4、R_5、R_6 等组成。整个稳压电路是一个具有电压串联负反馈的闭环系统，其稳压过程为：当电网电压波动或负载变动引起输出直流电压发生变化时，取样电路取出输出电压的一部分送入比较放大器，并与基准电压进行比较，产生的误差信号经 T_2 放大后送至调整管 T_1 的基极，使调整管改变其管压降，以补偿输出电压的变化，从而达到稳定输出电压的目的。

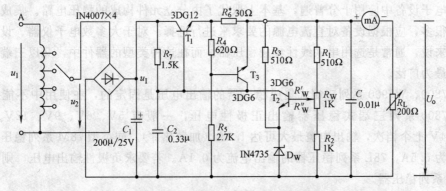

图 3-28 串联型稳压电源实验电路

由于在稳压电路中，调整管与负载串联，因此流过它的电流与负载电流一样大。当输出电流过大或发生短路时，调整管会因电流过大或电压过高而损坏，所以需要对调整管加以保护。在图 3-28 电路中，晶体管 T_3、R_4、R_5、R_6 组成减流型保护电路。此电路设计在 $I_{oP}=1.2I_o$ 时开始起保护作用，此时输出电流减小，输出电压降低。故障排除后电路应能自动恢复正常工作。在调试时，若保护提前作用，应减少 R_6 值；若保护作用迟后，则应增大 R_6 之值。

稳压电源的主要性能指标：

1) 输出电压（U_o）和输出电压调节范围：

$$U_o=\frac{R_1+R_W+R_2}{R_2+R''_W}(U_Z+U_{BE2})$$

调节 R_W 可以改变输出电压 U_o。

2) 最大负载电流（I_{om}）。

3) 输出电阻（R_o）。

输出电阻 R_o 定义为：当输入电压 U_i（指稳压电路输入电压）保持不变，由于负载变化而引起的输出电压变化量与输出电流变化量之比，即

$$R_o=\frac{\Delta U_o}{\Delta I_o}\bigg|U_i=常数$$

4) 稳压系数（S）（电压调整率）。

稳压系数定义为：当负载保持不变，输出电压相对变化量与输入电压相对变化量之比，即

$$S=\frac{\Delta U_o/U_o}{\Delta U_i/U_i}\bigg|R_L=常数$$

由于工程上常把电网电压波动±10%作为极限条件，因此也有将此时输出电压的相对变化 $\Delta U_o/U_o$ 作为衡量指标，称为电压调整率。

5) 纹波电压。输出纹波电压是指在额定负载条件下，输出电压中所含交流分量的有效值（或峰值）。

(2) 集成稳压电源实验原理

集成稳压器具有体积小，外接线路简单、使用方便、工作可靠和通用性等优点，因此在各种电子设备中应用十分普遍，基本上取代了由分立元件构成的稳压电路。集成稳压器的种类很多，应根据设备对直流电源的要求来进行选择。对于大多数电子仪器、设备和电子电路来说，通常是选用串联线性集成稳压器。而在这种类型的器件中，又以三端式稳压器应用最为广泛。

W7800、W7900 系列三端式集成稳压器的输出电压是固定的，在使用中不能进行调整。W7800 系列三端式稳压器输出正极性电压，一般有 5V、6V、9V、12V、15V、18V、24V 七个档次，输出电流最大可达 1.5A（加散热片）。同类型 78M 系列稳压器的输出电流为 0.5A，78L 系列稳压器的输出电流为 0.1A。若要求负极性输出电压，则可选用 W7900 系列稳压器。

图 3-29 为 W7800 系列的外形和接线图。它有三个引出端。

输入端（不稳定电压输入端） 标以"1"

输出端（稳定电压输出端） 标以"3"

公共端 标以"2"

除固定输出三端稳压器外，尚有可调式三端稳压器，后者可通过外接元件对输出电压进行调整，以适应不同的需要。

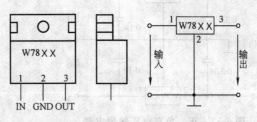

图 3-29 W7800 系列外形及接线图

本集成稳压器为三端固定正稳压器 W7812，它的主要参数有：输出直流电压 $U_o=+12V$，输出电流 L：0.1A，M：0.5A，电压调整率 10mV/V，输出电阻 $R_o=0.15\Omega$，输入电压 U_I 的范围为 15～17V。因为一般 U_I 要比 U_o 大 3～5V，才能保证集成稳压器工作在线性区。

图 3-30 是用三端式稳压器 W7812 构成的单电源电压输出串联型稳压电源的实验电路图。其中整流部分采用了由四个二极管组成的桥式整流器成品（又称桥堆），型号为 2W06（或 KBP306），内部接线和外部管脚引线如图 3-31 所示。滤波电容 C_1、C_2 一般选取几百～几千微法。当稳压器距离整流滤波电路比较远时，在输入端必须接入电容器 C_3（数值为 $0.33\mu F$），以抵消线路的电感效应，防止产生自激振荡。输出端电容 C_4（$0.1\mu F$）用以滤除输出端的高频信号，改善电路的暂态响应。

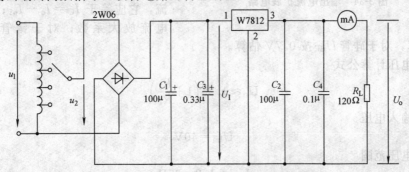

图 3-30 由 W7812 构成的串联型稳压电源

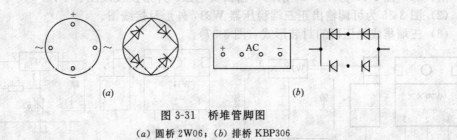

图 3-31 桥堆管脚图

(a) 圆桥 2W06；(b) 排桥 KBP306

图 3-32 为正、负双电压输出电路，例如需要 $U_{o1}=+15V$，$U_{o2}=-15V$，则可选用 W7815 和 W7915 三端稳压器，这时的 U_I 应为单电压输出时的两倍。

当集成稳压器本身的输出电压或输出电流不能满足要求时，可通过外接电路来进行性能扩展。图 3-33 是一种简单的输出电压扩展电路。如 W7812 稳压器的 3、2 端间输出电压为 12V，因此只要适当选择 R 的值，使稳压管 D_W 工作在稳压区，则输出电压 $U_o=12+U_Z$，可以高于稳压器本身的输出电压。

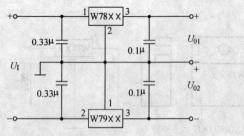

图 3-32 正、负双电压输出电路

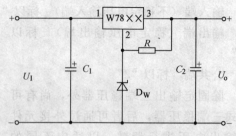

图 3-33 输出电压扩展电路

图 3-34 是通过外接晶体管 T 及电阻 R_1 来进行电流扩展的电路。电阻 R_1 的阻值由外接晶体管的发射结导通电压 U_{BE}、三端式稳压器的输入电流 I_i（近似等于三端稳压器的输出电流 I_{o1}）和 T 的基极电流 I_B 来决定，即：

$$R_1 = \frac{U_{BE}}{I_R} = \frac{U_{BE}}{I_i - I_B} = \frac{U_{BE}}{I_{o1} - \frac{I_C}{\beta}}$$

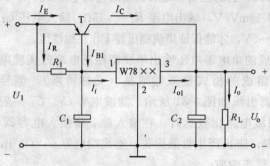

图 3-34 输出电流扩展电路

式中：I_C 为晶体管 T 的集电极电流，它应等于 $I_C = I_o - I_{o1}$；β 为 T 的电流放大系数；对于锗管 U_{BE} 可按 0.3V 估算，对于硅管 U_{BE} 按 0.7V 估算。

输出电压计算公式

$$U_o \approx 1.25\left(1 + \frac{R_2}{R_1}\right)$$

最大输入电压

$$U_{Im} = 40V$$

输出电压范围

$$U_o = 1.2 \sim 37V$$

附：(1) 图 3-35 为 W7900 系列（输出负电压）外形及接线图。
(2) 图 3-36 为可调输出正三端稳压器 W317 外形及接线图。
(3) 三端集成稳压器的封装形式（图 3-37）。

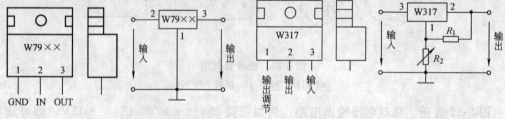

图 3-35 W7900 系列外形及接线图　　图 3-36 W317 外形及接线图

5.3 实验设备与器件

(1) 可调工频电源；
(2) 双踪示波器；

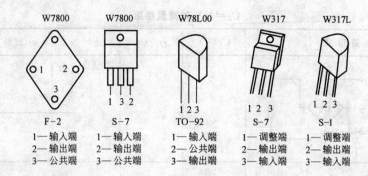

图 3-37 三端集成稳压器的封装形式

（3）交流毫伏表；
（4）直流电压表；
（5）直流毫安表；
（6）滑线变阻器 200Ω/1A；
（7）晶体三极管 3DG6×2（9011×2），3DG12×1（9013×1），晶体二极管 IN4007×4，稳压管 IN4735×1；
（8）三端稳压器 W7812、W7815、W7915；
（9）桥堆 2W06（或 KBP306）；
（10）电阻器、电容器若干。

5.4 实验内容

（1）串联型晶体管稳压电源

1）整流滤波电路测试

按图 3-38 连接实验电路。取可调工频电源电压为 16V，作为整流电路输入电压 u_2。

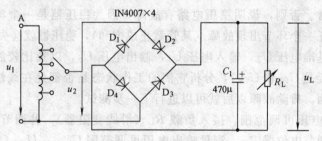

图 3-38 整流滤波电路

A. 取 $R_L=240\Omega$，不加滤波电容，测量直流输出电压 U_L 及纹波电压 $\tilde{U}_L$，并用示波器观察 u_2 和 u_L 波形，记入表 3-3。
B. 取 $R_L=240\Omega$，$C=470\mu f$，重复内容 A 的要求，记入表 3-3。
C. 取 $R_L=120\Omega$，$C=470\mu f$，重复内容 A 的要求，记入表 3-3。

注意：
（1）每次改接电路时，必须切断工频电源。
（2）在观察输出电压 u_L 波形的过程中，"Y 轴灵敏度"旋钮位置调好以后，不要再变动，否则将无法比较各波形的脉动情况。

$U_2=16V$ 时测量结果   表 3-3

电路形式		$U_L(V)$	$\tilde{U}_L(V)$	u_L 波形
$R_L=240\Omega$	(桥式整流电路)			
$R_L=240\Omega$ $C=470\mu f$	(桥式整流+电容滤波)			
$R_L=120\Omega$ $C=470\mu f$	(桥式整流+电容滤波)			

2) 串联型稳压电源性能测试

切断工频电源,在图 3-38 基础上按图 3-28 连接实验电路。

A. 初测:稳压器输出端负载开路,断开保护电路,接通 16V 工频电源,测量整流电路输入电压 U_2,滤波电路输出电压 U_I(稳压器输入电压)及输出电压 U_o。调节电位器 R_W,观察 U_o 的大小和变化情况,如果 U_o 能跟随 R_W 线性变化,这说明稳压电路各反馈环路工作基本正常。否则,说明稳压电路有故障,因为稳压器是一个深负反馈的闭环系统,只要环路中任一个环节出现故障(某管截止或饱和),稳压器就会失去自动调节作用。此时可分别检查基准电压 U_Z,输入电压 U_I,输出电压 U_o,以及比较放大器和调整管各电极的电位(主要是 U_{BE} 和 U_{CE}),分析它们的工作状态是否都处在线性区,从而找出不能正常工作的原因。排除故障以后就可以进行下一步测试。

B. 测量输出电压可调范围。接入负载 R_L(滑线变阻器),并调节 R_L,使输出电流 $I_o \approx 100mA$。再调节电位器 R_W,测量输出电压可调范围 $U_{omin} \sim U_{omax}$。且使 R_W 动点在中间位置附近时 $U_o=12V$。若不满足要求,可适当调整 R_1、R_2 之值。

C. 测量各级静态工作点。调节输出电压 $U_o=12V$,输出电流 $I_o=100mA$,测量各级静态工作点,记入表 3-4。

D. 测量稳压系数 (S)。取 $I_o=100mA$,按表 3-5 改变整流电路输入电压 U_2(模拟电

$U_2=16V$ $U_o=12V$ $I_o=100mA$ 时的测量结果   表 3-4

	T_1	T_2	T_3
$U_B(V)$			
$U_C(V)$			
$U_E(V)$			

网电压波动），分别测出相应的稳压器输入电压 U_I 及输出直流电压 U_o，记入表 3-5。

E. 测量输出电阻（R_o）。取 $U_2=16V$，改变滑线变阻器位置，使 I_o 为空载、50mA 和 100mA，测量相应的 U_o 值，记入表 3-6。

$I_o=100mA$　　　　　表 3-5

测试值			计算值
$U_2(V)$	$U_I(V)$	$U_o(V)$	S
14			$S_{12}=$
16		12	$S_{23}=$
18			

$U_2=16V$　　　　　表 3-6

测试值		计算值
$I_o(mA)$	$U_o(V)$	$R_o(\Omega)$
空载		$R_{o12}=$
50	12	$R_{o23}=$
100		

F. 测量输出纹波电压。取 $U_2=16V$，$U_o=12V$，$I_o=100mA$，测量输出纹波电压 U_o，并作记录。

G. 调整过流保护电路。

a. 断开工频电源，接上保护回路，再接通工频电源，调节 R_W 及 R_L 使 $U_o=12V$，$I_o=100mA$，此时保护电路应不起作用。测出 T_3 管各极电位值。

b. 逐渐减小 R_L，使 I_o 增加到 120mA，观察 U_o 是否下降，并测出保护起作用时 T_3 管各极的电位值。若保护作用过早或迟后，可改变 R_6 之值进行调整。

c. 用导线瞬时短接一下输出端，测量 U_o 值，然后去掉导线，检查电路是否能自动恢复正常工作。

（2）集成稳压电源实验内容

1) 整流滤波电路测试。按图 3-39 连接实验电路，取可调工频电源 14V 电压作为整流电路输入电压 u_2。接通工频电源，测量输出端直流电压 U_L 及纹波电压 $\tilde{U}_L$，用示波器观察 u_2、u_L 的波形，把数据及波形记入自拟表格中。

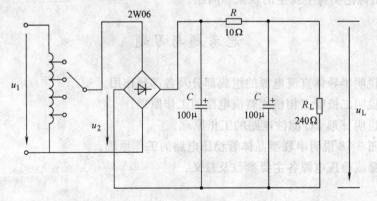

图 3-39　整流滤波电路

2) 集成稳压器性能测试。断开工频电源，按图 3-39 改接实验电路，取负载电阻 $R_L=120\Omega$。

A. 初测。接通工频 14V 电源，测量 U_2 值；测量滤波电路输出电压 U_I（稳压器输入电压），集成稳压器输出电压 U_o，它们的数值应与理论值大致符合，否则说明电路出了故障。设法查找故障并加以排除。

电路经初测进入正常工作状态后，才能进行各项指标的测试。

B. 各项性能指标测试。

a. 输出电压 U_o 和最大输出电流 I_{omix} 的测量。

在输出端接负载电阻 $R_L=120\Omega$，由于 7812 输出电压 $U_o=12V$，因此流过 R_L 的电流 $I_{omix}=\dfrac{12}{120}=100mA$。这时 U_o 应基本保持不变，若变化较大则说明集成块性能不良。

b. 稳压系数 S 的测量，值记入表 3-7。

系数 S 的测量　　　表 3-7

测 试 值			计算值
$U_2(V)$	$U_I(V)$	$U_o(V)$	S
14			$S_{12}=$
16		12	$S_{23}=$
18			

电阻 R_o 的测量　　　表 3-8

测 试 值		计算值
$I_o(mA)$	$U_o(V)$	$R_o(\Omega)$
空载		$R_{o12}=$
50	12	$R_{o23}=$
100		

c. 输出电阻 R_o 的测量，值记入表 3-8。

d. 输出纹波电压的测量。

5.5　实验总结

(1) 对表 3-3 所测结果进行全面分析，总结桥式整流、电容滤波电路的特点。

(2) 根据表 3-5 和表 3-6 所测数据，计算稳压电路的稳压系数 S 和输出电阻 R_o，并进行分析。

(3) 分析讨论实验中出现的故障及其排除方法。

(4) 分析讨论实验中发生的现象和问题。

思考题与习题

1. 绘图说明半导体直流电源的组成部分及各部分作用。
2. 绘图说明二极管三相桥式整流电路的工作原理。
3. 绘图说明 π 形 LC 滤波电路的工作原理。
4. 根据图 3-18 说明串联型晶体管稳压电路的工作原理。
5. 说明集成稳压电源各主要参数及意义。

单元 4　脉冲数字电路

知　识　点：通过本单元的学习，了解数字电路的基本知识，掌握逻辑电路的基本工作原理及用途。

教学目标：通过本单元的技能训练，掌握逻辑电路的组装和维修技能。

课题 1　数字电路基本知识

前面讨论的是交流和直流放大电路，其中的电信号是随时间连续变化的模拟信号。本单元将讨论的是脉冲数字电路，其中的电信号是不连续变化的脉冲信号。脉冲数字电路和放大电路都是电子技术的重要基础。

脉冲数字电路的广泛应用和高度发展标志着现代电子技术的水准，电子计算机、数字式仪表、数字控制装置和工业逻辑系统等方面无不以脉冲数字电路为基础的。

"脉冲"是指一种间断的、在极短时间内出现的突然变化现象，它包含有短促、脉动和冲击的意思。在日常生活中，人的脉搏、机械冲击、闪电、电报电码等都是脉冲现象。

在极短的时间间隔内电压或电流的大小发生突变称为电脉冲。产生或变换脉冲波形的电路称为脉冲电路。

1.1　脉冲波形及参数

脉冲信号是多种多样的，常见的有方波、三角波、尖峰波等，如图 4-1 所示。很明显，各种脉冲波形具有的共同特点，就是它们的突然变化和不连续性。

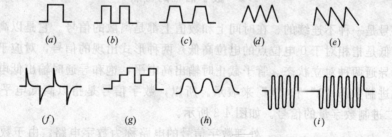

图 4-1　几种常见的脉冲波形
(a) 方形波；(b) 矩形波；(c) 梯形波；(d) 三角波；(e) 锯齿波；
(f) 尖峰波；(g) 阶梯波；(h) 钟形波；(i) 继续正弦波

正弦波电压或电流可以用振幅、频率、初相三个参数来表征其变化情况。同样，各种各样的脉冲波也可以用一些参数来描述它的特征。但由于脉冲的波形复杂，因而参数也较多，为了学习方便，现以脉冲电路中最常见的矩形脉冲为例，介绍脉冲波形的几个主要参数。

图 4-2 (a) 所示是理想矩形脉冲波。实际的矩形脉冲波形与理想波形不同，脉冲上升和下降都需要一定的时间，如图 4-2 (b) 所示。因而它的参数较多，主要有：

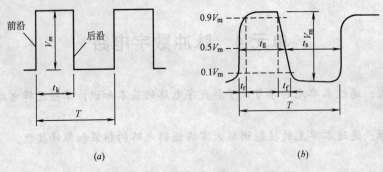

图 4-2 矩形脉冲波形及参数
(a) 理想矩形波；(b) 实际矩形波

(1) 脉冲幅度（V_m）

脉冲电压变化的最大值 V_m 称为脉冲幅度。它是一个表示脉冲信号强弱的主要参数。若脉冲信号跃变后的值比初始值高，则称为正脉冲；反之，则称为负脉冲。

(2) 脉冲宽度（t_k）

脉冲宽度又称脉冲持续时间。它是脉冲前、后沿 $0.5V_m$ 处之间的时间间隔。图 4-2 (b) 中的 t_g、t_s 为实际矩形波的脉冲宽度。

(3) 脉冲上升时间（t_r）

脉冲从 $0.1V_m$ 变化到 $0.9V_m$ 所需时间称为脉冲上升时间 t_r，t_r 越小，脉冲前沿越陡。

(4) 脉冲下降时间（t_f）

脉冲从 $0.9V_m$ 变化到 $0.1V_m$ 所需的时间称为脉冲下降时间 t_f。

(5) 脉冲重复周期（T）

周期性重复的脉冲，两相邻脉冲的前沿或后沿之间的时间间隔称为脉冲重复周期 T。

1.2 数字信号的特点

数字信号是一种不连续的、在时间上和数值上都是离散的信号。它是以高电平和低电平（电平高低是指相对于 0 电位点的电位高低）两种形式出现的信号，对应于电路中三极管的截止和导通两种对立状态。管子截止时输出高电平，饱和导通时输出低电平。这两种状态常用二进制数码"1"和"0"来表示。所以，数字信号是指以高低电平对应于"1"和"0"的二进制数字量的信号。如图 4-3 所示。

处理数字信号的电路称为数字电路。由于数字信号是以高低电平表示的矩形波，这种矩形波也属脉冲信号，所以数字电路也是一种脉冲电路，统称为脉冲数字电路。脉冲电路着重研究脉冲的产生与波形变换，而数字电路则着重研究电路的逻辑功能和数值运算。

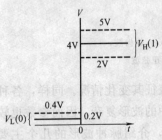

图 4-3 数字信号的高低电平

脉冲数字电路的特点：

(1) 它处理的信号多数是二进制的数字信号，其取值只有"0"和"1"两种可能。

(2) 在稳态时三极管一直工作在截止区或饱和区，即开关状态。

(3) 电路的输入和输出状态符合一定的逻辑关系，故又称为逻辑电路。

(4) 它除了具有算术运算和逻辑运算功能外，还有"记忆"的功能，能够存储一定数量的信息。主要单元电路是逻辑门电路和触发器。

(5) 主要分析工具是逻辑代数。描述电路逻辑功能的主要方式是真值表、逻辑表达式、逻辑图、波形图及卡诺图等。

数字信号的特点决定了数字电路具有较高的精度，而且电路本身易于集成。在微电子技术飞速发展的今天，数字电路已广泛应用于数字通信、数字控制装置、测量仪表以及数字电子计算机等各个技术方面。

1.3 数制和码制

1.3.1 数制

用数字量表示物理量的大小时，仅用一位数码往往不够，必须用进位计数的方法组成多位数码来表示。我们把多位数码中每一位的构成方法以及从低位到高位的进位规则称为数制。常用的数制有以下几种：

(1) 十进制数

在十进制数中，每一位数码由 0～9 十个数字中的一个表示，所以计数的基数是 10，计数的规律是"逢十进一"。

例如，一个十进制数 333.33 可表示为：

$$(333.33)_{10} = 3 \times 10^2 + 3 \times 10^1 + 3 \times 10^0 + 3 \times 10^{-1} + 3 \times 10^{-2}$$

$(333.33)_{10}$ 这个数的脚注 10 是表示十进制数。式中以 10 为底的指数 10^2，10^1，10^0，10^{-1}，…称为十进制数各相应位的"权"。很显然，一个数中每一位的数值，不仅决定于该位的数码本身，还决定于该位的权，即用每位的数码乘以该位的"权"就得到该位数的值。

(2) 二进制数

在数字电路中常用的数制是二进制。在二进制数中，每一位数码仅有 0 和 1 两个数字，所以计数的基数是 2。计数的规律是"逢二进一"，即 1+1=10（读作"一零"，并非十）。任一个二进制数都可转换为十进制数。

例如，一个二进制数 101.11 可表示为：

$$(101.11)_2 = 1 \times 2^2 + 0 \times 2^1 + 1 \times 2^0 + 1 \times 2^{-1} + 1 \times 2^{-2} = (5.75)_{10}$$

(3) 八进制数和十六进制数

虽然二进制数的运算规则和实现运算的电路比较简单、方便，但也有不足之处。一个十进制数 143 用二进制数表示时，为八位二进制数 10001111。很明显，用二进制时，所需位数较多。一般计算机的字长常在 16 位以上（二进制表示），所以数的读、写都不方便，且容易出错。为了解决上述问题，人们常用八进制数或十六进制数来读、写二进制数。

八进制数是用 0，1，2，3，4，5，6，7 八个数字表示八进制的数码，按"逢八进一"的原则计数。它的基数为 8，它的位权是以 8 为底的幂。例如，一个八进制数 16 可表示为：

$$(16)_8 = 1 \times 8^1 + 6 \times 8^0 = (14)_{10}$$

十六进制数需要有十六个数字，除应用十进制数的十个数字外，还需增加六个数字，用字母 A，B，C，D，E，F 表示 10～15。它按"逢十六进一"的原则计数。基数为 16，位权是以 16 为底的幂。

例如，一个十六进制数 8F 可表示为：

$$(8F)_{16} = 8 \times 16^1 + F \times 16^0 = 128 + 15 = (143)_{10}$$

表 4-1 中列出一组数用不同数制的表示值。很明显，表示同一个数，二进制位数最多，十六进制位数最少。二进制数与八进制数、十六进制数的转换十分容易。

不同数制表示对应表　　　　　表 4-1

十进制	1	2	3	4	5	6	7	8	9	10	11	12	13	14	15
二进制	1	10	11	100	101	110	111	1000	1001	1010	1011	1100	1101	1110	1111
八进制	1	2	3	4	5	6	7	10	11	12	13	14	15	16	17
十六进制	1	2	3	4	5	6	7	8	9	A	B	C	D	E	F

（4）二进制数和十进制数的相互转换

1）二进制数转换为十进制数。

二进制数转换为十进制数的方法是将二进制数按权展开，然后把所有各项的数值按十进制数相加即可。

【例 4-1】 把二进制数 101.101 转换成等值十进制数。

【解】

$$(101.101)_2 = 1 \times 2^2 + 0 \times 2^1 + 1 \times 2^0 + 1 \times 2^{-1} + 0 \times 2^{-2} + 1 \times 2^{-3}$$
$$= 4 + 0 + 1 + 0.5 + 0 + 0.125 = (5.625)_{10}$$

从上例中可以看出，只要把二进制数中数字为 1 的位权相加即得等值的十进制数。

2）十进制数转换为二进制数。

将十进制整数转换为二进制整数的常用方法是除二取余法。它是将十进制数逐次除以 2，并依次记下余数，一直除到商数为零时结束，然后把全部余数按相反的次序排列起来，就得到等值的二进制数。

【例 4-2】 将十进制整数 141 转换成等值二进制数。

【解】
```
2|141    余数=1=α₀
2| 70    余数=0=α₁    ↑（低位）
2| 35    余数=1=α₂    |读
2| 17    余数=1=α₃    |数
2|  8    余数=0=α₄    |方
2|  4    余数=0=α₅    |向
2|  2    余数=0=α₆    （高位）
2|  1    余数=1=α₇
    0
```

即 $(141)_{10} = (10001101)_2$

1.3.2 码制

在数字系统中，信息是由数字、字母、标点符号及控制字组成的，但二进制只有"0"和"1"两个数码，因此只能表示两个不同的信号。为了用二进制数码表示更多的信号，可以把若干个"0"和"1"按一定规律编排在一起，组成不同的代码，并赋予每个代码固定的含义，这叫做编码。为了便于记忆和查找，在编制代码时，总要遵循一定的原则，这些规则就叫做码制。

(1) 二-十进制码（BCD）

二-十进制码（Binary CodedDecimal）是用四位二进制码来表示一位十进制数的编码方法。它具有二进制的形式，实质上是十进制数。

四位二进制共有十六个数码，而十进制数只有 0～9 十个数字。因此只要舍去四位二进制数中任何六种状态，就能用四位二进制码表示 0～9 十个十进制数。现在广泛采用标准的 8421BCD 码。在这种编码中，处于不同位置的二进制数代表不同的数值，即有不同的权。从高位到低位，每位的权是 8（2^3）、4（2^2）、2（2^1）、1（2^0）。每四位一组表示一个十进制数字，其对应关系见表 4-2。

8421 码的编码表 表 4-2

十进制数	代 码			
	D3	D2	D1	D0
0	0	0	0	0
1	0	0	0	1
2	0	0	1	0
3	0	0	1	1
4	0	1	0	0
5	0	1	0	1
6	0	1	1	0
7	0	1	1	1
8	1	0	0	0
9	1	0	0	1
权	8	4	2	1

由于 8421 码容易识别，容易转换，是应用最多的一种二—十进制编码（BCD 码）。由于一位十进制数要用四位二进制码表示，因此对于一个 n 位十进制数，需 n 个四位二进制码表示。

【**例 4-3**】 将十进制数 35.85 用 8421 码表示。

【**解**】 $(35.85)_{10} = (00110101.10000101)_{8421}$

(2) 字符代码

传递的信息不仅有数字，还有中文、英文字母，标点符号及一些常用的控制符（如换行、回车等）。这些字符可以用二进制、十进制或十六进制代码表示。

常见的字符代码是美国标准信息交换码，简称 ASCII 码，它用七位二进制代码表示 128 种字符，因而，以数字电路为基础的微型计算机就可以自动加工处理各种信息了。

1.4 逻辑代数基本知识

1.4.1 逻辑代数的基本概念

逻辑代数和普通代数相似，也是按一定规律进行运算的代数。它是分析和设计逻辑电路的得力工具。

(1) 逻辑变量

逻辑代数，可以用字母 A、B、C 等表示变量，但是逻辑代数的变量（简称逻辑变量）取值很简单，只有两个可能值"0"和"1"。逻辑变量的两个值"0"和"1"，不再是普通代数中的数值 0 和 1，它表示互相对立的两个方面或状态，如电位的"高"和"低"，开关的"通"和"断"、脉冲的"有"和"无"、事物的"真"和"假"、晶体管的"饱和"

和"截止"等。"0"和"1"究竟代表什么状态，需根据研究的具体对象而定。

(2) 逻辑函数

在逻辑电路中，如果它的一组输入逻辑变量 A、B、C、…的取值确定后，输出逻辑变量 L 的值也惟一地确定了，即 L 与 A，B，C，…之间可以用函数关系式 $L=f(A, B, C, …)$ 表达。输出变量 L 是输入变量 A，B，C，…的逻辑函数。

1.4.2 逻辑代数的基本定律

逻辑代数的基本定律和普通代数中的基本定律在形式上有不少相同之处，如交换律、结合律和分配律等。但也有许多不同之处，应予注意。

(1) 逻辑"或"、"与""非"及基本定律

逻辑或	逻辑与	逻辑非
$A+0=A$	$A \cdot 0=0$	$\overline{\overline{A}}=A$
$A+1=1$	$A \cdot 1=A$	$A \cdot \overline{A}=0$
$A+A=A$	$A \cdot \overline{A}=0$	$A+\overline{A}=1$
$A+\overline{A}=1$	$A \cdot A=A$	

(2) 交换律

$A+B=B+A$ $AB=BA$

(3) 结合律

$(A+B)+C=A+(B+C)$ $(AB)C=A(BC)$

(4) 分配律

$A(B+C)=AB+AC$ $A+BC=(A+B)(A+C)$

(5) 反演律（又称摩根定律）

$\overline{A \cdot B \cdot C}=\overline{A}+\overline{B}+\overline{C}$

$\overline{A+B+C}=\overline{A} \cdot \overline{B} \cdot \overline{C}$

(6) 吸收律

$A+A \cdot B=A$

$A \cdot (A+B)=A$

$A+\overline{A}B=A+B$

$(A+B) \cdot (A+C)=A+BC$

上述定律最常用的证明方法是检验各逻辑变量的各种取值与对应的函数值是否相同，若全部相同，则定律成立；否则，定律不成立。

1.4.3 逻辑代数的运算规则

逻辑代数运算有三个基本规则，即代换规则、反演规则和对偶规则。利用这些规则可从已知定律推导出更多的定理和公式，从而可扩充基本定律的使用范围。

(1) 代换规则

所谓代换规则是指在任何一个含有 A 的逻辑等式中，如果将等式两边所有变量 A 代换成某一逻辑函数，则等式依然成立。

例如，$\overline{A+B}=\overline{A}\,\overline{B}$ 中，将所有出现 B 的地方都代以函数 $B+C$，则等式仍成立。

即：

$\overline{A+(B+C)}=\overline{A}\,\overline{(B+C)}$

整理后得：
$$\overline{A+B+C}=\overline{A}\cdot\overline{B}\cdot\overline{C}$$

此为三变量的反演定律。类似地应用代换规则，可得到多变量反演定律。

(2) 反演规则

从原函数求反函数的过程叫做反演。任何函数，可以多次应用反演律求其反函数。例如，设某原函数为 $L=(AB+\overline{BC})\overline{D}$，利用反演律求其反函数的过程如下：

$$\overline{L}=\overline{(AB+\overline{BC})\overline{D}}=\overline{AB+\overline{BC}}+D=\overline{AB}\,BC+D=(\overline{A}+\overline{B})BC+D$$

当函数比较复杂时，利用反演律求反函数是相当麻烦的。为此，人们从实践中总结出一条反演规律。设某原函数为 L，如果将 L 中的"·"变为"+"，"+"变为"·"；"0"变为"1"，"1"变为"0"；原变量变为反变量，反变量变为原变量；则所得的逻辑函数式就是原函数 L 的反函数 $\overline{L}$，此变化规则称为反演规则。

利用反演规则，可以方便地求出反函数。例如，求上式 $L=(AB+\overline{BC})\overline{D}$ 的反函数。

原函数　　　　　　　　$L=(A\cdot B+\overline{B}\cdot C)\cdot \overline{D}$

反函数　　　　　　　　$\overline{L}=(\overline{A}+\overline{B})\overline{\overline{B}+C}+D=(\overline{A}+\overline{B})BC+D$

用反演规则求反函数时需要注意：

1) 变换时要保持原式中先"与"后"或"的顺序；

2) 单个变量上的"非"号要变。两个变量和多个变量上的长"非"号不变，但长"非"号下面的变量和符号都要改变。

(3) 对偶规则

如果把任何一个函数表达式 L 中的"·"换成"+"，"+"换成"·"；"1"换成"0"，"0"换成"1"；则得到一个新的函数表达式 L'，则，L' 称做 L 的对偶式。

例如：

原式　　　　　　　　　$L=(A+\overline{B})(A+C)+(C+1)$

对偶式　　　　　　　　$L'=A\cdot \overline{B}+A\cdot C\cdot C\cdot 0$

变换时仍需注意保持原式中先"与"后"或"的顺序和变量本身保持不变。

所谓对偶规则，是指任何一个恒等式成立时，则其对偶式也成立。利用对偶规则，可从已知公式中得到更多的运算公式。例如吸收律 $A+\overline{A}B=A+B$ 成立，则它的对偶式 $A(\overline{A}+B)=AB$ 也是成立的。

1.4.4 逻辑表达式的化简

(1) 化简的意义

根据逻辑表达式，可以画出相应的逻辑电路。但是，直接根据某种逻辑要求归纳出来的逻辑表达式及其对应的逻辑电路，往往并不是最简的形式。

例如，逻辑表达式

$$L=\overline{A}\,\overline{B}\,\overline{C}+\overline{A}\,\overline{B}C+\overline{A}B\overline{C}+\overline{A}BC+A\overline{B}C+ABC$$

需要六个"与"门和一个"或"门来实现。但若将逻辑表达式化简得：

$$\begin{aligned}L&=\overline{A}\,\overline{B}\,\overline{C}+\overline{A}\,\overline{B}C+\overline{A}B\overline{C}+\overline{A}BC+A\overline{B}C+ABC\\&=\overline{A}\,\overline{B}(\overline{C}+C)+\overline{A}B(\overline{C}+C)+AC(\overline{B}+B)\\&=\overline{A}\,\overline{B}+\overline{A}B+AC\\&=\overline{A}+AC\end{aligned}$$

$$=\overline{A}+C$$

实际上,实现上式只需要一个"或"门即可。对于一个逻辑函数,如果它的逻辑表达式比较简单,则对应的逻辑电路所需的元件就少,这样可以节约器材,降低成本,提高逻辑电路的可靠性和逻辑电路的工作速度。

化简逻辑函数的方法,常用的有代数法和卡诺图法,先介绍代数法。

(2) 最简表达式标准

一个逻辑函数可以有多种不同的逻辑表达式,例如:

$$L=AB+\overline{B}C \quad \text{"与-或"表达式}$$
$$=(A+\overline{B})(B+C) \quad \text{"或-与"表达式}$$
$$=\overline{\overline{AB}\cdot\overline{\overline{B}C}} \quad \text{"与非"-"与非"表达式}$$
$$=\overline{(\overline{A+\overline{B}})+(\overline{B+C})} \quad \text{"或非"-"或非"表达式}$$
$$=\overline{\overline{A}B+B\overline{C}} \quad \text{"与-或-非"表达式}$$

不同种类表达式的最简标准并不一样,由于"与-或"表达式比较常见,物理意义明确,任何一个表达式不难展开成"与-或"表达式,所以本节以"与-或"表达式为例来对逻辑函数进行化简。"与-或"表达式的最简标准为:

1) 所含乘积项的个数为最少。

2) 满足乘积项的个数最少条件下,要求每个乘积项中变量个数也最少。

例如 $L=ABC+AC+A\overline{B}CD$
$$=AC+ACB+AC\overline{B}D$$
$$=AC+AC\overline{B}D$$
$$=AC$$

显然,最后结果是最简式,因为乘积项和变量个数最少。

(3) 逻辑表达式化简法

1) 并项法。

利用 $A+\overline{A}=1$ 的公式,将两项合并为一项,并消去一个变量。例如:

$$L_1=\overline{A}\,\overline{B}C+\overline{A}\,\overline{B}\,\overline{C}=\overline{A}\,\overline{B}(C+\overline{C})=\overline{A}\,\overline{B}$$
$$L_2=A(BC+\overline{B}\,\overline{C})+A(B\overline{C}+\overline{B}C)$$
$$=ABC+A\overline{B}\,\overline{C}+AB\overline{C}+A\overline{B}C$$
$$=AB(C+\overline{C})+A\overline{B}(C+\overline{C})$$
$$=AB+A\overline{B}$$
$$=A$$

2) 吸收法。

利用 $A+AB=A$ 公式消去多余项 AB。A 和 B 同样也可以是任一个复杂的逻辑表达式。

例如:
$$L_1=\overline{B}+A\overline{B}D=\overline{B}$$
$$L_2=A\overline{B}+\overline{B}ACD(E+F)=A\overline{B}$$

3) 消去法。

利用 $A+\overline{A}B=A+B$ 消去多余因子。其中 A、B 可以是任何复杂的逻辑式。例如：

$$L_1=\overline{B}+ABC=\overline{B}+AC$$
$$L_2=A+\overline{A}B\overline{C}+\overline{A}CD=A+\overline{A}(B\overline{C}+CD)=A+B\overline{C}+CD$$

4) 配项法。

利用 $A=A(B+\overline{B})$，将它作配项用，然后拆成两项分别与其他项合并，以消去更多的项。例如：

$$\begin{aligned}L&=AB+\overline{A}\,\overline{C}+B\overline{C}\\&=AB+\overline{A}\,\overline{C}+(A+\overline{A})B\overline{C}\\&=AB+\overline{A}\,\overline{C}+AB\overline{C}+\overline{A}B\overline{C}\\&=(AB+AB\overline{C})+(\overline{A}\,\overline{C}+\overline{A}B\overline{C})\\&=AB+\overline{A}\,\overline{C}\end{aligned}$$

在化简复杂的逻辑函数时，往往需要灵活、交替地运用上列方法，才能取得满意结果。

1.5　运用卡诺图化简逻辑函数

从上节知道，运用代数法化简逻辑函数，不但要求熟练掌握和灵活运用逻辑代数的基本规律，还需要具备一定的演算技巧，这就使代数化简法的应用受到很大限制。卡诺图化简法具有简便直观的优点，容易得到最简形式，因而得到了广泛的应用。但它的缺点是变量数多了作图也很麻烦，所以变量通常要少于 6 个。

1.5.1　逻辑函数的最小项

任一逻辑函数都可以表示为最小项之和。为了准确地理解卡诺图，有必要先讨论逻辑函数的最小项，它是逻辑代数中的一个重要概念。

(1) 最小项的概念

设 A、B 为两个逻辑变量，则逻辑变量的组合有 $2^2=4$ 个，即 AB、$\overline{A}B$、$A\overline{B}$、$\overline{A}\,\overline{B}$ 四个乘积项，这就是二变量逻辑的 4 个最小项；若逻辑变量有 A、B、C 三个，则逻辑变量的组合有 $2^3=8$ 个，见表 4-3，相应的乘积项为 ABC、$\overline{A}BC$、$A\overline{B}C$、$AB\overline{C}$、$\overline{A}\,\overline{B}C$、$A\overline{B}\,\overline{C}$、$\overline{A}B\overline{C}$、$\overline{A}\,\overline{B}\,\overline{C}$，这是三变量逻辑的 8 个最小项。由此可见最小项有三个特点：

1) 乘积项的因子个数等于全部逻辑变量的个数。
2) 每个变量都是它的一个因子。
3) 在最小项中，每个变量都以其原变量或反变量的形式出现一次。

具有上述三个特点的逻辑乘积项，称为逻辑函数的最小项。为分析方便起见，常把最小项加以编号。例如，变量组合为 101，相应的最小项为 $A\overline{B}C$，若把组合 101 视作二进制数，则相应的十进制数为 5，于是 $A\overline{B}C$ 为第 5 个最小项，记作 m_5，其余类推，见表 4-3。

(2) 最小项的特征

从表 4-3 所列出的三个变量最小项真值表中可以看到最小项的特性：

1) 每一个最小项值对应一组变量取值。任何一个最小项，只有一组变量取值使它为 1。例如，只有当 $A=B=C=1$ 时，$m_7=1$，而 A、B、C 取其他值时，m_7 均为 0。
2) 两个不同最小项乘积恒为 0。如 $m_0 \cdot m_1=\overline{A}\,\overline{B}\,\overline{C} \cdot \overline{A}\,\overline{B}C=0$。这是由于两个不同最小项中至少有一因子不同。
3) 全部最小项之和恒为 1。

表 4-3　三变量最小项的真值表

逻辑变量 ABC	十进制数	m_0 $\overline{A}\,\overline{B}\,\overline{C}$	m_1 $\overline{A}\,\overline{B}C$	m_2 $\overline{A}B\overline{C}$	m_3 $\overline{A}BC$	m_4 $A\overline{B}\,\overline{C}$	m_5 $A\overline{B}C$	m_6 $AB\overline{C}$	m_7 ABC
0 0 0	0	1	0	0	0	0	0	0	0
0 0 1	1	0	1	0	0	0	0	0	0
0 1 0	2	0	0	1	0	0	0	0	0
0 1 1	3	0	0	0	1	0	0	0	0
1 0 0	4	0	0	0	0	1	0	0	0
1 0 1	5	0	0	0	0	0	1	0	0
1 1 0	6	0	0	0	0	0	0	1	0
1 1 1	7	0	0	0	0	0	0	0	1

1.5.2　逻辑函数的卡诺图表示法

(1) 卡诺图的画法

如前所述，逻辑电路输入输出之间的函数关系，可以用逻辑状态表或逻辑函数表达式来表示。除此之外，还可以用卡诺图表示。所谓卡诺图是指按一定规则用最小项画成的方格图来表示逻辑函数状态表的另一种方法。

它利用图中的每一个小方块表示逻辑状态表中每一组输入变量的取值情况和函数值。

例如，异或门的逻辑状态表如图 4-4（a）所示，如果用卡诺图就表示成图 4-4（b）所示。由图 4-4 可见，在逻辑状态表中，输入变量有四种取值，在相应的卡诺图中则有四个小方块。在逻辑状态表中，当输入变量 AB 的取值为"0、0"时，函数 L 的取值为"0"。在卡诺图中，相应地表示 AB 取值为"0、0"的小方块里，填上函数 L 的值"0"（图中用箭头示意），其余类推。

1) 二变量卡诺图。二输入变量的卡诺图的一般形式如图 4-5 所示。图中方框被分为四个小方块，每个小方块分别表示二输入变量的一个特定组合：$\overline{A}\,\overline{B}$、$\overline{A}B$、$A\overline{B}$、$AB$，如图 4-5（a）所示。方框外所标 $\overline{A}$、A、$\overline{B}$、B 表示该组合中的一个因子。为了叙述方便，常把小方块加以编号，记为 m_0、m_1、m_2、m_3。有时还把方框外所标 $\overline{A}$、A、$\overline{B}$、B 直接写成变量的取值 0、1，如图 4-5（b）所示。如果已知一个逻辑函数的逻辑状态表或标准的"与-或"表达式，则可方便地填出其卡诺图。如异或门 $L=\overline{A}B+A\overline{B}$，当 $\overline{A}B$ 或 $A\overline{B}$ 为 1 时，L 为 1，因此，在卡诺图中，表示 $\overline{A}B$ 的小方块 m_1 和表示 $A\overline{B}$ 的小方块 m_2 就为 1，另外两个小方块 m_0、m_3 就为 0。

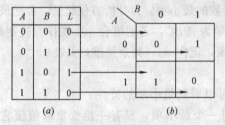
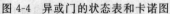

图 4-4　异或门的状态表和卡诺图

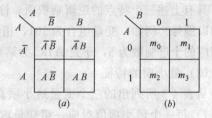

图 4-5　二变量卡诺图

2) 多变量卡诺图。图 4-6 是三变量卡诺图的一般形式。三个变量有八种组合，故图中有八个小方块。注意，图中变量 BC 取值变化的顺序是"0 0"→"0 1"→"1 1"→"1 0"，即变量的组合之间，每次只允许有一个变量取值不同（采用这样的排列方法，是为了便于用卡诺图进行逻辑函数的化简)。这样一来,图中相邻的两个组合,只有一个变量不同,其他的变量都相同,我们称这两个组合在逻辑上具有相邻性。还需注意的是,图中小方块编号的顺序,如第一行中四个小方块的编号顺序从左到右是 $m_0 \to m_1 \to m_3 \to m_2$,而不是 $m_0 \to m_1 \to m_2 \to m_3$。这是因为编号 m 的下标是按如下规则取值的:变量组合 $\overline{A}\,\overline{B}\,\overline{C}$ 的取值是"0 0 0",如把它看成是二进制数,其相应的十进制数是"0",故把表示该组合的小方块编号为 m_0;变量组合 $\overline{A}\,\overline{B}C$ 的取值是"0 0 1",相应的十进制数1,故把表示该组合的小方块编号为 m_1,变量组合 $\overline{A}BC$ 的取值是"0 1 1",相应的十进制数是3,故把表示该组合的小方块编号为 m_3,其余类推。

图4-7是四变量卡诺图的一般形式。要注意的是图中各行各列小方块编号的顺序,如第一行是 $m_0 \to m_1 \to m_3 \to m_2$,第一列是 $m_0 \to m_4 \to m_{12} \to m_8$。图中同一行或同一列两端的小方块在逻辑上也是相邻的。如 m_0 与 m_2 是相邻的($\overline{A}\,\overline{B}\,\overline{C}\,\overline{D}$ 与 $\overline{A}\,BC\,\overline{D}$ 中只有 $\overline{C}$ 与 C 不同);m_0 与 m_8 是相邻的($\overline{A}\,\overline{B}\,\overline{C}\,\overline{D}$ 与 $A\,\overline{B}\,\overline{C}\,\overline{D}$ 中只有 $\overline{A}$ 与 A 不同)等等。

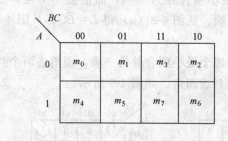

图4-6 三变量卡诺图

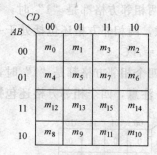

图4-7 四变量卡诺图

卡诺图适宜于表示6个变量以内的逻辑函数。这里只讨论2~4个变量的卡诺图。

(2) 逻辑函数的卡诺图表示法

知道了变量卡诺图的画法,就很容易掌握用卡诺图来表示逻辑函数的方法。

1) 根据逻辑函数表达式画卡诺图。如果已知逻辑函数标准的"与-或"表达式,则只要在对应表达式中每一个乘积项的小方块里填入1,其余的小方块里填入0,就得到该函数的卡诺图。

例如,已知逻辑函数 $L = \overline{A}\,\overline{B}C + A\,\overline{B}C$,则在三变量卡诺图中,在对应于输入变量 ABC 的取值为"0 0 1"和"1 0 1"的两个小方块 m_1 和 m_5 中填入1,其余六个小方块中填入0,就得到 L 的卡诺图,如图4-8(a)所示。

2) 根据逻辑函数的真值表画卡诺图。如果已知逻辑函数的真值表,则只要在变量卡

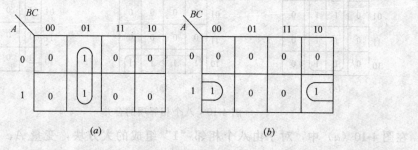

图4-8 两个相邻项的合并

诺图中，在对应于输入变量取值组合的每一个小方块里，填上函数的值，就得到函数的卡诺图，如图4-4所示。

1.5.3 用卡诺图化简逻辑函数

(1) 化简的理论依据——相邻项的合并规律

在卡诺图中，相邻的方格所对应的最小项只有一个变量互补而不同，所以根据公式 $AB+A\overline{B}=A$ 可将相邻的两个最小项合并为一项，而消去两项中互补的变量 B，只保留相同的变量，这就是相邻项的合并规律。反映在卡诺图上，就是把最小项为1的相邻方格圈起来而消去那个取值不同的变量。

例如，图4-8(a)中有两个垂直相邻的1，上边的1代表最小项 $\overline{A}\,\overline{B}C$，下面的"1"代表最小项 $A\overline{B}C$，这两项可合并为一项 $\overline{B}C$，而消去两项中的互补变量 A，证明如下：
$$L=\overline{A}\,\overline{B}C+A\overline{B}C=\overline{B}C(\overline{A}+A)=\overline{B}C$$

(2) 卡诺图化简法

1) 两相邻方格都是"1"时，可将其相应的最小项合并为一项，而消去一个互补变量。注意，两相邻方格还包括处于一行或一列的两端。从图4-8(a)得 $L=\overline{B}C$；从图4-8(b)得 $L=A\overline{C}$。

2) 四个相邻方格都是"1"时，可将所对应的四个最小项合并为一项，而消去两个互补变量，注意，四个相邻方格还包括处于两行、两列或四角。如图4-9所示。

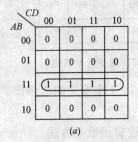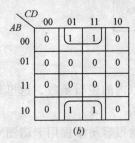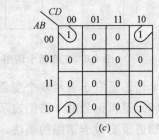

图4-9 四个相邻项的合并

从图4-9(a)得 $L=AB$，从图4-9(b)得 $L=\overline{B}D$，从图4-9(c)得 $L=\overline{B}\,\overline{D}$。

3) 八个相邻方格都是"1"时，可把所对应的八个最小项合并为一项，而消去三个互补变量，如图4-10所示。

图4-10 八个相邻项的合并

在图4-10(a)中，对于由八个相邻"1"组成的大方块，变量 A、B、C 都有"0"和"1"，变量 D 为"1"，故合并项为 D，即 $L=D$。

同理可知,图 4-10（b）的合并项为 $\overline{B}$,即 $L=\overline{B}$;图 4-10（c）的合并项为 $\overline{D}$,即 $L=\overline{D}$。

综上所述,把卡诺图中带"1"的两个、四个或八个小方块圈在一起,可合并成一项,合并时能够消去一个、两个或三个变量。了解了上述相邻项合并的规律以后,就可方便地用卡诺图进行逻辑函数的化简。

（3）用卡诺图化简逻辑函数的步骤

1）根据给定的真值表或逻辑函数表达式,画出函数的卡诺图,在卡诺图的每个小方块中相应地填上"1"或"0"。

2）按照上述相邻项合并的规律,把可以合并的相邻项分别圈出来。所有带"1"的小方块至少被圈一次,所圈的范围越大越好。画圈时带"1"的小方块允许重复被圈,但每次画圈时必须含有一个未被圈过的"1"。如果有带"1"的小方块不能合并,则单独圈起来。

3）将所圈各项的逻辑式相加,即为化简后的函数表达式。由于同一卡诺图可以有不同的画法,故所得的函数化简式不是惟一的。

（4）应用举例:

【例 4-4】 图 4-11 是一个三变量的多数"表决"电路,其真值表见表 4-4,试画出它的卡诺图,并用卡诺图化简该逻辑函数。

真值表　　　　　　　　　表 4-4

输入			输出
A	B	C	L
0	0	0	0
0	0	1	0
0	1	0	0
0	1	1	1
1	0	0	0
1	0	1	1
1	1	0	1
1	1	1	1

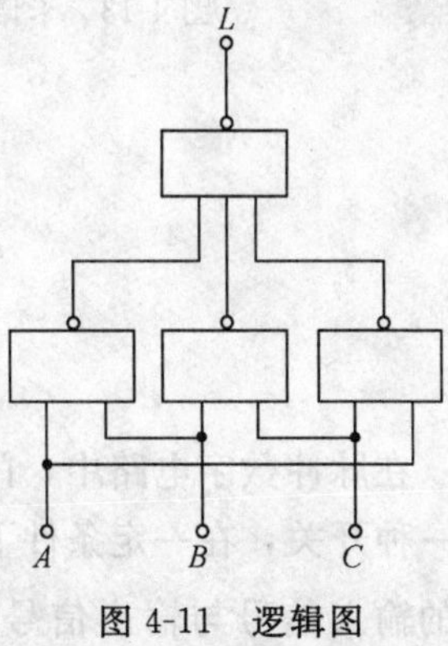

图 4-11 逻辑图

【解】 根据多数为"1"时输出为"1"的"表决"真值表 4-4,可画出其卡诺图,如图 4-12 所示。

卡诺图中有四个带"1"的小方块,所在的小方块的编号为 m_3、m_5、m_6、m_7。按照相邻项合并的规律,分别把 m_3 与 m_7、m_5 与 m_7、m_6 与 m_7 圈在一起,得到三个合并圈。圈①的合并项为 AB,圈②的合并项为 BC,圈③的合并项为 AC,故化简后的逻辑函数表达式为:

$$L=AB+BC+AC$$

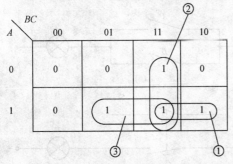

图 4-12 卡诺图

【例 4-5】 有一逻辑函数的真值表如表 4-5,试画出卡诺图,并用卡诺图化简该逻辑函数。

【解】 可以把该逻辑函数简记为 $L=\sum(m_0,m_2,m_5,m_6,m_7,m_8,m_9,m_{10},$

m_{11}，m_{14}，m_{15})，其卡诺图如图 4-13 所示。图中有 11 个带 1 的小方块，把它们圈成四个圈。圈①的合并项为 $\overline{A}BD$，圈②的合并项为 BC，圈③的合并项为 $A\overline{B}$，圈④的合并项为 $\overline{B}\overline{D}$，故化简后的函数式为：

$$L = \overline{A}BD + BC + A\overline{B} + \overline{B}\overline{D}$$

真值表　　　表 4-5

输入				输出
A	B	C	D	L
0	0	0	0	1
0	0	0	1	0
0	0	1	0	1
0	0	1	1	0
0	1	0	0	0
0	1	0	1	0
0	1	1	0	1
0	1	1	1	1
1	0	0	0	1
1	0	0	1	1
1	0	1	0	1
1	0	1	1	1
1	1	0	0	0
1	1	0	1	0
1	1	1	0	1
1	1	1	1	1

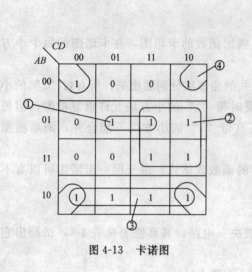

图 4-13　卡诺图

课题 2　基本逻辑门电路

2.1　基本概念

在脉冲数字电路中，门电路是最基本的逻辑元件，它的应用极为广泛。所谓"门"就是一种开关，在一定条件下它能允许信号通过，条件不满足，信号就通不过。因此，门电路的输入信号与输出信号之间存在一定的逻辑关系，所以门电路又称为逻辑门电路。基本逻辑门电路有"与"门、"或"门和"非"门。在分析逻辑电路时只用两种相反的工作状态，并用"1"和"0"来代表。例如：开关接通为"1"，断开为"0"；电灯亮为"1"，暗为"0"；晶体管截止为"1"，饱和为"0"；信号的高电平为"1"，低电平为"0"等等。"1"是"0"的反面，"0"也是"1"的反面。用逻辑关系式表示，则为，

$$1 = \overline{0} \quad 或 \quad 0 = \overline{1}$$

图 4-14（a）的照明电路中，开关 A 和 B 串联，只有当 A"与"B 同时接通

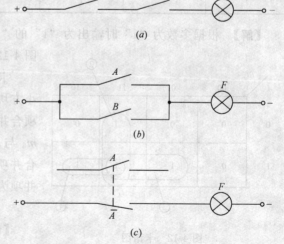

图 4-14　由开关组成的逻辑门电路
(a)"与"门；(b)"或"门；(c)"非"门

时（条件），电灯才亮（结果）。这两个串联开关所组成的就是一个"与"门电路，"与"逻辑关系可用下式表示：

$$A \cdot B = F$$

它的意义是：

$A \cdot B = F$			$A \cdot B = F$
断	断	暗→	$0 \cdot 0 = 0$
通	断	暗→	$1 \cdot 0 = 0$
断	通	暗→	$0 \cdot 1 = 0$
通	通	亮→	$1 \cdot 1 = 1$

右边的是逻辑"与"运算或称逻辑乘法运算。

图 4-14（b）的电路中，开关 A 和 B 并联。当 A 接通"或" B 接通，"或" A 和 B 都接通时，电灯就亮。这两个并联开关所组成的就是一个"或"门电路，"或"逻辑关系可用下式表示：

$$A + B = F$$

它的意义是：

$A + B = F$			$A + B = F$
断	断	暗→	$0 + 0 = 0$
通	断	亮→	$1 + 0 = 1$
断	通	亮→	$0 + 1 = 1$
通	通	亮→	$1 + 1 = 1$

右边的是逻辑"或"运算或称逻辑加法运算。

图 4-14（c）的电路中，联动开关有两个触点，任一个接通，另一个就断开，故用 A 和 $\overline{A}$ 表示。当将 A 接通时，$\overline{A}$ 断开，电灯就不亮。若 A 断开，则 $\overline{A}$ 接通，电灯就亮。这个开关所组成的就是一个"非"门电路，"非"逻辑关系可用下式表示。

$$\overline{A} = F$$

它的意义是：

A	$\overline{A} = F$		$\overline{A} = F$
断→	通	亮→	$\overline{0} = 1$
通→	断	暗→	$\overline{1} = 0$

右边的是逻辑"非"运算。

在数字逻辑系统中，门电路不是用有触点的开关，而是用二极管和晶体管组成的，也可以是集成门电路。门电路的输入和输出信号都是用电位（或电平）的高低来表示的，而电位的高低则用"1"和"0"两种状态来区别。若规定高电位为"1"，低电位为"0"，称为正逻辑系统。若规定低电位为"1"，高电位为"0"，则称为负逻辑系统。当我们分析一个逻辑电路之前，首先要弄明白采用的是正逻辑还是负逻辑，否则将无法分析。在本书中，如果没有特殊注明，采用的都是正逻辑

2.2 二极管"与"门电路

图 4-15（a）所示的是二极管"与"门电路，A、B、C 是它的三个输入端，F 是输出

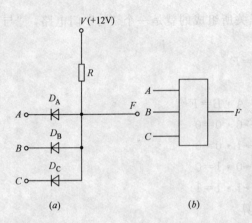

图 4-15 二极管"与"门电路及其逻辑符号

端。图 4-15（b）是它的逻辑符号。

在采用正逻辑时，高电位（高电平）为"1"，低电位（低电平）为"0"。多少伏算高电平，多少伏算低电平，不同场合，规定得不同。

当输入端 A "与" B "与" C 全为"1"时，设三者电位均为 3V，电源 V 的正端经电阻 R 向这三个输入端流通电流，三管都导通，输出端 F 的电位比 3V 略高，因为二极管的正向压降有零点几伏（硅管约 0.7V，锗管约 0.3V，此处一般采用锗管）。比 3V 略高，仍属于"3V 左右"这一个范围，因此输出端 F 为"1"，即其电位被钳制在 3V 左右。

当输入端不全为"1"，而有一个或两个为"0"时，即电位在零伏附近，例如 A 端为"0"，因为"0"电位比"1"电位低，电源正端将经电阻及向处于"0"态的 A 端流通电流。D_A 优先导通。这样，二极管 D_A 导通后，输出端 F 的电位比处于"0"态的 A 端高出零点几伏，但仍在零伏附近，因此 F 端为"0"。二极管 D_B 和 D_C 因承受反向电压而截止，把 B、C 端的高电位和输出端 F 隔离开了。

只有当输入端 A "与" B "与" C 全为"1"时，输出端 F 才为"1"，这合乎"与"门的要求。"与"逻辑关系可用下式表示：

$$F = A \cdot B \cdot C$$

图 4-15 有三个输入端，输入信号有"1"和"0"两种状态，共有八种组合，因此，可用表格列出八种情况，完整地表达所有可能的逻辑关系。这种表示逻辑关系的表格称为真值表。表 4-6 是"与"门真值表。

"与"门真值表　　　　　　　　　　　　　　　　　　　　　表 4-6

A	B	C	F	A	B	C	F
0	0	0	0	1	0	0	0
0	0	1	0	1	0	1	0
0	1	0	0	1	1	0	0
0	1	1	0	1	1	1	1

2.3 二极管"或"门电路

图 4-16 所示的是二极管"或"门电路及其逻辑符号。比较一下图 4-15（a）和图 4-16（a）就可以看到后者二极管的极性和前者得相反，并采用了负电源，即电源的正端接"地"，其负端经电阻接二极管的阴极。

"或"门的输入端只要有一个为"1"，输出就为"1"。例如 A 为"1"（设其电位为 3V），则 A 端的电位比 B、C 高。电流从 A 经 D_A 和 R 流向电源负端，D_A 优先导通，F 端电位比 A 端略低（D_A 正压降约为 0.3V）。比 3V 低零点几伏，仍属于"3V 左右"这个范围，所以此时输出端 F 为"1"。F 端的电位比输入端 B、C 为高，D_B 和 D_C 因承受反向电压而截止。D_B 和 D_C 起隔离作用。

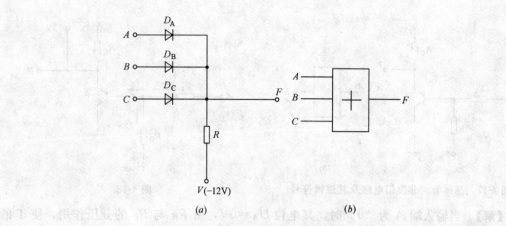

(a) *(b)*

图 4-16 二极管"或"门电路及其逻辑符号

如果有一个以上的输入端为"1"时,当然,输出端 F 也为"1"。有当三个输入端全为"0"时,输出端 F 才为"0",此时三管都导通。

"或"逻辑关系可用下式表示

$$F=A+B+C$$

表 4-7 是"或"门真值表。

"或"门真值表　　　　　　　　　　　　　　　表 4-7

A	B	C	F	A	B	C	F
0	0	0	0	1	0	0	1
0	0	1	1	1	0	1	1
0	1	0	1	1	1	0	1
0	1	1	1	1	1	1	1

2.4　晶体管"非"门电路

图 4-17 所示的是晶体管"非"门电路及其逻辑符号。晶体管"非"门电路不同于放大电路,管子的工作状态或从截止转为饱和,或从饱和转为截止。"非"门电路只有一个输入端 A。当 A 为"1"(设其电位为 3V)时,晶体管饱和,其集电极,即输出端 F 为"0"(其电位在零伏附近);当 A 为"0"时,晶体管截止,输出端为"1"(其电位近似等于 V_{CC})。加负电源 V_{BB} 是为了使晶体管可靠截止。"非"逻辑关系可用下式表示:

$$F=\overline{A}$$

表 4-8 是"非"门真值表。

"非"门真值表　　　　　　　　　　　　　　　表 4-8

A	F
1	0
0	1

【**例 4-6**】 图 4-18 中,设 $R_C=1\text{k}\Omega$,$R_K=2\text{k}\Omega$,$R_B=12\text{k}\Omega$,$V_{CC}=+12\text{V}$,$V_{BB}=-12\text{V}$,晶体管的 $\beta=30$,当输入端电位 $V_A=0\text{V}$ 和 $V_A=3\text{V}$ 时,试检验此电路的元件参数是否符合"非"门逻辑要求?如不符合应如何调整?输出端与 +3V 电源相联的二极管起什么作用?

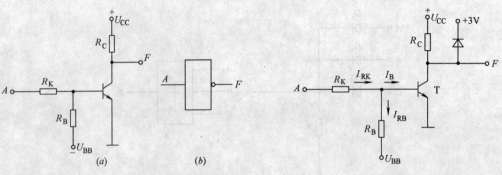

图 4-17 晶体管"非"门电路及其逻辑符号　　　　图 4-18

【解】 当输入端 A 为"0"时，其电位 $U_A=0V$，由 R_K 与 R_B 的分压作用，使 T 的基极电位 U_B 为负，即

$$U_B = U_A + \frac{U_A - U_{BB}}{R_K + R_B} \cdot R_K = 0 + \frac{0-12}{2+12} \times 2 = -1.71V$$

(如 T 截止，I_B 很小，可忽略不计，因此在计算时设 $I_{RK} \approx I_{RB}$)

对于硅管，$V_B = V_{BE} < 0.5V$ 即可截止，现在 V_B 为负值，因此，T 处于截止状态，其输出为"1"。

当输入端 A 为"1"，即 $U_A = 3V$ 时，

$$I_B = I_{BK} - I_{RK} = \frac{U_A - U_B}{R_K} - \frac{U_B - U_{BB}}{R_B}$$

$$= \frac{3-0.7}{2} - \frac{0.7-(-12)}{12} = 1.15 - 1.06 = 0.09mA$$

此处以 $V_B = V_{BES} = 0.7V$ 计算。

$$I_{CS} \approx U_{CC}/R_C = 12/1 = 12mA$$

$$I_{CS}/\beta = 12/30 = 0.4mA$$

故　　　　　　　　　　　　$I_B < I_{CS}/\beta$

I_B 太小，不足以使 T 达到饱和状态，必须加以调整。

现将 R_K 减小为 $1.5k\Omega$，R_B 增大为 $18k\Omega$，那么，

$$I_B = I_{BK} - I_{RK} = \frac{U_A - U_B}{R_K} - \frac{U_B - U_{BB}}{R_B}$$

$$= \frac{3-0.7}{1.5} - \frac{0.7-(-12)}{18} = 0.83mA$$

此时 $I_B > I_{CS}/\beta$，已足以使 T 达到饱和，并且还能保证有相当的饱和深度，其输出为"0"。

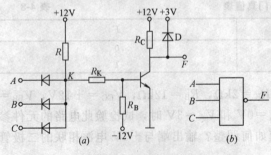

图 4-19 "与非"门电路及其逻辑符号

输出端与 +3V 相联的二极管在晶体管 T 截止时起钳位作用，保证此时输出端的电位不超过 +3V 太多，约为 +3.3V，基本上能满足"1"电平的要求。

上述三种是基本逻辑门电路，有时还可以把它们组合成为复合门电路，以丰富逻辑功能。常用的一种是"与非"门电路，即将二极管"与"门和晶体管"非"

门联接而成，如图 4-19 所示。

"与非"门的逻辑功能是这样：当输入端全为"1"时，输出为"0"；当输入端有一个或几个为"0"时，输出为"1"。简言之，即全"1"出"0"，有"0"出"1"。"与非"逻辑关系可用下式表示：

$$F = \overline{A \cdot B \cdot C}$$

表 4-9 是"与非"门真值表。

"与非"门真值表　　　　表 4-9

A	B	C	F	A	B	C	F
0	0	0	1	1	0	0	1
0	0	1	1	1	0	1	1
0	1	0	1	1	1	0	1
0	1	1	1	1	1	1	0

课题 3　晶体管-晶体管逻辑（TTL）"与非"门电路

上面讨论的门电路都是由二极管、三极管组成的，它们称为分立元件门电路。下面将分别介绍几种集成门电路。集成电路与分立元件相比，具有高可靠性和微型化等优点。数字集成电路中最基本的门电路是"与"、"或"、"非"三种以及由它们组合而成的"与非"、"或非"等门电路。其中，应用得最普遍的莫过于"与非"门电路。

3.1　工作原理

图 4-20 是最常用的 TTL "与非"门电路及其逻辑符号。它共有五个晶体管：T_1 起"与"门作用；T_2 和 T_5 主要起"非"门作用；T_3 和 T_4 组成两级射极输出器以改善输出特性。T_1 是多发射极晶体管，我们可把它的集电结看成一个二极管，而把发射结看成与前者背靠背的几个二极管，如图 4-21 所示。这样，T_1 的作用和二极管"与"门的作用完全相似。下面来介绍 TTL 门电路的工作原理以及它如何实现"与非"逻辑功能的。

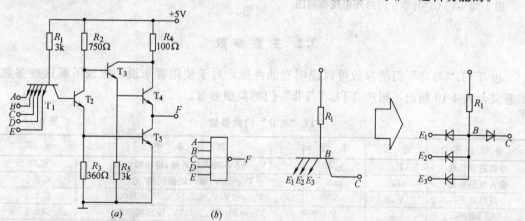

图 4-20　TTL "与非"门电路及其逻辑符号　　　图 4-21　集成电路中的多发射极晶体管

（1）输入端不全为"1"的情况

当输入端中有一个或几个为"0"（约为 0.3V）时，则 T_1 的基极与"0"态发射极间处于正向偏置。这时电源通过 R_1 为 T_1 提供基极电流。T_1 的基极电位约为 $0.3+0.7=1V$，它不足以向 T_2 提供正向基极电流，所以 T_2 截止，以致 T_5 也截止。由于 T_1 的集电极电流要通过 T_2 的反向偏置的集电结，其值很小，$I_{B1} \gg I_{C1}/\beta_1$，因此 T_1 处于深度饱和状态。

由于 T_2 截止，其集电极电位接近于 V_{CC}，T_3 和 T_4 因而导通，所以输出端的电位为：
$$V_F = V_{CC} - I_{B3}R_2 - V_{BE3} - V_{BE4}$$
因为 I_{B3} 很小，可以忽略不计，于是，
$$V_F = 5 - 0.7 - 0.7 = 3.6V$$
即输出为"1"。

（2）输入端全为"1"的情况

当输入端全为"1"（约为 3.6V）时，T_1 的几个发射结都处于反向偏置，电源通过 R_1 和 T_1 的集电结向 T_2 提供足够的基极电流，使 T_2 饱和，T_2 的发射极电流在 R_3 上产生的压降又为 T_5 提供足够的基极电流，使 T_5 也饱和，所以输出端的电位为：
$$V_P \approx 0.3V$$
即输出为"0"。

T_2 的集电极电位为：
$$V_{C2} = V_{CES2} + V_{B5} \approx 0.3 + 0.7 = 1V$$

此即 T_3 基极电位，所以 T_3 可以导通。T_3 的发射极电位 $V_{E3} \approx 1 - 0.7 = 0.3V$，此即 T_4 的基极电位，而 T_4 的发射极电位也约为 0.3V，因此 T_4 截止。由于 T_4 截止，当接负载后，T_5 的集电极电流全部由外接负载门灌入。

通常，当输出管 T_5 饱和时，输出为"0"，"与非"门开启；当 T_5 截止时，输出为"1"，"与非"门关闭。

图 4-22 是 TTL "与非" 门的外引线排列图。

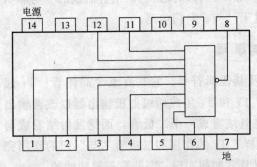

图 4-22 TTL "与非" 门的外引线排列图

3.2 主要参数

由 TTL "与非" 门的参数可以说明它的性能，对于使用者来说，应该了解这些参数的意义。表 4-10 列出了国产 TTL "与非" 门的典型参数。

TTL "与非" 门的参数　　　　　　表 4-10

参数名称	符号	单位	测试条件	规范
空载通导功耗	P_{on}	mW	$V_{CC}=5V$，输入端开路，输出端空载	≤50
输入短路电流	I_{is}	mA	$V_{CC}=5V$，输入端依次接"地"	≤2.2
开门电平	V_{on}	V	$V_{CC}=5V$，$V_{ol} \leq 0.35V$，$R_L=380\Omega$	≤1.8
关门电平	V_{off}	V	$V_{CC}=5V$，$V_{oh} \geq 2.7V$，输出端空载	≥0.8
输出高电平	V_{oh}	V	$V_{CC}=5V$，输入端接"地"，输出端空载	≥3.2
输出低电平	V_{ol}	V	$V_{CC}=5V$，$V_i=1.8V$，$R_L=380\Omega$	≤0.35
扇出系数	N	个	$V_{CC}=5V$，$V_i \leq 1.8V$，$V_{ol} \leq 0.35V$	≥8
平均延迟时间	t_{pd}	ns	$V_{CC}=5V$，$N=8$，$f=2MHz$	≤40

(1) 空载通导功耗（P_{on}）

当输出端空载而输入端开路，输出为"0"（T_5 饱和导通）时的电路功耗，称为空载通导功耗。它等于电源电压与空载时电路总电流的乘积。对电路的功耗要求越小越好。

(2) 输入短路电流（I_{is}）

当电路任一输入端接"地"而其余各输入端开路时的输入端电流，称为输入短路电流。接通时此电流构成前级负载电流的一部分，因此希望尽量小些，以使前级能多带一些此类负载。

(3) 开门电平（V_{on}）

在额定负载条件下，使输出管 T_5 处于饱和导通（开门）时的最小输入高电平，称为开门电平。此值宜小些。当"1"态输入端的高电平受到干扰而有所下降时，只要没有下降到开门电平以下，输出管 T_5 仍能保持饱和导通。可见开门电平愈小，抗干扰能力愈强。

(4) 关门电平（V_{off}）

在空载条件下，使输出管 T_5 处于截止（关门）时的最大输入低电平，称为关门电平。当"0"态输入端的低电平受到干扰而有所上升时，只要没有上升到关门电平以上，输出管 T_5 仍能保持截止。可见关门电平大一些，有利于提高"关门"时的抗干扰能力。

(5) 输出高电平（V_{oh}）

当输出端空载而输入端接"地"，使输出管 T_5 处于截止时的输出电平，称为输出高电平。

(6) 输出低电平（V_{ol}）

额定负载下，输入端全为"1"态（高电平），使输出管 T_5 处于饱和状态时的输出电平，称为输出低电平。如果将"与非"门的某一输入端的电压由零逐渐增大，而将其他输入端接在电源正极保持恒定高电位，这样就可得出输入电压 V_i 与输出电压 V_o 的关系曲线，它称为电压传输特性曲线（图 4-23）。通过传输特性曲线对上述四个参数能更好理解。

(7) 扇出系数（N）

电路正常工作时能带动的门数，称为扇出系数，也称负载能力。

(8) 平均延迟时间（t_{pd}）

在"与非"门输入端加上一个脉冲电压，则输出电压将有一定的时间延迟，如图 4-24 所示。从输入脉冲上升边的 50% 处起到输出脉冲下降边的 50% 处的时间称为上升延迟

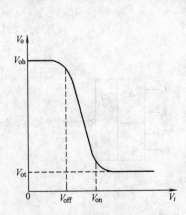

图 4-23 电压传输特性曲线

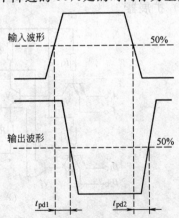

图 4-24 表明延迟时间的输入、输出电压的波形

时间 t_{pd1}；从输入脉冲下降边的 50% 处到输出脉冲上升边的 50% 处的时间称为下降延迟时间 t_{pd2}。t_{pd1} 与 t_{pd2} 的平均值称为平均延迟时间 t_{pd}，此值愈小愈好。

$$t_{pd}=(t_{pd1}+t_{pd2})/2$$

3.3 集成 TTL 与非门的其他类型

在集成 TTL 电路系列产品中，除了常用的与非门外，还有与门、或门、非门、或非门、与或非门、异或门、集电极开路门和三态门等。

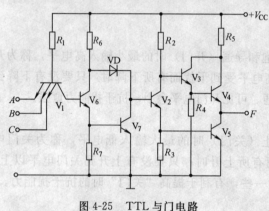

图 4-25 TTL 与门电路

(1) 与门

TTL 与门电路如图 4-25 所示，同典型的与非门相比，它多了一个二极管 VD 及三极管 V_6 与 V_7，它们同电阻 R_6 与 R_7 构成一个反相器，增加了一个非逻辑关系。当输入端 A、B、C 中至少有一个为低电平时，V_6 与 V_7 截止，二极管 VD 及 V_2 与 V_5 饱和导通，V_3 与 V_4 截止，输出低电平；当输入端 A、B、C 全为高电平时，V_6 与 V_7 饱和导通，二极管 VD 及 V_2 与 V_4 截止，V_3 与 V_4 导通，输出高电平。于是，电路实现了与逻辑运算：

$$F=ABC$$

(2) 与或非门

TTL 与或非门电路及逻辑符号如图 4-26 所示，它比典型的与非门电路多了由 V_1'，V_2'，R_1' 所组成的输入与门和反相电路，这部分电路和原来 V_1，V_2，R_1 所组成的电路完全相同。由于 V_2 与 V_2' 的输出是并联的，其中任何一个导通都将使 V_5 导通，输出低电平；只有 V_2 与 V_2' 同时截止，V_5 才截止，电路才输出高电平。可见，V_2 与 V_2' 并联具有或逻辑功能，整个电路的逻辑功能为与或非，即

$$F=\overline{A_1A_2+B_1B_2}$$

(3) 扩展器

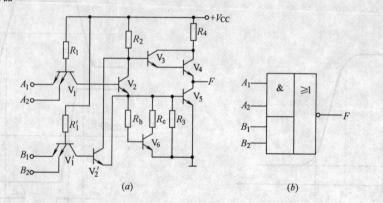

图 4-26 TTL 与或非门电路

TTL 门电路输入端一般不超过 5 个，为增加输入端数，可使用扩展器。扩展器有与扩展器和与或扩展器（也称或扩展器）。

与扩展器实际上就是一个多发射极晶体管，其内部电路结构如图 4-27（a）虚线框内电路。与扩展器应和带有与扩展端的门电路相接。图 4-27（b）与（c）分别为与扩展器和带与扩展器的与非门的逻辑符号，图 4-27（a）与（d）分别为它们相接时的电路及逻辑符号。分析可得

$$F = \overline{ABC\overline{A'B'C'}}$$

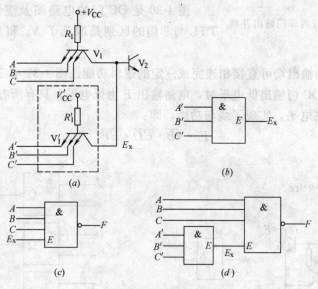

图 4-27 与扩展器及其连接

与或扩展器应和带与或扩展端的门电路相接。与或扩展器逻辑符号如图 4-28（a）所示。

图 4-28（b）是带与或扩展器的与或非门逻辑符号。图 4-28（c）为它和与或扩展器的连接图。

分析可得：

$$F = \overline{AB + CD + A'B' + C'D'}$$

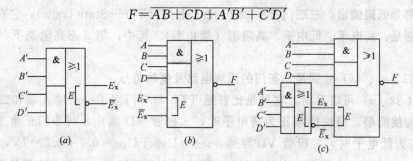

图 4-28 与或扩展器及其连接

（4）集电极开路门

在数字系统中广泛使用线逻辑，所谓线逻辑就是将两个或多个逻辑门的输出线并联起来所得到的附加逻辑。由于这种逻辑是在连接点处发生的，所以又称点逻辑。

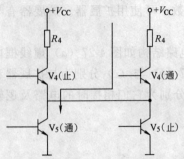

图 4-29 基本 TTL 与非门输出并联

前面介绍的 TTL 与非门是不允许并联使用的,也就无法实现线逻辑。其原因是:若将两个 TTL 与非门并联,如图 4-29 所示,当一个门输出高电平,另一个门输出低电平时,会有很大的电流从关闭门的 V_4 管流到开启门的 V_5 管造成功耗过大,损坏门电路。为了实现线逻辑可以采用集电极开路门,也称 OC 门(Open Collector)。

图 4-30 是 OC 门的电路图及逻辑符号,它与基本 TTL 与非门的区别是取消了 V_3 和 V_4 构成的射随器,V_5 集电极开路。

几个 OC 门的输出端可直接相连完成一定的逻辑功能。图 4-31 中三个 OC 与非门输出端相连,当任一 OC 门输出低电平时,电路输出 F 为低电平。只有所有 OC 门输出都是高电平时,F 才为高电平,实现了线与功能,即:

$$F=\overline{AB}\cdot\overline{CD}\cdot\overline{EF}$$

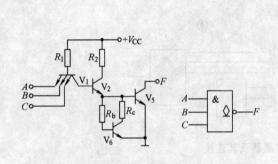

图 4-30 集电极开路门

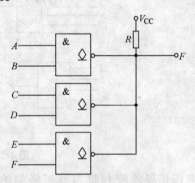

图 4-31 集电极开路门的线"与"

(5) 三态门

基本 TTL 与非门的输出有两种状态:高电平和低电平;输出高电平时,门电路内 V_4 导通;输出低电平时,门电路内 V_5 导通。因此,无论哪种输出,门电路的直流输出电阻都很小,都是低阻输出。三态门又称 3S 门或 TSL 门(Three State Logic),它有 3 种输出状态,分别是:高电平、低电平、高阻态(禁止态)。其中,第 3 态高阻态下,输出端相当于开路。

图 4-32 (a)、(b) 分别是三态门的原理电路及逻辑符号。

由图 4-32 (a) 可以看出,它只是比普通 TTL 与非门多了一个输入端和二极管,该输入端称为使能端。当使能端正为高电平时,二极管 VD 截止,与非门正常工作,$F=\overline{AB}$;当 E 为低电平时,二极管 VD 导通,$u_{C2}=U_{VD}+U_{EC}=0.7+0.3=1V$,$V_4$ 截止;与此同时,V_2 与 V_5 也截止,这时从门电路输出端向里看进去,电路是高阻状态。

图 4-32 (a) 电路中,E 为低电平时,高阻输出;E 为高电平时,实现与非功能,故称之为高电平有效三态门。还有一种三态门叫做低电平有效三态门,当 E 为高电平时,它为高阻输出;E 为低电平时,它实现与非功能。图 4-33 是低电平有效三态门的逻辑符号。

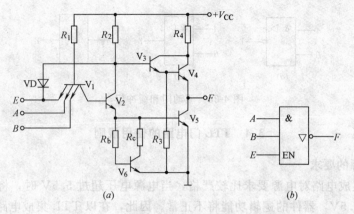

图 4-32 三态门原理电路及逻辑符号
(a) 原理电路;(b) 逻辑符号

三态门常用于数据总线结构。总线是一组导线,是数字系统或计算机中传输信息的公共通道。传送数据用的总线便称为数据总线。在任一瞬时,总线上只能有一个信息被传送。图 4-34 中,在一条数据总线上连接了六个三态门。其中,G_A,G_B,G_C 向数据总线发送数据,G_O,G_P,G_G 从数据总线接收数据。当 A,B,C 轮流接低电平时,A,B,C 端的信号就可以轮流送到数据总线上,并由 G_O,G_P,G_G 中使能端为低电平的门把数据接收下来。

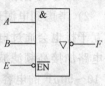

图 4-33 低电平有效三态门

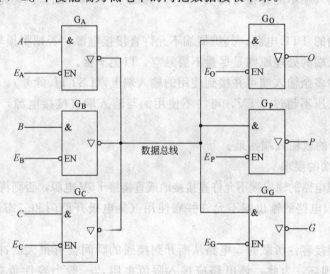

图 4-34 三态门用于数据传输

(6) 驱动门和缓冲门

驱动门也称功率门,其电路形式与一般与非门相同,但具有很强的带负载能力,扇出系数可达 50。图 4-35 (a) 是其逻辑符号。

缓冲门在逻辑上不起作用,只起隔离作用,也有很强的带负载能力。从这种意义上说,缓冲门也可以视为驱动门。图 4-35 (b) 是与缓冲门的逻辑符号,(c) 是缓冲单元(也称缓冲器)的逻辑符号。

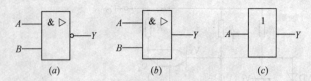

图 4-35 驱动门和缓冲门

3.4 TTL 门电路的使用规则

（1）对电源的要求

1）TTL 集成电路对电源要求比较严格，当电源电压超过 5.5V 时，将损坏器件；若电源电压低于 4.5V，器件的逻辑功能将不正常。因此，在以 TTL 集成电路为基本器件的系统中，电源电压应满足 5V±5％（对Ⅰ类、Ⅲ类电路，如 74L，74LS，74F 等），5V±10％（对Ⅱ类电路，如 74ALS，74AS 等）。

2）考虑到电源通断瞬间或其他原因会在电源线上产生冲击电压，外界干扰或电路间相互干扰也会通过电源引入，故必须对电源进行去耦合滤波，在印制电路板上每隔 5~10 块电路加接高频滤波电容（0.01~0.1μF），印制电路板外的电源线可用 2~10μH 的电感和 10~50μF 的电容滤波。

3）电源和地线不能错接，否则将引起大电流而造成电路失效。

（2）对输入端的要求

1）电路各输入端不能直接与高于 +5.5V 和低于 -0.5V 的低内阻电源连接，以免因过流而烧坏电路。

2）带扩展端的 TTL 电路，其扩展端不允许直接接电源，否则将损坏器件。

3）多余输入端的处理原则是尽量不要悬空，以免干扰。

A. 不使用的多余输入端可并接到使用的输入端上（LSTTL 除外）。

B. 如电源电压不超过 5.5V，可将不使用的与输入端直接接电源，或通过 1kΩ 电阻再接到电源上。

C. 将不使用的或输入端接地。

（3）对输出端的要求

1）TTL 集成电路的输出端不允许直接接地或直接接 +5V 电源，否则将导致器件损坏。

2）TTL 集成电路的输出端不允许并联使用（集电极开路门和三态门除外），否则将损坏器件。

3）当输出端接容性负载时，电路从断开到接通的瞬间会有很大的冲击电流流过输出管，导致输出管损坏。为此，该电路应接入限流电阻，一般当容性负载大于 100pF 时，限流电阻可取 180Ω。

课题 4　集成 MOS 门电路

MOS 集成电路是数字集成电路的一个重要系列，它具有功耗低、抗干扰性能好、制造工艺简单、易于大规模集成等优点，目前，在大规模集成电路中得到广泛应用。MOS 集成电路有 N 沟道 MOS 管构成的 NMOS 集成电路、P 沟道 MOS 管构成的 PMOS 集成电路、以及 N 沟道 MOS 管和 P 沟道 MOS 管共同组成的 CMOS 集成电路。CMOS 集成电路的功耗小、工作速度较快，应用尤为广泛。

4.1 CMOS 门电路

CMOS 门电路是由增强型 NMOS 管和 PMOS 管组成的门电路，又称互补 MOS 电路。

图 4-36 (a)、(b) 分别是增强型 NMOS 管和 PMOS 管的转移特性曲线。可以看出，当 NMOS 管的 $u_{GS} \leqslant U_{th}$，PMOS 管的 $u_{GS} \geqslant U_{th}$ 时，管子截止，$i_D = 0$，管子漏极 D 与源极 S 相当于开路；而当 NMOS 管的 $u_{GS} > U_{th}$，PMOS 管的 $u_{GS} < U_{th}$ 时，$I_d \neq 0$，管子导通，漏极 D 与源极 S 间直流导通电阻很小。因此，可利用 MOS 管的开关特性组成门电路。图 4-37 (a)、(b)、(c) 分别是用 NMOS 管组成的反相器、与非门、或非门。

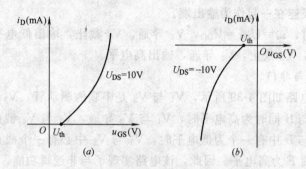

图 4-36 增强型 CMOS 管转移特性曲线
(a) NMOS 管；(b) PMOS 管

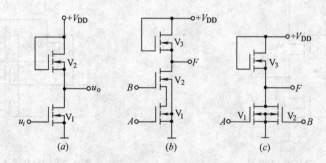

图 4-37 NMOS 管门电路

在反相器电路图 4-37 (a) 中，V_1 为驱动管，V_2 为 V_1 的漏极负载电阻（在集成电路中，因制作大阻值电阻器占用芯片面积大，故用 MOS 管导通电阻代替电阻器），称为负载管。由于 V_2 栅极与漏极同接电源 V_{DD}，所以 V_2 始终工作在导通状态。当输入电压 u_i 为高电平 $U_{iH} > U_{th}$ 时，V_1 导通，通常情况下 V_1 的导通电阻远小于 V_2 的导通电阻，所以输出电压为低电平 U_{oL}；当输入电压 u_i 为低电平 $U_{iL} < U_{th}$ 时，V_1 截止，输出端为高电平 $U_{oH} = V_{DD} - U_{th}$。

在与非门电路图 4-37 (b) 中，V_3 为负载管，始终处于导通状态，V_1 与 V_2 为驱动管。当输入端 A 与 B 全为高电平时，V_1 与 V_2 导通，V_1 与 V_2 的导通电阻远小于 V_3 的导通电阻，输出端 F 为低电平；当输入端 A 与 B 有一个为低电平时，V_1 与 V_2 中必定有一个截止，输出端 F 为高电平 $U_{oH} = V_{DD} - U_{th}$。因此，该电路实现了与非逻辑功能，即在或非门电路图 4-37（c）中，V_3 为负载管，始终处于导通状态，V_1 与 V_2 是驱动管。当输入端 A 与 B 中有一个为高电平时，V_1 与 V_2 中必定有一个导通，输出端 F 为低电平；当输入端 A 与 B 全为低电平时，V_1 与 V_2 截止，输出高电平。因此，该电路实现了或非运算，即：

$$F=\overline{A+B}$$

4.1.1 CMOS 反相器

CMOS 反相器电路如图 4-38 所示，V_1：为 NMOS 管，V_2：为 PMOS 管，即：

$$V_{DD}>|U_{thP}|+U_{thN}$$

式中，U_{thP} 为 PMOS 管阈值电压，U_{thN} 为 NMOS 管阈值电压，V_1 与 V_2 栅极连在一起作为输入端，漏极连在一起作为输出端。

当输入高电平时，$u_i=U_{iH}=V_{DD}$，V_1 导通，V_2 截止，输出低电平；当输入为低电平 $U_i=U_{iL}=0V$ 时，V_1 截止，V_2 导通，输出高电平。

4.1.2 CMOS 与非门

CMOS 与非门电路如图 4-39 所示，V_1 与 V_2 是串联的驱动管，V_3 与 V_4 是并联的负载管。当输入端 A 与 B 同时为高电平时，V_1 与 V_2 导通，V_3 与 V_4 截止，输出端 F 为低电平；当输入端 A 与 B 中有一个为低电平时，V_1 与 V_2 中必有一个截止，V_3 与 V_4 中必有一个导通，输出端 F 为高电平。因此，该电路实现了与非逻辑功能，即：

$$F=\overline{AB}$$

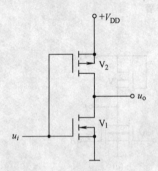
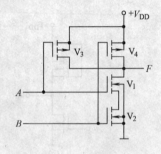

图 4-38　CMOS 反相器　　　　　图 4-39　CMOS 与非门

4.1.3 CMOS 或非门

CMOS 或非门如图 4-40 所示，V_1 与 V_2 为并联的驱动管，V_3 与 V_4 为串联的负载管，当输入端 A 与 B 中有一个为高电平时，V_1 与 V_2 中必有一个导通，相应的 V_3 与 V_4 中必有一个截止，输出端 F 为低电平；当输入端 A 与 B 全为低电平时，V_1 与 V_2 截止，V_3 与 V_4 导通，输出端 F 为高电平。因此，该电路实现了或非逻辑功能，即：

$$F=\overline{A+B}$$

4.1.4 CMOS 传输门

图 4-41（a）是用参数一致的增强型 PMOS 管和 NMOS 管并联构成的 CMOS 传输门，因此，$U_{thN}=|U_{thP}|=U_{th}$。图 4-41 中，C 和 $\overline{C}$ 是一对互补控制端，电路还满足 $V_{DD}>2U_{th}$。

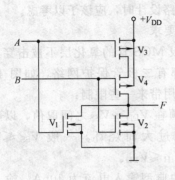
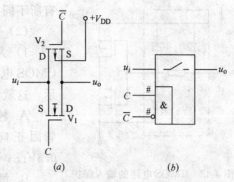

图 4-40 CMOS 或非门　　　　　　图 4-41 CMOS 传输门

(1) 当 C 端为高电平 V_{DD}，$\overline{C}$ 端为低电平 0V 时：

1) 若 u_i 为 0V，则 V_1 导通，V_2 截止，因 V_1 导通电阻很小，故 $u_0 \approx u_i$；
2) 当 u_i 升高到 U_{th} 时，V_2 也导通。V_1 与 V_2 并联的导通电阻更小，所以 $u_0 \approx u_i$；
3) u_i 继续升高至 $(V_{DD}-U_{th})$ 后，V_1 截止，V_2 仍然导通，所以 $u_0 \approx u_i$。

可见，当 C 端为高电平 V_{DD}，$\overline{C}$ 为低电平 0V 时，u_i 在 $0V \sim V_{DD}$ 范围内取值，V_1 与 V_2 中至少有一个导通，使 $u_0 = u_i$，即传输门接通。

(2) 当 C 端为低电平 0V，$\overline{C}$ 端为高电平 V_{DD} 时，u_i 在 $0V \sim V_{DD}$ 范围内取值，V_1 与 V_2 均截止，u_i 不能传输到输出端，即传输门关闭。

综上所述，通过控制 C 与 $\overline{C}$ 端的电平值，即可控制传输门的通断。另外，由于 MOS 管具有对称结构，源极和漏极可以互换使用，所以 CMOS 传输门的输入端、输出端可以转换，因此传输门是一个双向开关，其逻辑符号如图 4-41 (b) 所示。

图中 ♯ 号表示在这两端要加控制信号。

顺便指出，图 4-41 (a) 中 u_i 和 u_0 可以是模拟信号，这时 CMOS 传输门作为模拟开关。

4.1.5 CMOS 三态门

图 4-42 是利用 CMOS 传输门构成的三态门，E 为使能端，高电平有效；当 E 为高电平时，$F = \overline{A}$；当 E 为低电平时，传输门断开，输出为高阻态。

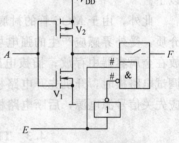

图 4-42 CMOS 三态门

4.2 CMOS 门电路的使用规则

(1) 对电源的要求

1) CMOS 电路可以在很宽的电源电压范围内提供正常的逻辑功能，但电源的上限电压不得超过电路允许的电压极限值 U_{max}，下限值不得低于为保证系统速度所必需的电源电压最低值 U_{min}，一般电源电压选择在 V_{DD} 允许变化范围的中间值较为妥当。如 CMOS 允许电源电压在 8~12V 之间，则选择 $V_{DD}=10V$。

2) V_{DD} 与 V_{SS}（或地）绝对不允许接反。否则，无论是保护电路或内部电路都可能因过大的电流而损坏。

3) CMOS 集成电路工作在不同的 V_{DD} 值时，其输出阻抗、工作速度、功耗等参数都

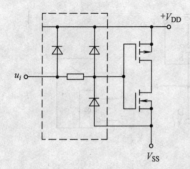

图 4-43 CMOS 电路的输入保护

有所不同,在进行电路设计时,应该予以考虑。

(2) 对输入端的要求

1) 为保护输入级 MOS 管的氧化层不被击穿,一般 CMOS 电路输入端都有二极管保护网络,如图 4-43 所示,这就给电路的应用带来一些限制:

A. 输入信号必须在 $V_{DD} \sim V_{SS}$ 之间取值,以防二极管因正向偏置电流过大而烧坏。一般 $V_{SS} \leqslant U_{iL} \leqslant 0.3V_{DD}$;$0.7V_{DD} \leqslant U_{iH} \leqslant V_{DD}$。

B. 每个输入端的典型输入电流为 10pA。输入电流以不超过 1mA 为佳,并且严格限制在 10mA 以内。

2) 多余输入端不允许悬空。与门及与非门的多余端应接至 V_{DD} 或高电平,或门和或非门的多余端应接至 V_{SS} 或低电平。

(3) 对输出端的要求

1) CMOS 集成电路的输出端不允许直接接 V_{DD} 或 V_{SS},否则将导致器件损坏。

2) 一般情况下不允许输出端并联。因为不同的器件参数不一致,有可能导致 NMOS 和 PMOS 同时导通,形成大电流。但为了增加驱动能力,可以将同一芯片上相同门电路的输入端、输出端分别并联使用,如图 4-44 所示。

3) CMOS 电路输出端接有较大的容性负载时,流过输出管的冲击电流较大,将造成电路失效。为此,必须在输出端与负载电容间串联一限流电阻,将瞬态冲击电流限制在 10mA 以下。

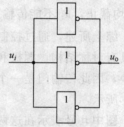

图 4-44 提高 CMOS 驱动能力的方法

此外,由于 MOS 管的衬底和栅极间是一层很薄的氧化层介质,受外界感应产生的强电场极易将其击穿。因此,电路应放在金属容器中存放;插拔电路板时或焊接时应先切断电源;调试电路板时,开机先开电路板电源,后开信号源电源;关机应先关信号源电源,后断电路板电源。

4.3 TTL 与 CMOS 门电路之间的接口技术

在数字系统中,常遇到不同类型集成电路混合使用的情况。由于输入、输出电平,负载能力等参数不同,不同类型的集成电路相互连接时,需要合适的接口电路。下面简介 TTL 与 MOS 门电路之间的接口技术。

(1) TTL 门电路驱动 CMOS 门电路

TTL 门电路输出高电平的最小值为 2.4V,而 CMOS 门电路的输入高电平一般高于 3.5V,这就使二者的逻辑电平不能兼容。为此,可以采用图 4-45 电路,通过电阻 R 将 TTL 门电路输出高电平上拉至 5V 左右。

顺便指出,TTL 门电路到 CMOS 门电路的接口电路,还可由 OC 门电路、晶体三极管电路或运算放大器等组成。

(2) CMOS 门电路驱动 TTL 门电路

CMOS 门电路输出逻辑电平与 TTL 门电路输入逻辑电平可以兼容,但 CMOS 门电路

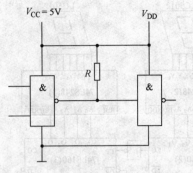
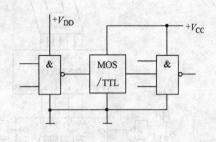

图 4-45　TTL 门驱动 CMOS 门　　　　　图 4-46　CMOS 门驱动 TTL 门

驱动电流较小,不能够直接驱动 TTL 门电路。为此,可采用 CMOS/TTL 专用接口电路,实现 CMOS 门电路与 TTL 门电路之间的连接,如图 4-46 所示。

需要说明的是,TTL 与 CMOS 门电路之间的接口电路形式多种多样,实用中应根据具体情况参照选择。

实训课题一　计数、译码和显示电路的制作

5.1　实训目的

(1) 掌握数字电路的应用。
(2) 了解数字电路的特点及在实际应用中存在的问题。
(3) 掌握数字电路的制作及调试方法。

5.2　3 位计数器电路

(1) 电路功能及工作原理

此电路是将计数、译码、显示电路组合在一起,可对输入的脉冲信号进行计数,计数范围是 000~999,在任何时刻,均可以通过置零端复位。

3 位计数器电路如图 4-47 所示。利用 74LS160 同步计数器的 CP 端进行计数,其输出为十进制数,再利用 74LS248 进行 4 线/7 线译码输出,驱动七段数码显示器显示一位十进制数,组成一个 0~9 的十进制计数显示系统。若将 74LS160 进行级联,可显示多位数,显示的数字范围是 000~999。由于 74LS160 是超前进位,因此在其 CO 端加一反相器。

(2) 3 位计数器调试方法

1) 在计数器 74LS160 (1) 的 CP 端连续输入单个脉冲(可用无抖动开关来提供 CP 脉冲,如图所示,也可将无抖动开关的输出端断开,用脉冲信号发生器直接提供脉冲信号),观察显示结果。

2) 电路中,74LS248 的 $\overline{LT}$,$\overline{BI/RBO}$,$\overline{RBI}$ 和 74LS160 的 $\overline{CR}$,$\overline{LD}$,CT_T,CT_P 端均应接高电位(若所选集成电路为 TTL 集成电路,可以将这些端子悬空;若所选集成电路为 CMOS 集成电路,则必须将这些端子接高电平)。

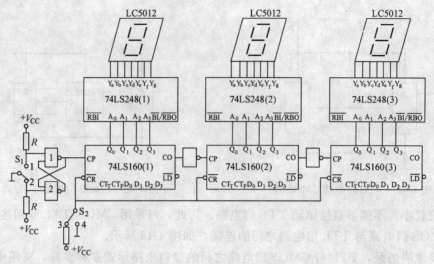

图 4-47 3 位计数器电路

3) 在计数过程中,可将开关 S_2 置 4 端,对计数器清零。

(3) 所需器件清单和相关集成块功能

1) 元器件清单。

3 位计数器电路元器件清单见表 4-11。

3 位计数器元器件清单　　　　　　　　　　　　　　　　表 4-11

符　号	名　称	数　量	符　号	名　称	数　量
74LS160	十进制计数器	3 片	74LS00	4/2 输入与非门	2 片
74LS248	4 线/7 线计数译码显示器	3 片	R	100Ω 电阻器	2 只
LC5012	共阴极数码管	3 片	S_1,S_2	单刀双掷开关	2 个

2) 元器件功能说明:

A. 74LS160:74LS160 为可预置的十进制同步计数器。

a. 74LS160 的清除是异步的,当清除端 $\overline{CR}$ 为低电平时,不管时钟端 CP 的状态如何,都可完成清除功能。

b. 74LS160 的预置是同步的。当置入控制端 $\overline{LD}$ 为低电平时,在 CP 上升沿作用下,输出端 $Q_0 \sim Q_3$ 与数据输入端 $D_0 \sim D_3$ 一致。

c. 74LS160 的计数是同步的。

d. 74LS160 有超前进位功能,当计数溢出时,进位输出端(CO)输出一个高电平脉冲,其宽度为 Q_0 的高电平部分。

e. 引出端符号如下:

CO:进位输出端;

CT_T, CT_P:计数控制端;

$Q_0 \sim Q_3$:输出端;

$D_0 \sim D_3$:并行数据输入端;

CP：时钟输入端（上升沿有效）；

$\overline{CR}$：异步清除输入端（低电平有效）；

$\overline{LD}$：同步并行置入控制端（低电平有效）。

B. 4线/7线译码器/驱动器74LS248：74LS248为有内部上拉电阻的BCD—七段译码器/驱动器。输出端$Y_a \sim Y_g$为高电平有效，可驱动灯缓冲器或共阴极的LED。其引出端符号及功能如下所示。

$A_0 - A_3$：地址码输入端。

$Y_a - Y_g$：段输出，高电平有效。

$\overline{BI}$：消隐输入端（低电平有效），只要该输入端接低电平，不管其他各端输入如何，各段均熄灭（消隐）。

$\overline{LT}$：灯测试输入端（低电平有效），只要该输入端接低电平，且$\overline{BI}=1$，则不管A，B，C，D状态如何，各段均应显示。

$\overline{RBO}$：串行消隐输出端（低电平有效），当该输出端为0时，各段输出均为0，称为灭0；当该输出端为1时，则不灭0。

$\overline{RBI}$：串行消隐输入端（低电平有效），其作用在于在多位显示时灭无效0。当$\overline{RBI}=0$，$\overline{LT}=1$，$ABCD=0000$时，使$\overline{RBO}=0$，则各段熄灭，称灭0；若$ABCD \neq 0000$，则$\overline{RBO}=1$，正常显示。

当$\overline{RBI}=1$，$\overline{LT}=1$，即使$ABCD=0000$，也不灭0。

3）74LS00：4/2输入与非门。

4）LC5012：为共阴极七段显示器。其各输入端可以直接接74LS248的输出，为安全起见，可以将74LS248的输出端通过一只100Ω的电阻器接入其输入端。

5.3 数字钟电路

（1）工作原理及器件参数

计数、译码、显示电路由555定时器构成多谐振荡器，产生秒信号，由74LS90或74LS160构成六十进制和二十四进制计数器，计数器的输出送入七段译码驱动显示器74LS248进行译码，译码输出直接驱动共阴极数码管进行显示。

计数译码显示电路如图4-48所示。电路中，定时器电路可选用NE555或CC7555定时器，其中NE555为TTL电路，而CC7555为CMOS门电路。计数器可选用74LS90，74LS90为二至五至十进制计数器，通过适当的连接，可构成二进制、五进制或十进制计数器。本电路中，先将每片计数器接成十进制计数器，再分别用两片计数器电路利用反馈归零法接成六十、六十和二十四进制计数器，作为时钟的秒、分和时。译码器可选用七段译码显示电路74LS248，用来驱动共阴极数码显示器，数码显示器可选用LC5012七段显示器。

（2）电路的安装与调试

计数译码显示电路可以在电子线路插接板上安装，安装时，应注意以下几个问题：

1）必须弄清各集成电路管脚的功能，然后根据所示原理图画出布线图，再根据布线图插接电路，也可以直接根据原理图布线。

2）各连接导线剥离出的裸露部分长度应合适，一般在6~8mm为宜，既不要太长，也不要太短。

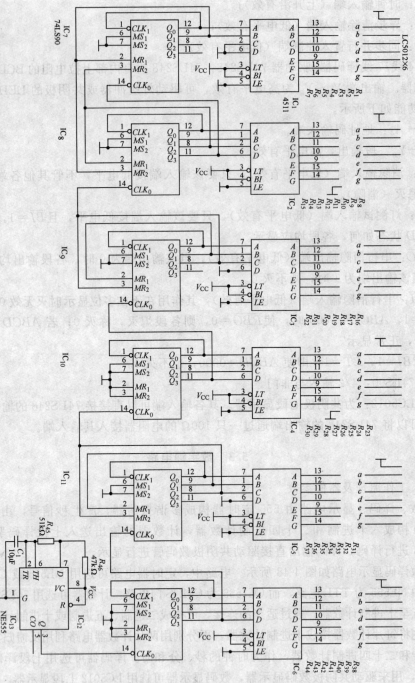

图 4-48 计数译码显示电路

3) 接线一定要仔细,不要插错位置。
4) 各集成电路的电源端和地端都应接通,避免漏接。
5) 所选导线粗细要合适,避免造成接触不良。

调试时,可分为分级调试和通调两步进行。分级调试时,由 555 定时器产生的秒信号送入计数器的秒输入端,调节秒计数部分,再将此信号直接送到分信号输入端,对分计数部分进行调试，最后将此信号送入时信号输入端对时计数部分进行调试，各部分调试无误后，再进行通调。通调时，可将由555电路产生的信号断开，直接由脉冲信号发生器提供一方波信号，使信号的幅值在2V左右，信号的频率由低到高慢慢增加，注意观察计数器的计数情况。

（3）常见故障及排除

在电子线路插接板上安装电路时，最常见的故障为电路连错、接触不良和器件损坏。查找故障的方法常用测电阻法和测电压法。

1）电阻法。

电阻法一般用于电路接触不良故障的查找。查找时，先不接通电源，用万用表的电阻档测试电路中相连两点间的电阻，看这两点是否连通，若不通，则说明中间导线接触不良。

2）电压法。

接通电源，用万用表的电压档测试电路中相连两点间的电压或任意点的对地电压，根据电压值的大小判断电路故障。

A. 若电路中任意相连的两点间的电压不为零，则说明该两点间有导线接触不良现象。

B. 若电路中任一集成电路的一个输入端与另一集成电路的输出端相连，而该点不接其他器件，则该点对地的电位或为高电平，或为低电平，若测得的电平为2V左右，则说明该输入端与输出端之间接触不良。

C. 若测得集成电路电源脚与地端之间的电压不是5V，则说明电源接触不良。若集成电路电源脚电位不是5V，则说明该电路电源没接通；若地端电位不是0，则说明该地端接触不良。

D. 若测得某集成电路各管脚（电源和地除外）的电位都是5V或0V，则说明该集成电路已损坏。

（4）元器件清单及器件说明

1）元器件清单

计数译码显示电路元器件清单见表4-12。

计数译码显示电路元器件清单　　　　表4-12

符　号	名　　称	数量	符　号	名　　称	数量
LC5012	共阴极数码管	6片	R_{46}	47kΩ 电阻	1只
74LS160(74LS90)	十进制计数器（二—五—十进制）	6片	R_{45}	51kΩ 电阻	1只
74LS248	驱动译码器	6片	C	10μF/16V 电容	1只
CC7555 或 NE555	集成定时器	1片	R_1—R_{44}	100Ω 电阻	

2）NE555 功能表

NE555 功能见表4-13。

NE55 功能　　　　表4-13

TH	$\overline{TR}$	$\overline{R}$	Q	$\overline{Q}$	OUT	D
×	×	0	×	×	0	导通
>(2/3)V_{DD}	>(1/3)V_{DD}	1	0	1	0	导通
<(2/3)V_{DD}	>(1/3)V_{DD}	1	原状态	原状态	原状态	原状态
X	<(1/3)V_{DD}	1	×	0	1	截止

实训课题二 数字频率计实验

数字频率计是用于电子领域测量信号（方波、正弦波或其他脉冲信号）的频率，同时是其他领域广泛应用的测量仪器。它具有精度高，测量迅速，读数方便等优点。

6.1 数字频率计的性能指标

(1) 测量范围：1Hz～99.999kHz；

(2) 分辨率：1Hz；

(3) 输入灵敏度：<30mV；

(4) 输入阻抗：1MΩ；

(5) 输入电容厂15pF；

(6) 输入波形：正弦波、方波、三角波等；

(7) 最高输入电压：50V；

(8) 显示方式：4位LED数码管显示。

6.2 数字频率计工作原理及框图

脉冲信号的频率就是在单位时间内所产生的脉冲个数，其表达式为 $f=N/T$，其中 f 为被测信号的频率，N 为计数器所累计的脉冲个数，T 为产生 N 个脉冲所需的时间。计数器所记录的结果，就是被测信号的频率。如在1s内记录1000个脉冲，则被测信号的频率为1000Hz。

本实验课题仅讨论一种简单易制的数字频率计，其原理方框图如图4-49所示。

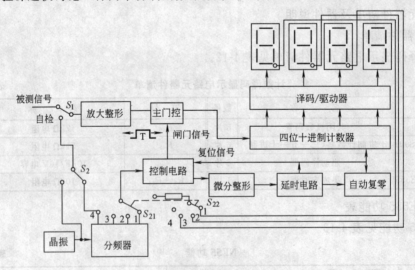

图4-49 数字频率计原理框图

晶振产生较高的标准频率，经分频器后可获得各种时基脉冲（1ms、10ms、0.1s、1s等），时基信号的选择由开关 S_2 控制。被测频率的输入信号经放大整形后变成矩形脉冲加到主控门的输入端，如果被测信号为方波，放大整形可以不要，将被测信号直接加到主控门的输入端。时基信号经控制电路产生闸门信号至主控门,只有在闸门信号采样期间内(时基信号的一个周期),输入信号才通过主控门。若时基信号的周期为 T,进入计数器的输入脉冲数为 N,则被测信号的频率 $f=N/T$,改变时基信号的周期 T,即可得到不同的测频范围。当主控门关闭时,计数器停止计数,显示器显示记录结果。此时控制电路输出一个置零信号,经延时、整形电路的延时,当达到所调节的延时时间时,延时电路输出一个复位信号,使计数器和所有的触发器置 0,为后续新的一次取样作好准备,即能锁住一次显示的时间,使保留到接受新的一次取样为止。

当开关 S_2 改变量程时,小数点能自动移位。

若开关 S_1,S_3 配合使用,可将测试状态转为"自检"工作状态(即用时基信号本身作为被测信号输入)。

6.3 有关单元电路的设计及工作原理

(1) 控制电路

控制电路与主控门电路如图 4-50 所示。

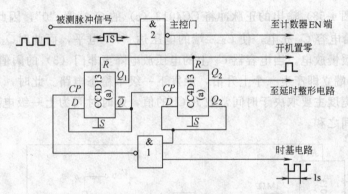

图 4-50 控制电路与主控门电路

主控电路由双 D 触发器 CC4013 及与非门 CC4011 构成。CC4013(a)的任务是输出闸门控制信号,以控制主控门(2)的开启与关闭。如果通过开关 S_2 选择一个时基信号,当给与非门(1)输入一个时基信号的下降沿时,门 1 就输出一个上升沿,则 CC4013(a)的 Q_1 端就由低电平变为高电平,将主控门 2 开启。允许被测信号通过该主控门并送至计数器输入端进行计数。相隔 1s(或 0.1s,10ms,1ms)后,又给与非门 1 输入一个时基信号的下降沿,与非门 1 输出端又产生一个上升沿,使 CC4013(a)的 Q_1 端变为低电平,将主控门关闭,使计数器停止计数,同时 $\overline{Q}_1$ 端产生一个上升沿,使 CC4013(b)翻转成 $Q_2=1$,$\overline{Q}_2=0$,由于 $\overline{Q}_2=0$,它立即封锁与非门 1 不再让时基信号进入 CC4013(a),保证在显示读数的时间内 Q_1 端始终保持低电平,使计数器停止计数。

利用 Q_2 端的上升沿送到下一级的延时、整形单元电路。当到达所调节的延时时间时,延时电路输出端立即输出一个正脉冲,将计数器和所有 D 触发器全部置 0。复位后,$Q_1=0$,$\overline{Q}_1=1$,为下一次测量作好准备。当时基信号又产生下降沿时,则上述过程重复。

(2) 微分、整形电路

电路如图 4-51 所示。

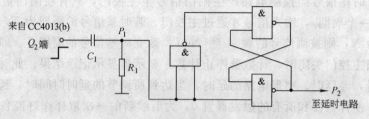

图 4-51 微分、整形电路

CC4013（b）的 Q_2 端所产生的上升沿经微分电路后，送到由与非门 CC4011 组成的斯密特整形电路的输入端，在其输出端可得到一个边沿十分陡峭且具有一定脉冲宽度的负脉冲，然后再送至下一级延时电路。

（3）延时电路

延时电路由 D 触发器 CC4013（c）、积分电路（由电位器 R_{W1} 和电容器 C_2 组成）、非门（3）以及单稳态电路所组成，如图 4-52 所示。由于 CC4013（c）的 D_3 端接 V_{DD}，因此，在 P_2 点所产生的上升沿作用下，CC4013（c）翻转，翻转后 $\overline{Q}_3=0$，由于开机置"0"时或门（1）（图 4-53）输出的正脉冲将 CC4013（c）的 Q_3 置"0"，因此 $\overline{Q}_3=1$，经二极管 2AP9 迅速给电容 C_2 充电，使 C_2 二端的电压达"1"电平，而此时 $\overline{Q}_3=0$，电容器 C_2 经电位器 R_{W1} 缓慢放电。当电容器 C_2 上的电压放电降至非门（3）的阈值电平 V_T 时，非门（3）的输出端立即产生一个上升沿，触发下一级单稳态电路。此时，P_3 点输出一个正脉冲，该脉冲宽度主要取决于时间常数 $R_t C_t$ 的值，延时时间为上一级电路的延时时间及这一级延时时间之和。

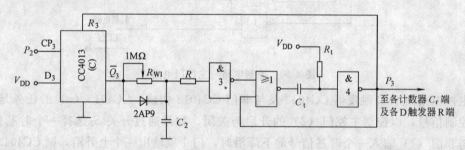

图 4-52 延时电路

由实验求得，如果电位器 R_{W1} 用 510Ω 的电阻代替，C_2 取 3μf，则总的延迟时间也就是显示器所显示的时间为 3s 左右。如果电位器 R_{W1} 用 2MΩ 的电阻取代，C_2 取 22μf，则显示时间可达 10s 左右。可见，调节电位器 R_{W1} 可以改变显示时间。

（4）自动清零电路

P_3 点产生的正脉冲送到图 4-53 所示的或门组成的自动清零电路，将各计数器及所有的触发器置零。在复位脉冲的作用下，$Q_3=0$，$\overline{Q}_3=1$，于是 $\overline{Q}_3$ 端的高电平经二极管 2AP9 再次对电容 C_2

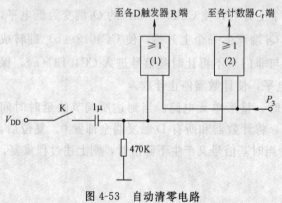

图 4-53 自动清零电路

电，补上刚才放掉的电荷，使 C_2 两端的电压恢复为高电平，又因为 CC4013（b）复位后使 Q_2 再次变为高电平，所以与非门 1 又被开启，电路重复上述变化过程。

6.4 设计任务和要求

使用中、小规模集成电路设计与制作一台简易的数字频率计。应具有下述功能：

（1）位数

计 4 位十进制数。

计数位数主要取决于被测信号频率的高低，如果被测信号频率较高，精度又较高，可相应增加显示位数。

（2）量程

第一档：最小量程档，最大读数是 9.999kHz，闸门信号的采样时间为 1s。

第二档：最大读数为 99.99kHz，闸门信号的采样时间为 0.1s。

第三档：最大读数为 999.9kHz，闸门信号的采样时间为 10ms。

第四档：最大读数为 9999kHz，闸门信号的采样时间为 1ms。

（3）显示方式

1）用七段 LED 数码管显示读数，做到显示稳定、不跳变。

2）小数点的位置跟随量程的变更而自动移位。

3）为了便于读数，要求数据显示的时间在 0.5~5s 内连续可调。

（4）具有"自检"功能。

（5）被测信号为方波信号。

（6）画出设计的数字频率计的电路总图。

（7）组装和调试：

1）时基信号通常使用石英晶体振荡器输出的标准频率信号经分频电路获得。为了实验调试方便，可用实验设备上脉冲信号源输出的 1kHz 方波信号经 3 次 10 分频获得。

2）按设计的数字频率计逻辑图在实验装置上布线。

3）用 1kHz 方波信号送入分频器的 CP 端，用数字频率计检查各分频级的工作是否正常。用周期为 1s 的信号作控制电路的时基信号输入，用周期等于 1ms 的信号作被测信号，用示波器观察和记录控制电路输入、输出波形，检查控制电路所产生的各控制信号能否按正确的时序要求控制各个子系统。用周期为 1s 的信号送入各计数器的 CP 端，用发光二极管指示检查各计数器的工作是否正常。用周期为 1s 的信号作延时、整形单元电路的输入，用两只发光二极管作指示，检查延时、整形单元电路的输入，用两只发光二极管作指示，检查延时、整形单元电路的工作是否正常。若各个子系统的工作都正常了，再将各子系统连起来统调。

（8）调试合格后，写出综合实验报告。

6.5 实验设备与器件

（1）+5V 直流电源；

（2）双踪示波器；

（3）连续脉冲源；

(4) 逻辑电平显示器；

(5) 直流数字电压表；

(6) 数字频率计；

(7) 主要元、器件（供参考）：

CC4518（二至十进制同步计数器）	4只
CC4553（三位十进制计数器）	2只
CC4013（双D型触发器）	2只
CC4011（四2输入与非门）	2只
CC4069（六反相器）	1只
CC4001（四2输入或非门）	1只
CC4071（四2输入或门）	1只
2AP9（二极管）	1只
电位器（1MΩ）	1只
电阻、电容	若干

思考题与习题

1. 脉冲数字信号与模拟信号的区别是什么？
2. 脉冲数字电路的特点有哪些？
3. 什么是码制？其用途是什么？
4. 将下列二进制数换算成十进制数：
11000101　1010010　0.01001　1010101.001
5. 将下列十进制数换算成二进制数：
193　132　57　326
6. 用代数式将下列函数化简为最简与或式：
$\overline{AB}+\overline{A}B$　$AB+A\overline{B}+\overline{A}B+\overline{A}\overline{B}$　$\overline{B\overline{C}+\overline{A}}$　$\overline{BC+AB+A\overline{C}}$
7. 已知：A从来不干活；B只有A在场才干活；C在任何情况下，甚至一个人也干活；D只有A在场时才干活。求在房间中没有人干活的条件。
8. 利用与非门实现下列函数：
$L=AB+AC$　　$L=\overline{D\cdot(A+B)}$　　$L=\overline{(A+B)(C+D)}$
9. 写出下图的逻辑式。

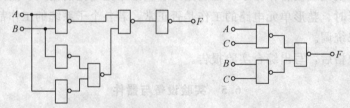

10. TTL"与非"门的主要参数有哪些？说明各参数的意义。
11. 说明TTL门电路的使用规则。
12. 说明CMOS门电路的使用规则。

单元 5　数字集成电器

知 识 点：通过本单元的学习，了解常用数字集成电路的基本工作原理及用途。

教学目标：通过本单元的技能训练掌握常用数字集成电路识别、检测方法，并能用数字集成电路组装和维修一般实用电路。

数字集成电路形式比较简单，通用性较强，类型繁多，广泛地用于计算机技术及自动控制电路中。常用集成电路有触发器、计数器、定时器、存储器、A/D（D/A）转换器等。集成电路外形如图 5-1 所示。

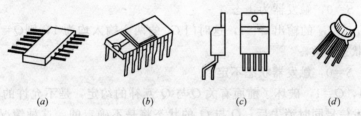

图 5-1　集成电路外形
(a) 扁平式；(b) 双列直插式；(c) 单边双列直插式；(d) 圆壳式

课题 1　集成触发器

数字系统中，常常要存放数字信号，为此需要有记忆功能的电路：触发器。触发器具有两种稳定状态，这两种稳定状态可以分别用二进制数码"0"与"1"表示。如果外加合适的触发信号，触发器的状态可以发生转换，即可以从一种稳态翻转到另一种新的稳态，当触发信号消失后，触发器能保持新的稳态。因此说触发器具有记忆功能，是存储的基本单元。

触发器从逻辑功能上区分，有 RS 触发器、D 触发器、JK 触发器、T′触发器、T 触发器。从结构上分，有基本触发器、钟控触发器、主从触发器、维持阻塞触发器。从触发方式上分，有电位触发型、主从触发型、边沿触发型。

触发器的逻辑功能用真值表、特征方程、状态转换图以及工作波形等来描述。

本单元主要介绍各类触发器的逻辑功能以及它们的工作特性。

1.1　基本 RS 触发器

(1) 电路组成及逻辑符号

将两个与非门，首尾交叉相连，就组成一个基本 RS 触发器，如图 5-2 (a) 所示，其中 R 与 S 是它的两个输入端，Q 与 $\overline{Q}$ 是其两个输出端，其逻辑符号如图 5-2 (b) 所示。

两个输出端的状态总是互补的,通常规定触发器 Q 端的状态为触发器的状态。$Q=0$ 与 $\overline{Q}=1$ 时,称为触发器处于"0"态;$Q=1$ 与 $\overline{Q}=0$ 时,称为触发器处于"1"态。

(2) 逻辑功能分析

1) 状态转换真值表:

A. $\overline{R}=1$,$\overline{S}=1$,触发器保持原来状态不变。

$\overline{R}=1$,$\overline{S}=1$ 时,当触发器原来状态为 $Q=0$ 时,门 G_1 的输出 $\overline{Q}=1$,于是门 G_2 的二个输入均为 1,因此门 G_2 的输出 $Q=0$,即触发器保持 0 态不变。当触发器原来状态为 $Q=1$,读者可以用同样的方法分析得出触发器维持 1 态不变。可见,不论触发器原来是什么状态,基本 RS 触发器在 $\overline{R}=1$,$\overline{S}=1$ 时,总是保持原来状态不变,这就是触发器的记忆功能。

B. $\overline{R}=0$,$\overline{S}=1$,触发器为 0 态。

由于 $\overline{R}=0$,门 G_1 的输出 $\overline{Q}=1$,因而门 G_2 的输入全为 1,则 $Q=0$,触发器为 0 态,且与原来状态无关。

C. $\overline{R}=1$,$\overline{S}=0$,触发器为 1 态。

由于 $\overline{S}=0$,门 G_2 的输出 $Q=1$,这时门 G_1 的两个输入均为 1,则 $\overline{Q}=0$,触发器为 1 态,同样与原状态无关。

D. $\overline{R}=0$,$\overline{S}=0$,触发器状态不定。

这时 $Q=1$,$\overline{Q}=1$,破坏了前面有关 Q 与 $\overline{Q}$ 互补的约定,是不允许的。而且当 $\overline{R}$ 与 $\overline{S}$ 的低电平触发信号同时消失后,Q 与 $\overline{Q}$ 的状态将是不确定的,这种情况应当避免。顺便指出,如果 $\overline{R}$ 与 $\overline{S}$ 不同时由 0 变 1,则触发器状态由后变的信号决定。例如若 $\overline{S}=0$ 后变,则当 $\overline{R}$ 由 0 变 1 时,$\overline{S}$ 仍为 0,这时触发器被置 1。

综上所述,得到基本 RS 触发器的逻辑功能见表 5-1。

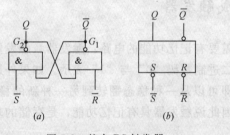

图 5-2 基本 RS 触发器
(a) 逻辑图;(b) 逻辑符号

基本 RS 触发器逻辑功能表　表 5-1

$\overline{R}$	$\overline{S}$	Q^{n+1}
1	1	Q^n
1	0	1
0	1	0
0	0	×(不定)

表中的 Q^n 表示触发器原来所处状态,称为现态;Q^{n+1} 表示在输入信号 $\overline{R}$ 与 $\overline{S}$ 作用下触发器的新状态,称为次态。

当 $\overline{R}$ 端加低电平触发信号时,触发器为 0 态,所以 $\overline{R}$ 端为置 0 端,又称复位端。在 $\overline{S}$ 端加低电平信号,触发器为 1 态,因此 $\overline{S}$ 端称为置 1 端,也叫置位端。触发器在外加信号的作用下,状态发生了转换,称为翻转。外加的信号称为"触发脉冲"。触发脉冲可以是正脉冲(高电平),也可以是负脉冲(低电平)。文字符号 R 与 S 上加有非号"—"的,表示负脉冲触发,即低电平有效;不加非号的,表示正脉冲触发,即高电平有效。

图 5-2 (b) 是基本 RS 触发器的逻辑符号。输入端带小圆圈表示低电平触发,这与文字

符号 R 与 S 上的非号意义相同。输出端不加小圆圈的表示 Q 端，带小圆圈的表示 $\overline{Q}$ 端。

这种触发器电路简单，它是构成其他性能更完善的触发器的基础，所以称为基本 RS 触发器。

2) 特性方程。根据基本 RS 触发器逻辑功能表得下列特性方程

$$\begin{cases} Q^{n+1} = S + \overline{R}Q^n \\ \overline{R} + \overline{S} = 1 \end{cases}$$

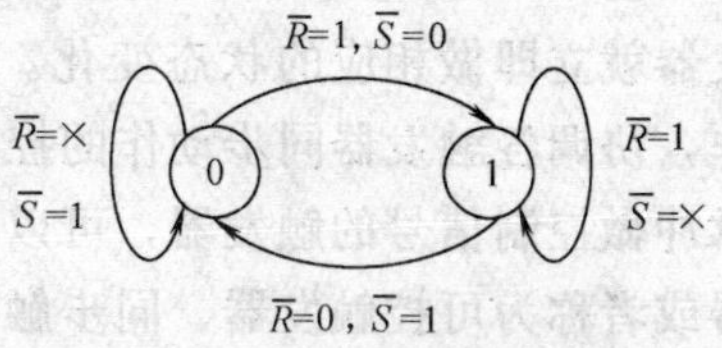

这个状态方程为触发器的特性方程，其中，方程 $\overline{R} + \overline{S} = 1$ 表示基本 RS 触发器两个输入信号之间必须满足的约束条件。

图 5-3 基本 RS 触发器的状态转换图

3) 状态转换图。基本 RS 触发器的状态转换关系也可以形象地用状态转换图表示，如图 5-3 所示。

图中的两个大圆圈分别代表触发器的两个状态，箭头表示触发器状态转换的方向，箭头旁边的标注表示状态转换的输入条件。

4) 波形图。基本 RS 触发器的状态也可以用工作波形图表示，下面以一个例题说明其波形图的画法。

【例 5-1】 根据图 5-4 中 $\overline{R}$ 和 $\overline{S}$ 的波形，画出基本 RS 触发器 Q 端与 $\overline{Q}$ 端的波形。

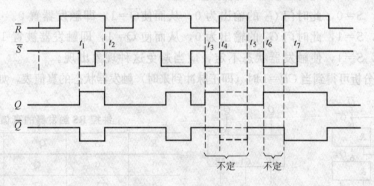

图 5-4 波形图

【解】 在 t_1 时刻之前 $\overline{S} = 1$，$\overline{R} = 1$ 触发器维持 0 态不变。t_1 时刻之后置 1 信号 $\overline{S} = 0$，触发器被置 1。t_2 时刻置 0 信号 $\overline{R} = 0$，触发器又被置 0，……。

$t_3 \sim t_4$ 期间，$\overline{R} = \overline{S} = 0$，$Q = \overline{Q} = 1$，触发器处于不定状态。在 t_4 时刻，$\overline{R}$ 和 $\overline{S}$ 同时由 0 变 1，出现竞争现象，触发器的状态可能为 1，也可能翻转为 0，图中用虚线表示这种不定状态。直到 t_5 时刻 $\overline{R} = 0$，触发器被置 0。$t_6 \sim t_7$ 期间，$\overline{R}$ 和 $\overline{S}$ 同时为 0，触发器又处于 $Q = \overline{Q} = 1$ 的不定状态。但 t_7 时刻，由于 $\overline{S} = 0$，触发器将稳定在 1 态根据以上分析，画出 Q 端与 $\overline{Q}$ 端的波形如图 5-4 所示。

5) 基本特点。

优点：电路简单，可以储存 1 位二进制代码，是构成各种性能完善的触发器的基础。

缺点：直接控制，信号存在期间直接控制着输出端的状态，使用的局限性很大，输入信号 R 与 S 之间有约束。

1.2 钟控触发器

基本 RS 触发器的状态无法从时间上加以控制，只要有效触发信号出现在输入端，触发器就立即做相应的状态变化。而在数字系统中，常常需要触发器按一定的节拍同步动作，协调各触发器同步动作的控制信号叫做时钟脉冲（clock pulse），简记为 CP。用时钟脉冲做控制信号的触发器，可以通过时钟脉冲控制触发器的翻转时刻，故称其为钟控触发器或者称为可控触发器、同步触发器。

1.2.1 钟控 RS 触发器

(1) 电路结构及逻辑符号

钟控 RS 触发器逻辑图如图 5-5 (a) 所示，它由 4 个与非门组成。其中门 G_1 和门 G_2 构成基本 RS 触发器，门 G_3 和门 G_4 组成控制电路（或称导引门电路），时钟脉冲由 CP 端引入。钟控 RS 触发器的逻辑符号如图 5-5 (b) 所示，这种触发器是采用正脉冲触发。

(2) 逻辑功能分析

1) 真值表。由图 5-5 (a) 可知：

当 $CP=0$ 时（不论 R 和 S 端状态如何），门 G_3 和门 G_4 的输出均为高电平，使得同步 RS 触发器维持原始状态不变。

当 $CP=1$ 时：

若 $R=0$，$S=0$，此时触发器维持原态不变。

若 $R=1$，$S=0$，此时门 G_3 的输出为 0，从而使 $\overline{Q}=1$，即触发器置 0。

若 $R=0$，$S=1$，此时门 G_4 的输出为 0，从而使 $Q=1$，即触发器被置 1。

若 $R=1$，$S=1$，使触发器状态不定，应当避免这种现象出现。

根据上述分析可得到当 $CP=1$ 时（即正脉冲到来时）触发器状态的真值表，如表 5-2 所示。

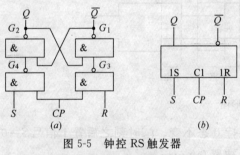

图 5-5 钟控 RS 触发器
(a) 逻辑图；(b) 逻辑符号

钟控 RS 触发器的真值表　表 5-2

R	S	Q^{n+1}	逻辑功能
0	0	Q^n	保持
0	1	1	置 1
1	0	0	置 0
1	1	×	不定

2) 特性方程。根据钟控 RS 触发器的逻辑关系可得到其特性方程（$CP=1$ 时）

$$\begin{cases} Q^{n+1}=S+\overline{R}Q^n \\ RS=0 \end{cases}$$

其中，$RS=0$ 是钟控 RS 触发器输入端 R 和 S 输入信号的约束条件。

3) 状态转换。当 $CP=1$ 时，钟控 RS 触发器的状态转换关系仍由 R 和 S 输入端状态决定，其状态转换图如图 5-6 所示。

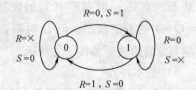

图 5-6 钟控 RS 触发器的状态转换图

4）波形图。按照给出的时钟脉冲 CP 和 R 端、S 端的状态，可以画出钟控 RS 触发器的工作波形，下面举例说明。

【例 5-2】 由图 5-7 中 R 和 S 信号波形，画出钟控 RS 触发器 Q 和 $\overline{Q}$ 端的波形。

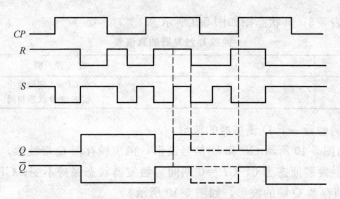

图 5-7 钟控 RS 触发器的波形图

【解】 设 Q 的初态为 0，当 $CP=0$ 时，不论 R 和 S 如何变化，触发器状态保持不变。只有在 $CP=1$ 的整个期间，R 和 S 信号的变化才能引起触发器的状态改变，根据表 5-2，可画出钟控 RS 触发器 Q 和 $\overline{Q}$ 的波形，如图 5-7 所示。

5）基本特点。

优点：选通控制，时钟脉冲到来即 $CP=1$ 时，触发器接收输入信号，$CP=0$ 时，触发器保持原态。

缺点：$CP=1$ 期间，输入信号仍然直接控制着触发器输出端的状态，R 与 S 之间仍有约束。后者可以利用 D 锁存器的连接方式解决，但是都还存在着空翻现象。

（3）对时钟脉冲及触发信号的要求

为了保证触发器可靠翻转，要求：

1）CP 脉宽 $t_w > 3t_{pd}$。

2）$CP=1$ 期间，R 和 S 信号保持不变。

1.2.2 钟控 D 触发器

（1）电路结构及逻辑符号

钟控 D 触发器又称 D 锁存器，简称锁存器，其逻辑图与逻辑符号如图 5-8 所示。其中门 G_1 和 G_2 构成基本 RS 触发器，将门 G_4 的输出端反馈到门 G_3 作为 R 输入端，S 端作为 D 输入端，这样就构成了 D 锁存器。显然，在 $CP=1$ 期间，电路总有 $R \neq S$ 成立，所以 D 锁存器不存在不定态的情况。

（2）逻辑功能分析

在图 5-8 中门 G_4 的输出既送到了门 G_2 也送到了门 G_3，当 $CP=0$ 时，门 G_3 与 G_4 被封锁，触发器保持原来状态。当 $CP=1$ 时，若 $D=0$，则门 G_4 输出高电平，门 G_3 输出低电

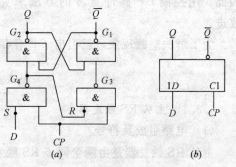

图 5-8 钟控 D 触发器
（a）逻辑图；（b）逻辑符号

平，触发器被置 0；若 $D=1$，则门 G_4 输出低电平，门 G_3 输出高电平，触发器被置 1。也就是说 D 是什么状态，触发器就被置成什么状态。所以特性方程为：

$$Q^{n+1}=D \quad (CP=1\text{ 有效})$$

其真值表见表 5-3；其状态图如图 5-9 所示。

钟控 D 触发器的真值表　　　　　　　　　　　　　　表 5-3

D	Q^{n+1}	说　明
0	0	在 $CP=1$ 期间输出
1	1	状态与 D 状态相同

下面以一个例题看一下 D 锁存器的波形。

【例 5-3】 由图 5-10 所示 CP 和 D 信号波形，画出锁存器 Q 端波形，设 Q 初态为 0。

【解】 若设触发器原态为 0，$CP=0$ 期间，触发器状态保持不变；$CP=1$ 期间，$Q=D$，由此可画出锁存器 Q 端的波形，如图 5-10 所示。

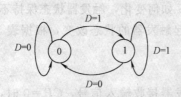

图 5-9　钟控 D 触发器的状态图

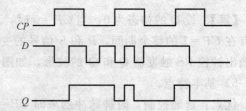

图 5-10　波形图

（3）空翻现象

上述钟控触发器具有这样一种特性：当 $CP=0$ 时，触发器不接收输入信号，而保持其原态不变；当 $CP=1$ 时，触发器才接收输入信号，并且其状态随输入信号变化而变化。我们把这种触发方式称为电平触发方式或电位触发方式。

由于这种触发器在 $CP=1$ 期间 R 与 S 多次变化时，触发器的状态也将多次变化，这种同一 CP 脉冲下触发器发生两次或更多次翻转的现象称为空翻。

在某些情况下触发器发生空翻是不允许的，应予以克服。显而易见，要防止空翻应尽量减小 CP 脉冲宽度。但我们又知道，要保证触发器可靠翻转，CP 脉宽又不能太小。因此，用控制 CP 脉冲宽度的方法来克服空翻是不可行的，只能在电路结构上加以改进。

为了解决空翻现象，就引出了具有存储功能的触发导引电路的主从触发器。

1.3　主从触发器

1.3.1　主从 RS 触发器

（1）电路组成及符号

主从 RS 触发器是由两个同步 RS 触发器组成的，如图 5-11 所示。由门 $G_1 \sim G_4$ 组成的同步 RS 触发器，称为从触发器，从触发器的状态就是整个触发器的状态。由门 $G_5 \sim G_8$ 组成的同步 RS 触发器称为主触发器，它是能够接收输入信号并能够存储输入信号的触发导引电路。门 G_9 是反相器,其输出作为从触发器的脉冲信号 $\overline{CP}$,从而使主从触发器的工作分步进行。

(2) 逻辑功能分析

1) 当 $CP=1$ 时,主触发器的状态仅取决于 R 端、S 端的状态。Q'、R、S 之间的逻辑关系就是同步 RS 触发器的逻辑关系,见前叙。

此时 $\overline{CP}=0$,使门 G_3 与 G_4 被封锁,从而使从触发器维持原态不变。

也就是说,$CP=1$ 时,门 G_7 与 G_8 被打开,门 G_3 与 G_4 被封锁,R 端、S 端的输入信号仅存放在主触发器中,不影响从触发器状态。

2) 当 CP 由 1 变为 0 后,门 G_7 与 G_8 被封锁,主触发器维持已置成的状态不变,不再受 R 端、S 端输入信号的影响。

此时,$\overline{CP}=1$,门 G_3 与 G_4 被打开,从触发器接收主触发器的状态,使 Q 与 Q' 的状态相同。也就是说,当 $CP=0$,门 G_7 与 G_8 被封锁,门 G_3 与 G_4 被打开,主触发器的状态维持不变,从触发器接收主触发器存储的信息。

综上所述,可知主从 RS 触发器的工作方式是分二拍进行的。第 1 拍是 CP 脉冲由 0 变 1 后,主触发器接收输入端 R 与 S 的信号,但是整个触发器的状态保持不变。第 2 拍是 CP 由 1 变为 0,就是 CP 脉冲下降沿到来时,主触发器存放的信息,送入从触发器中,可使整个触发器的状态随之变化,而这时主触发器不接收外来的信号。所以在一个 CP 脉冲作用下,输出状态 Q 只翻转一次,克服了空翻现象。

主从 RS 触发器的真值表、特性方程及输入端的约束条件与同步 RS 触发器相同。当 R 和 S 端均为高电平时,触发器的状态不定,为了避免出现输出不定这种情况,把主从 RS 触发器改进一下,就构成了主从 JK 触发器。

【例 5-4】 根据图 5-12 所示主从 RS 触发器 CP、R、S 的波形,画出主从 RS 触发器 Q' 和 Q 端波形。

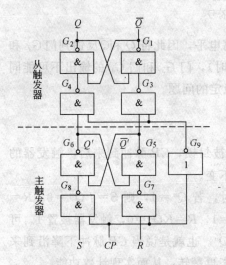

图 5-11 主从 RS 触发器

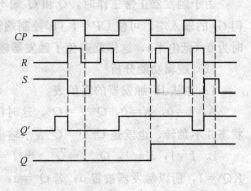

图 5-12 主从 RS 触发器的波形图

【解】 设初态 $Q'=Q=0$,画出 Q' 和 Q 端波形,如图 5-12 所示。由图可见,在 $CP=1$ 期间,虽然主触发器因 R 和 S 的变化而多次翻转,但从触发器只在 CP 负跳变时刻翻转一次，没有空翻。由分析知：从触发器的状态是否翻转，取决于 $CP=1$ 期间最后有效的 R 或 S 信号。因此，画 Q 波形时只需观察 $CP=1$ 期间最后有效的信号是哪一个即可，Q 翻转时刻对应 CP 下降沿。

1.3.2 主从 JK 触发器

(1) 电路结构及逻辑符号

由"与非"门组成的主从 JK 触发器电路结构如图 5-13（a）所示，其逻辑符号如图 5-13（b）所示。它实际是在图 5-11 所示的主从 RS 触发器的基础上，给门 G_7 和门 G_8 增加两条反馈线，即 Q 端反馈到门 G_7 的另一输入端，$\overline{Q}$ 端反馈到门 G_8 的另一输入端，并把原输入端重新命名为 J 端和 K 端。

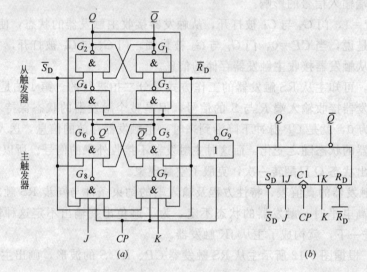

图 5-13 主从 JK 触发器
(a) 电路结构；(b) 逻辑符号

由于触发器正常工作时，Q 和 $\overline{Q}$ 端不能同时为高电平，因此将 Q 和 $\overline{Q}$ 反馈到门 G_7 和门 G_8 的输入端，可使 $CP=1$（即控制端输入正脉冲时），门 G_3 和门 G_4 的输出不可能同时为 0（低电平），这样就避免了触发器输出状态不稳定的问题。

(2) 逻辑功能分析

1) 主从 JK 触发器的真值表：

A. $J=0$，$K=0$，$Q^{n+1}=Q^n$。这时门 G_7 与 G_8 被封锁，CP 脉冲到来后，触发器的状态并不翻转，也就是 $Q^{n+1}=Q^n$ 表示输出保持原态不变。

B. $J=1$，$K=1$，$Q^{n+1}=\overline{Q^n}$。当 $J=1$，$K=1$ 时，若 $Q^n=1$，则 $S=J\overline{Q^n}=0$，$R=KQ^n=1$，所以触发器被置 0；若 $Q^n=0$，则 $S=J\overline{Q^n}=1$，$R=KQ^n=0$，触发器被置 1。可见，$J=1$，$K=1$，触发器总要发生翻转，即 $Q^{n+1}=\overline{Q^n}$。也就是说当 CP 脉冲下降沿到来时，触发器状态发生翻转。再来一个 CP，触发器状态再翻转，从而实现计数功能。

C. $J=1$，$K=0$，$Q^{n+1}=1$。如果触发器原态为 $Q^n=0$，$\overline{Q^n}=1$，那么在 $CP=1$ 时，门 G_7 输出 1，G_8 输出 0，所以主触发器是 $Q'^{n+1}=1$。当 CP 脉冲由 1 变 0，即下降沿到来后，主触发器的状态转存到从触发器中，电路状态由 0 翻转为 1，$Q^{n+1}=1$。

若触发器原态为 $Q^n=1$，则门 G_7 与 G_8 都被封锁，CP 脉冲到来后，触发器的状态不变，保持 1 态，$Q^{n+1}=1$。

综上所述，不论触发器原来为何种状态，CP 脉冲到来后，只要 $J=1$，$K=0$，就有 $Q^{n+1}=1$，即触发器置 1。

同理，$K=1$，$J=0$，触发器被置 0。

根据以上分析，主从 JK 触发器的真值表见表 5-4。

主从 JK 触发器的真值表　　　　　　　　　　　　　表 5-4

J	K	Q^{n+1}	说明	J	K	Q^{n+1}	说明
0	0	Q^n	保持	1	0	1	置 1
0	1	0	置 0	1	1	$\overline{Q^n}$	取反

2) 特性方程。该触发器的特性方程可由主从 RS 触发器的特性方程推导得到。与图 5-11 相对照，显然有

$$S=J\overline{Q^n}$$

$$R=KQ^n$$

得

$$Q^{n+1}=S+\overline{R}Q^n=J\overline{Q^n}+\overline{K}Q^n \quad (CP\text{ 下降沿到来后有效})$$

上式即为主从 JK 触发器的特性方程。由于 $\overline{Q^n}$ 和 Q' 分别引回到门 G_7 与 G_8，所以 J 与 K 之间不会有约束。

3) 状态转换图，如图 5-14 所示。

4) 直接置端、置 1 端。通常，在主从触发器上还附加直接置 0 端 $\overline{R_D}$ 和直接置 1 端 $\overline{S_D}$。如图 5-13 中画出了与 $\overline{R_D}$ 与 $\overline{S_D}$ 有关的连线。$\overline{R_D}=0$ 时，主触发器和从触发器都被强迫置 0；在 $\overline{S_D}=0$ 时，主触发器和从触发器都被强迫置 1。也就是说，不管输入信号 J 与 K 状态如何，CP 脉冲状态如何，$\overline{R_D}=0$ 或者 $\overline{S_D}=0$ 优先决定触发器的状态，$\overline{R_D}$ 和 $\overline{S_D}$ 的有效电平都是低电平。但需注意，不允许 $\overline{R_D}$ 和 $\overline{S_D}$ 端同时输入低电平，所以 $\overline{R_D}$ 和 $\overline{S_D}$ 端又被称做异步预置端。

5) JK 触发器的波形图。下面以一个例题说明之。

【例 5-5】 根据图 5-15 所示的 J 端、K 端的信号波形，画出主从 JK 触发器 Q 端波形。

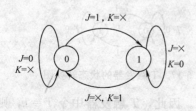

图 5-14　主从 JK 触发器的状态转换图

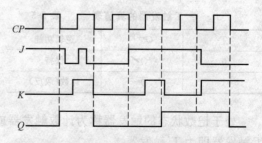

图 5-15　主从 JK 触发器的波形图

【解】 设 Q 的初态为 0，Q 的波形如图 5-15 所示。画图时应注意以下两个方面的问题：

A. 触发器对应 CP 下降沿翻转。

B. Q 次态由 $CP=1$ 整个期间的输入信号所决定。由于存在一次变化，故 $CP=1$ 期间 J 或 K 中只能有一个信号作用有效：当 Q 现态为 0 时，J 信号有效；当 Q 现态为 1 时，K 信号作用有效。

6）对 CP 信号及 J 与 K 信号的要求。在 $CP=1$ 期间，主触发器能且只能翻转一次的现象，叫做一次变化。其原因在于，状态互补的 $\overline{Q}$ 与 Q 分别引回到了门 G_7 与 G_8 的输入端，使两个控制门中总有一个是被封的，而根据同步 RS 触发器的性能知道，从一个输入端加信号，其状态能且只能改变一次。一次变化问题，不仅限制了主从 JK 触发器的使用，而且降低了它的抗干扰能力。因此，为了保证触发器可靠工作，J 或 K 脉冲在 CP 脉冲持续期间（$CP=1$）应保持不变，且信号的前沿应略超前于 CP 脉冲的前沿，而后沿应略滞后于 CP 脉冲的后沿。波形图如图 5-16 所示。

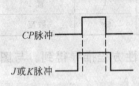

图 5-16 波形图

显而易见，CP 脉宽越窄，触发器受干扰的可能性越小。因此，使用脉宽较小的窄脉冲做 CP 信号，有利于提高触发器的抗干扰能力。

电路的最高工作频率：一个钟控 RS 触发器翻转完毕需用 $3t_{pd}$，整个主从触发器翻转完毕需 $6t_{pd}$，所以主从触发器的最高工作频率为

$$f_{max} \leqslant 1/6t_{pd}$$

7）主从 JK 触发器的基本特点。

优点：主从控制，J 与 K 间无约束，是一种性能优良、大量生产、广泛使用的集成触发器。

缺点：有一次变化问题，在 $CP=1$ 期间，一般要求 J 与 K 保持状态不变。

1.3.3 主从 T 触发器与主从 T' 触发器

图 5-13 中，如果将 JK 触发器的两个输入端连接在一起变成一个输入端 T，便构成 T 触发器。令 $J=K=T$，可得 T 触发器的特性方程为：

$$Q^{n+1} = T\overline{Q^n} + \overline{T}Q^n$$

上式中，当 $T=0$ 时，$Q^{n+1}=Q^n$，即触发器状态保持不变；$T=1$ 时，$Q^{n+1}=\overline{Q^n}$，触发器处于记数状态，即触发器翻转的次数，记录了送入触发器的 CP 脉冲个数。T 触发器的状态转换真值表见表 5-5，状态转换图如图 5-17 所示。

表 5-5 T 触发器的真值表

T	Q^{n+1}	逻辑功能
0	Q^n	保持
1	$\overline{Q^n}$	计数（取反）

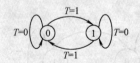

图 5-17 T 触发器的状态转换图

处于记数状态的触发器称为计数触发器或 T' 触发器。因此，T 触发器中令 $T=1$，则 T 触发器即为 T' 触发器。

1.4 边沿触发器

（1）边沿 JK 触发器

边沿 JK 触发器与主从 JK 触发器的电路结构不同，而逻辑功能相同。差别在于：边沿 JK 触发器的工作是一拍完成的。只有在 CP 脉冲的上升沿或者下降沿的作用下，触发器的状态根据输入信号做相应的变化，CP 的其他时间里，触发器保持原态不变。这里不做详细介绍。

（2）维持阻塞 D 触发器

1）结构与符号。维持阻塞型触发器利用维持阻塞电路克服了空翻。图 5-18 (a) 为维持阻塞 D 触发器逻辑图，它由 6 个与非门组成，门 G_1 与 G_2 组成基本 RS 触发器，门 $G_3 \sim G_6$ 组成维持阻塞电路。该触发器对应时钟 CP 的上升沿翻转，其状态取决于 CP 上升沿到来时刻信号 D 的状态；在 $CP=1$ 期间，D 的变化对触发器没有影响。为了表示触发器 CP 上升沿时接收信号并立即翻转，在图 5-18 (b) 逻辑符号中，时钟输入端 C_1 加上了动态符号"∧"。

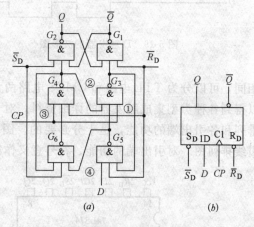

2）逻辑功能。逻辑功能为：在 $CP=0$ 期间、$CP=1$ 期间以及 CP 的下降沿到来时，触发器均保持原态。在 CP 上升沿到来时，$D=1$，则触发器置 1；$D=0$，则触发器置 0。

其特性方程为：

$Q^{n+1}=D$ （CP 上升沿到来时有效）

图 5-18 维持阻塞 D 触发器
(a) 逻辑图；(b) 逻辑符号

3）逻辑功能分析。设直接置 0 端 $\overline{R_D}=1$，直接置 1 端 $\overline{S_D}=1$。

$CP=0$ 时，门 G_3 与 G_4 被封锁，其输出均为 1，所以由门 G_1 与 G_2 组成的基本 RS 触发器保持原来的状态。若 $D=1$，则门 G_5 的输出为 0，门 G_6 的输出为 1。所以对 CP 脉冲来说，门 G_4 是打开的，而门 G_3 被封锁；若 $D=0$，则门 G_5 的输出为 1，门 G_6 的输出为 0，所以对 CP 脉冲来说，门 G_3 是打开的，而门 G_4 被封锁。

CP 上升沿到来时，若 $D=1$，则由于门 G_3 被封锁，CP 只能进入打开着的门 G_4，故有门 G_4 的输出为 0，门 G_4 的输出有 3 个去向：一是使触发器置 1，即 $Q=1$，$\overline{Q}=0$；二是封住门 G_3，阻止门 G_3 输出低电平，即阻塞产生置 0 信号；三是送到门 G_6，保证门 G_6 输出 1，从而在 $CP=1$ 期间维持门 G_4 输出 0 即维持 1 信号。门 G_4 的输出端至门 G_6 的连线称为维持置 1 线，至门 G_3 的连线称为阻塞置 0 线。一旦门 G_4 输出的 0 信号送到了门 G_3 与 G_6 的输入端，产生了维持阻塞作用之后，输入信号 D 再改变取值，显然对触发器的置 1 状态不会有影响。

若 $D=0$，则由于门 G_4 被封锁，CP 只能进入打开着的门 G_3，故有门 G_3 输出 0，G_3 输出的 0 有两个去向：一是使触发器置 0，即 $Q=0$，$\overline{Q}=1$；二是去封住门 G_5，保证门 G_5 输出 1，从而保证门 G_6 继续为低电平，阻止出现门 G_4 输出 0，即阻塞产生置 1 信号。可

见门 G_3 输出端至门 G_5 的连线，既起维持置 0 的作用，又起阻塞置 1 的作用。显然，只要门 G_3 输出。一旦送到了门 G_5 的输入端，D 输入信号就被拒之门外，无论怎么变化都不会再起作用。

【例 5-6】 根据图 5-19 给出的有关 D 触发器波形图，画出其 Q 端的波形。

【解】 Q 端波形如图 5-19 所示。画图时应注意：

A. 异步置位或异步复位信号具有优先权。

B. 对应每个 CP 上升沿触发器状态是否翻转，取决于 CP 上升沿前一时刻的信号。

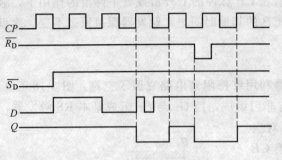

图 5-19 D 触发器的波形图

1.5 集成触发器简介

集成触发器和其他数字集成电路相同，可以分为 TTL 电路和 CMOS 电路两大类。通过查阅数字集成电路的有关手册，可以得到各种类型集成触发器的详细资料。对于一般使用者来说，熟悉集成触发器的外引线排列和各引出端的功能，是十分必要的。图 5-20 给出了几种常用的 JK 和 D 触发器的外引线排列图。对引出端的功能、符号意义作简略说明如下：

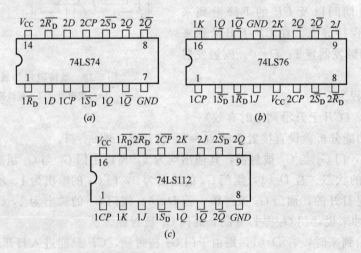

图 5-20 几种常用的 JK 和 D 触发器外引线排列图
(a) CT74LS74；(b) 74LS76；(c) 74LS112

(1) 符号上加横线的，表示低电平有效。如 $\overline{S_D}=0$，触发器置 1；$\overline{R_D}=0$，触发器置 0。不加横线的，则是高电平有效。

(2) 两个触发器以上的器件，它的输入、输出信号前，加同一数字。如 $1S_D$，$1R_D$，$1CP$，$1\overline{Q}$，$1J$，$1K$ 等，都表示是同一触发器的。

(3) GND 表示接地，NC 为空脚，$\overline{CR}$（CR）表示总清零（置零）端。

(4) TTL 电路的电源 V_{CC} 一般为 +5V，CMOS 电路的电源 V_{DD} 一般在 +3～+18V 之间。

表 5-6 所示为一些集成触发器的型号、名称及其功能，供使用者查阅。

集成触发器型号、名称及功能表　　　　表 5-6

型　号	触发器名称	功　能
7470,74LS70	边沿触发 JK 触发器	有清 0 端、预置端、上升沿触发
7472,74H72	主从 JK 触发器	有清 0 端、预置端、下降沿触发
7473,74LS73	双 JK 触发器	有清 0 端、负触发
74H74,74S74,74LS74 74HC74,74HCT74	双 D 触发器	有清 0 端、置 1 端、上升沿触发
7476,74LS76	双 JK 主从触发器	
74104	与门输入 JK 触发器	$J=J_1J_2J_3J_4, K=K_1K_2K_3K_4$
74111	双 JK 主从触发器	有清 0 端、预置端、有数据锁定功能
74H71	SR 主从 JK 触发器	有预置端
74175,74S175,74LS175	四上升沿 D 触发器	双向(Q 与 $\overline{Q}$)输出,有公共清除端
74LS273	8D 触发器	单向输出
74110	与门输入主从 JK 触发器	有清 0 端、预置端、有数据锁定功能 下降沿触发,$J=J_1J_2J_3, K=K_1K_2K_3$
74276	四 JK 触发器	公用清 0 端,置 1 端
74279	四 SR 锁存器	

课题 2　时序逻辑电路

2.1　时序逻辑电路的功能特点、组成及分类

(1) 特点

时序逻辑电路简称时序电路，它与组合逻辑电路的功能特点不同。时序电路的特点是：任意时刻的输出信号不仅取决于该时刻的输入信号，而且与前一时刻的电路状态有关。换言之，它与前一时刻的输入信号有关。

(2) 组成

时序电路由组合逻辑电路和存储电路组成。而存储电路是由具有记忆功能的触发器构成的基本存储单元，图 5-21 是时序电路的组成框图。

图中 $X(X_1, X_2, \cdots, X_i)$ 代表外部输入信号，Z ($Z_1, Z_2, \cdots, Z_j$) 代表输出信号，$W(W_1, W_2, \cdots, W_k)$ 代表存储电路的输入，$Y(Y_1, Y_2, \cdots, Y_l)$ 代表存储电路的输出，也是组合电路的部分输入。

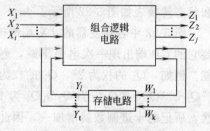

图 5-21　时序电路组成框图

这些信号间存在一定的逻辑关系：

$Z(t_n) = F[X(t_n), Y(t_n)]$ 为时序电路的输出方程；

$W(t_n) = G[X(t_n), Y(t_n)]$ 为存储电路的激励方程（也称驱动方程）；

$Y(n+1) = H[W(t_n), Y(t_n)]$ 为存储电路的状态方程。

可以看出，t_{n+1} 时刻的输出 $Z(t_{n+1})$ 由该时刻的输入信号 $X(t_{n+1})$ 及存储电路的状态 $Y(t_{n+1})$ 决定，但是存储电路具有记忆功能，它在 t_{n+1} 时刻的状态又取决于 t_n 时刻的

激励 $W(t_n)$ 及 t_n 时刻的状态 $Y(t_n)$。这是时序电路区别于组合逻辑电路的显著特点。

(3) 分类

时序电路按状态转换情况分为同步时序电路和异步时序电路两大类。在同步时序电路中，存储电路中所有存储单元状态的改变在同一时钟脉冲作用下发生；而异步时序电路不用统一的时钟脉冲，或者没有时钟脉冲。

(4) 分析方法

分析时序电路就是根据已知的逻辑图，求出电路所实现的功能。其具体步骤如下：

1) 根据已知逻辑图写出：存储电路的驱动方程（即所用触发器输入变量表达式），时序电路的输出方程。

2) 写出所用触发器的状态方程。对于某些时序电路，有时还需要写出时钟方程（即触发器的时钟脉冲表达式）。

3) 根据步骤1、步骤2，求出时序电路的状态方程。

4) 列出状态表（此表是反映时序电路的次态与现态、输入变量之间的关系表格）。列表时应注意：

A. 表中应包括输入变量与时序电路现态的所有取值组合。

B. 对某些时序电路，在由状态方程确定次态时，需要首先判断触发器的时钟条件是否满足。如果时钟条件不满足，触发器的状态将保持不变。

C. 时钟信号 CP 只是一个操作信号，不能作为输入变量。

(5) 画状态图。

(6) 分析电路功能。

上述分析步骤，可以根据具体情况取舍。

2.2 集成计数器

2.2.1 功能及电路组成

能起到记忆输入脉冲个数的单元电路称为计数器。它的用途广泛，除了计数功能外，还可以用于定时、分频、产生节拍脉冲及进行数字运算等，是数字系统中几乎不可缺少的一部分。它由触发器和门电路组成，有时还引入反馈。一个三位异步加法计数器的逻辑图和状态转换表如图 5-22 所示。

图 5-22 中各触发器的 JX 端都连在一起并为高电平，由 JK 触发器的真值表可知，只要它的 CP 端出现一次电平下跳，触发器的状态就有一次变化，也就是实现了计数的功能。例如，Q_2 的权为 2^2，Q_1 的权为 2^1，Q_0 的权为 2^0，则计数器所代表的十进制数即为 $2^2Q_2 + 2^1Q_1 + 2^0Q_0$。当 $Q_2Q_1Q_0$ 为 101 时，相当于记十进制数 5，不难看出，CP 每来一次，所记的十进制数就增加一，因此它是加法计数器。

在定时系统中有时需要做减法，异步减法计数器的逻辑图、波形图和状态转换表如图 5-23 所示。

从图 5-23 中可以看到，前级与后级之间是从前级的 $\overline{Q}$ 端连接的，因此，当前级的 Q 端电平上升（也就是 $\overline{Q}$ 端电平下降）时，下级触发器的状态才产生转换。从图中还可看到，触发信号是由前级向后级逐级传递的，这种方式称为异步；若同时加到各触发器，则称为同步。异步计数器的优点是结构简单，缺点是逐级触发，整个计数时间就比较长，在

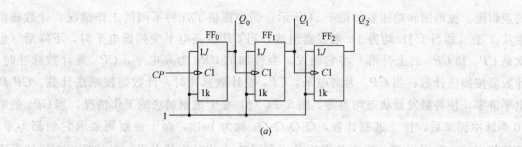
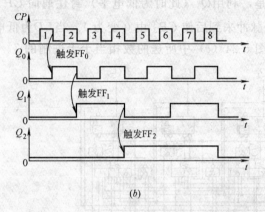

图 5-22 异步加法计数器的逻辑图、波形图和状态转换表
(a) 逻辑图；(b) 波形图；(c) 状态转换表

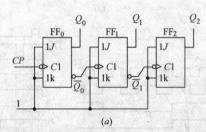
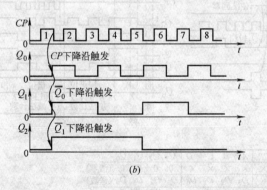

图 5-23 异步减法计数器的逻辑图、波形图和状态转换表
(a) 逻辑图；(b) 波形图；(c) 状态转换表

复杂的系统中将有可能造成误动作，而同步计数器可避免上述缺点。

一个既能执行加法又能执行减法的同步十进制加/减计数器（又称可逆计数器）T217

的逻辑图、波形图和功能表如图 5-24 所示，图中提供了几种不同的工作情况。计数器由主从 T 型（相当于 JK 均为 1）触发器组成，当 CP' 由高电平变到低电平时，下降沿（也就是 CP_+ 和 CP_- 的上升沿）将它触发。当外加的 CP_- 为高电平，CP_+ 发计数脉冲时，计数器按加法计数；当 CP_+ 为高电平，CP_- 发计数脉冲时，计数器按减法计数。CP 高电平清零，使各触发器状态均为零。图 5-24（b）是十进制加法的工作情况。当 CP_+ 的第 10 个脉冲到来后，按二进制计数，$Q_3Q_2Q_1Q_0$ 就为 1010，而十进制则要求它们都为零，故须使 Q_3 和 Q_1 均为零。采取的措施是，利用 $\overline{Q_3}$（此时为低电平）封住通向 CP' 的下降沿使 Q_3 回到零。为此，事先在第 9 个脉冲来到后使 CP'_3 由 0 变为 1。当 $\overline{LD}$ 为低电平时，可以由 ABCD 数据端向触发器送数。图 5-24（c）中所送的数相当于十进制的 7。此后按

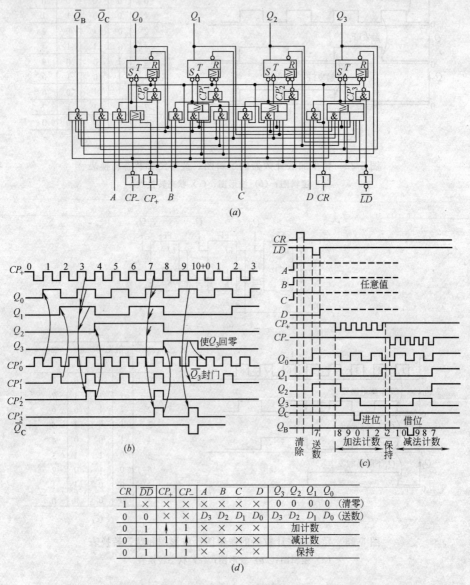

图 5-24 同步十进制加减计数器 T217 的逻辑图、波形图和功能表
(a) 逻辑图；(b) 波形图；(c) 波形图；(d) 功能表

加法计数到 10 后即变为 0，并产生一个进位脉冲，由 $\overline{Q_C}$ 端输出，然后又由 0 增至 2。当 CP_+ 停止送数并和 CP_- 一起都处于高电平时，计数器将所计的数（2）保持下来，此后 CP_+ 处于高电平，CP_- 送数进行减法。当下降过 0 到 9 时，产生一个借位脉冲，由 $\overline{Q_B}$ 端输出，此后又由 9 降到 7。

2.2.2 类型

计数器的分类可以有不同的方式。如以触发脉冲引入的方式来分，则有同步式和异步式；如以计数时数字的增减来分，则有加法和减法以及既可做加法又可作减法的可逆式；如以编码方式来分，则有二进制，二-十进制等；如以计数容量（或称模数）来分，则有十进制、十六进制、六十进制、N（任意）进制等。下面例举 TTL 和 CMOS 两大类器件的各种计数器。

(1) TIL 型

异步计数器　有二至八至十六进制计数器，如 CT74197 等；十进制计数器，如 CT74196 等，可变进制计数器，如 T213 等。

同步计数器　有二进制不加/减计数器（如 CT74163 等）和二进制加/减计数器（如 C74193 等）；还有十进制不加/减计数器（如 CT74160 等）和十进制加/减计数器（如 CT74192 等）。

(2) CMOS 型

1) 异步计数器。

二至十六任意进制计数器，如 C186。

7 位二进制串行计数器，如 CC4024。

12 位二进制串行计数器，如 CC4040。

14 位二进制串行计数器，如 CC4060。

2) 同步计数器。

加计数，有二至十进制同步计数器，如 C180 等；4 位二进制同步计数器，如 C183 等。

减计数，有可预置的二至十进制同步 $1/N$ 计数器，如 C182 等；可预置的 4 位二进制同步 $1/N$ 计数器，如 185 等。

可预置的加计数器，二至十进制，如 CC40160；4 位二进制，如 CC40161 等。

可预置的加/减计数器，有单时钟二至十进制，如 C188；单时钟 4 位二进制，如 C189。此外还有双时钟二至十进制，如 C181 等；双时钟 4 位二进制，如 C184 等。

2.2.3 主要参数

(1) 最高工作频率（f_{max}）　TIL 型约为 20～100MHz，CMOS 型约为 1～12MHz。V_{DD} 越高 f_{max} 也越高。

(2) 静态功耗（P_D）　TIL 型约为 40～500mW，CMOS 型不到 1mW，P_D 越大，f_{max} 越高。

(3) 传输延迟时间（$CP \rightarrow Q$）　TTL 型约为十几纳秒，CMOS 型约为几百纳秒。

(4) 输入电容（C_1）　TTL 型一般不给出，CMOS 型约为几个皮法（pF）。

(5) 其他参数的含义和触发器、门电路的基本一致，此处不再重复。

2.3 集成寄存器和移位寄存器

2.3.1 功能及电路组成

集成寄存器和移位寄存器都有接收、暂存和传送数据的功能，它们是数字系统中的一个重要部件。其不同之处在于后者还有移位的功能而前者则不具备。现分别介绍如下。

(1) 寄存器

一个具有四个 D 触发器的 CT74175 寄存器的逻辑图如图 5-25 所示。它的寄存数据过程如下：

1) 当异步清除 $\overline{CR}$（CR 是英文 Clear 的缩写，上面的横线代表低电平起作用）为 0 时，不论各触发器在什么状态，均被置 0，即 $1Q \sim 4Q$ 均为 0。

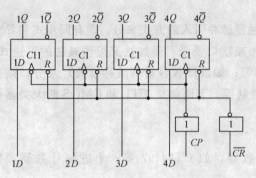

图 5-25 四上升沿 D 触发器组成的 CT74175 寄存器逻辑图

2) 当 $\overline{CR}$ 端为 1 后，撤销了清除信号，此时输入端 $1D \sim 4D$ 的数据即可通过 CP 的上升沿送到寄存器，即各 Q 端的状态分别与所对应的 D 端一致。

3) 当 $\overline{CR}$ 为 1 和 CP 为 0 时，各触发器处于保持状态，此时 Q 的状态与 D 端以后的状态无关，即达到寄存目的。

(2) 移位寄存器

移位寄存器除了具有上述寄存器的各种功能外，还具有移位的功能。也就是说，寄存器中各触发器的状态可以在移位脉冲的作用下，依次向左或向右移动，从而实现数据的串行和并行之间的转换。

一个简单的由串行到并行或由串行到串行的移位寄存器可将图 5-25 中的 $1Q$ 接到 $2D$，$2Q$ 接到 $3D$，依此类推，并以 $1D$ 为串行数据输入端，$1Q \sim 4Q$ 为并行数据输出端。设串行数据为 1011，则将 CR 置 0 后，每次 CP 的上升沿来到后，移位寄存器的状态分别如表 5-7 中所示。

移位寄存器的状态转换　　　　　　　　　　　　　　　　表 5-7

$\overline{CR}$	CP 次数	$1D(u_1)$	移位寄存器状态			
			1Q	2Q	3Q	4Q
0	0	0	0	0	0	0
1	1	1	1	0	0	0
1	2	1	1	1	0	0
1	3	0	0	1	1	0
1	4	1	1	0	1	1
1	5	0	0	1	0	1
1	6	0	0	0	1	0
1	7	0	0	0	0	1
1	8	0	0	0	0	0

由表中可以看出，每来一个 CP 脉冲，输入数据即向右移一位。当第 4 个 CP 脉冲来到后，移位寄存器的状态即为串行输入的状态，可以作为并行输出。若继续加 CP，则 Q_4

端的状态即反映了输入数据的状态，可以作为串行输出。还可以看出，若以 4 作为输入端，将 4Q 接到 3D，3Q 接到 2D，……，而以 1Q 作为输出端，则为左移式移位寄存器。

一个功能比较全，既能右移又能左移的移位寄存器 CC40194 的逻辑图如图 5-26 所示，它的功能见表 5-8。

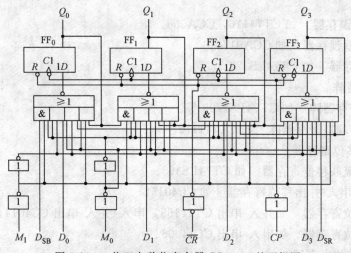

图 5-26 4 位双向移位寄存器 CC10194 的逻辑图

CC40194 的功能表　　　　　　　　　　　　　　　　　表 5-8

功能	输入(t_n)										输出(t_{n+1})			
	$\overline{CR}$	M_1	M_0	CP	D_{LS}	D_{SR}	D_0	D_1	D_2	D_3	Q_0	Q_1	Q_2	Q_3
清除	0	×	×	×	×	×	×	×	×	×	0	0	0	0
保持	1	×	×	0	×	×	×	×	×	×	Q_0^n	Q_1^n	Q_2^n	Q_3^n
送数	1	1	1	↑	×	×	D_1	D_2	D_3	D_4	D_1	D_2	D_3	D_4
自保持	1	0	0	×	×	×	×	×	×	×	Q_0^n	Q_1^n	Q_2^n	Q_3^n
右移	1	0	1	↑	×	1	×	×	×	×	1	Q_0^n	Q_1^n	Q_2^n
	1	0	1	↑	×	0	×	×	×	×	0	Q_0^n	Q_1^n	Q_2^n
左移	1	1	0	↑	1	×	×	×	×	×	Q_1^n	Q_2^n	Q_3^n	1
	1	1	0	↑	0	×	×	×	×	×	Q_1^n	Q_2^n	Q_3^n	0

图 5-26 中的寄存器由 D 触发器组成，它们与或非门组成多路选择器，用来实现不同的功能。例如，当 M_1M_0 为 11 时为送数，即 CP 前沿来到后，将 $D_1 \sim D_4$ 的数据并行送到寄存器，如表 9-3 中"送数"栏所示。当 M_1M_0 相关的两条线均为 1，右移串行输入信号 D_{SR} 起作用，Q_0 端接到 FF_1 的输出端，Q_1 接到 FF_2 的输入端，……，故实现右移功能。当 M_1M_0 为 10 时，各与或非门左起第三个与门被选通，左移串行输入信号 D_{SL} 起作用，Q_3 接到 FF_2 的输入端，Q_2 接到 FF_1 的输入端，……，故实现左移功能。当 M_1M_0 均为 0 时，最右边的与门被选通而其他三个与门均被封锁，因此形成 Q_0 为原来的状态 Q_0^n，Q_1 为 Q_1^n，……，故实现自保持功能。

由以上分析可知，CC40194 具有清零、送数、右移、左移和保持功能，数据可并行输入也可经 D_{SL} 左移或 D_{SR} 右移实现串行输入；数据可并行输出也可由 Q_0（左移时）或 Q_3（右移时）实现串行输出，因此具有较大灵活性。

2.3.2 类型

(1) 多位寄存器（包括锁存器）

1) 4 位 D 型三态缓冲寄存器　如 TTL 的 CT74LS173。

2) 4 位可优先寄存器　即只有当高位数据输入为 0 时，低位数据才能寄存，如 CT74278。

3) 双 4 位锁存器　如 CT74116，CCA508。

4) 6 位 0 型锁存器　如 CCA0174。

5) 8 位锁存器　如 CT74LS373。

(2) 寄存器阵

1) 4×4 寄存器阵　如 CT74LS1709 等。

2) 8×2 多端口寄存器阵　如 CT741172。

(3) 单向移位寄存器

1) 4 位可级联移位寄存器　如 CT74LS395。

2) 双 4 位串-并出移位寄存器　如 CC4015。

3) 8 位移位寄存器　如并入-串出 CT74165，串入/并入-串出 CC4014。

4) 8 位移位寄存器　如串入-串出 CC14006。

(4) 双向移位寄存器

1) 4 位双向移位寄存器　如 CT74LS194，CC40194。

2) 8 位双向移位寄存器　如 CT74198，CC4034。

2.3.3 选用时应考虑的问题

(1) 传输方式。有的移位寄存器只能串入串出，如 CC14006；有的只能串入但可并出或串出，如 CC4015；有的可以串入或并入但只能串出，如 CC4014。

(2) 送数方式。有的移位寄存器是下降沿送数，如 CT74LS395；有的则是上升沿送数，如 CT74LS194。

(3) 保持方式。有的移位寄存器是在 CP 为 0 时保持，如 CT74194；有的是在 CP 为 1 时保持，如 CT74LS395；有的通过 0 端引到 D 端自保持，如 CT74LS194。

(4) 功耗。CMOS 取的电流较小，一般为几十微安，TTL 各种系列的功耗比是 T000：CT74：CT74S：CT74LS＝1：1/2：1：1/7，所以，为了降低功耗应选 CT74LS 系列。

课题 3　半导体存储器

半导体存储器是存储信息的器件，是数字计算机中不可缺少的单元。它的种类很多，现只介绍 ROM、EPROM 和 RAM 三种。

3.1　ROM 的功能及电路组成

ROM（Read Only Memory，只读存储器）的功能是将二进制的数码按一定的要求存储起来，然后根据一定的规律选（读）出。数码一旦存（写）入，即不能更改，所以称为只读存储器。它所起的作用好比一张唱片，我们只能听到事先录制的节目，而每段节目可以按既定的顺序挑选。一个简单的 ROM 电路和它的真值表如图 5-27 所示，从图可见，

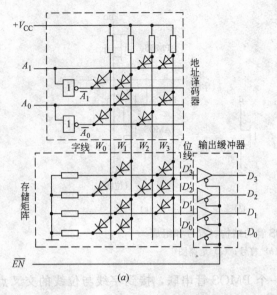

图 5-27 ROM 的电路图和真值表

它由存储矩阵、地址译码器和输出缓冲器三部分组成。存储矩阵与地址译码器之间的连线称为字线（或称选择线），记作 W，存储矩阵与缓冲器之间的连线称为位线（或称数据线），记作 D。信息存储在字线和位线的交叉点，如有二极管（也可以是晶体管或 MOS 管）跨接即作为存 1，如无二极管（也可以是跨接二极管断开），则作为存 0。例如，对应 W_0，所存的信息为 0101，对应于 W_1，所存的信息为 1011 等。信息的读出是由字线的高电平决定的。例如，当 W_0 为 1 时，最左列两个二极管导通，经缓冲器输出的数据 $D_3D_2D_1D_0$ 为 0101，当 W_3 为高电平时，最右列三个二极管导通，输出数据为 1110。哪一根 W 线处于高电平是由地址码 A_1A_0 通过地址译码器决定的，例如，当 A_1A_0 均为 1 时，只有 W_3 处于高电平，输出为所存的 1110。其余情况可参阅真值表。上述过程好比一位客人按照地址的门牌号码访问某家住户一样。

这种形式的 ROM 常用于字符的发生和码制的转换等场合，它的优点是结构简单，使用方便，缺点是一旦制成后，所存的信息不能改变。

3.2 EPROM 的功能及电路组成

EPROM（Erasable Programmable ReadOnly Memory，可擦可编程只读存储器）的功能是既可存入数码，又可根据需要将原来存入的数码擦除后，重新存入新的数码。它所起的作用好比一盘录音或录像磁带。这种功能是通过一种浮栅雪崩注入 MOS 管 FAMOS（Floating gate Avalanche injection MOS）来实现的，它的结构如图 5-28（a）所示，符号如图 5-28（b）。

FAMOS 是一个 P 沟道增强型场效应管，它的栅极浮置在二氧化硅层内，并与外界绝缘。如果在漏极和源极之间加上较高的电压，将衬底与漏极之间的绝缘击穿，这将使浮置栅存有电荷，所加电压去掉后，这些电荷便被保存下来使漏源极之间形成导电沟道。由于二氧化硅的绝缘性能很好，所存电荷可保持十年以上。擦除时，可以用紫外线照射外壳上装有透明的石英盖板，使二氧化硅层中产生电子空穴对，为电荷提供泄漏通路，导电沟

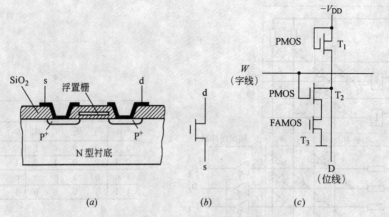

图 5-28 FAMOS 管的结构、符号和组成
(a) 结构；(b) 符号；(c) 电路图

道被截断。使用时，将 FAMOS 管与另一个 PMOS 管串联，接到字线与位线的交叉点，如图 5-28 (c) 中所示。在出厂前，所有的 FAMOS 管都处于截止状态，输入数据时，先使字线为低电平，然后在应该为 1 的位线上加入负脉冲，则 T 导通并使 FAMOS 被击穿，位线处于接近地电位。注意到 PMOS 是接到负电源，所以地电位属于高电平 1，而负电位则为低电平 0，属于 FAMOS 不导通时的情况。在读出时，选输入指定的地址代码，被选定的字线便输入低电平，使已注入电荷的 FAMOS 管导通，相应的位线处于高电平，即读出 1；其余未被注入电荷的则读出为 0。

EPROM 有 2716、2732、2764、27128 等，存储容量分别为 $2k\times 8$、$4k\times 8$、$8k\times 8$、$18k\times 8$ 个单元（型号 27 后面的数字即为以千计的存储容量），现以 2716 为例说明它的工作情况。其结构图如图 5-29 所示。

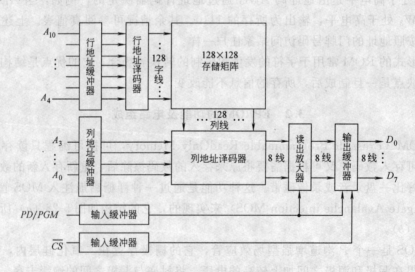

图 5-29 2716EPROM 的结构图

从图中可见，2716 的地址输入端有 11 位，从 A_0 到 A_{10}，数据输出端有 8 位，从 D_0 到 D_7，故实际存储单元为 $2^{11}\times 8$ 或 2048×8 个，简称 $2k\times 8$。在存储矩阵中，将上述

16384 个单元组成 128×128 矩阵，其中行地址 $A_4 \sim A_{10}$ 通过缓冲器和译码器组成 128 条字线，另外 128 条列线通过由列地址 $A_0 \sim A_3$ 控制的译码器得到 8 位输出。$\overline{CS}$ 为低电平起作用的片选端，高电平时输出为高阻，PD/PGM 为功耗降低与编程信号，其作用是在两次读出的等待时间内降低器件的功率损耗，即当 PD/PGM 为 1 时，输出为高阻。2716 有 6 种工作状态，见表 5-9。

2716 的 6 种工作方式 表 5-9

工作方式	$\overline{CS}$	PD/PGM	$U_{PP}(V)$	输出(数据线)状态
读出	0	0	+5	数据输出
未选中	1	×	+5	高阻
低功耗	×	1	+5	高阻
编程(写)	1	50ms 正脉冲	+25	数据输入
程序检验	0	0	+25	数据输出
禁止编辑	1	0	+25	高阻

EPROM 的优点是数据既可存入又可擦除，而且和 ROM 一样，不加电时数据仍可保存。缺点是擦除时间较长（约 15～20min）而且要有专用设备。目前，市面上的电可擦除只读存储器（EEPROM 或 E2PROM）在写时不需要升压，擦除所需的时间也很短（几十毫秒），例如 2815/2816 和 58064 等。

3.3 RAM 的功能及电路组成

RAM（Random Access Memory，随机存储器）的功能是既能不破坏地读出所存的数码，又能随时写入新的数码。它有静态和动态两种类型，前者的存储单元是以静态触发器为基础，后者是利用 MOS 管栅极的存储电荷效应组成的，工作时须不断补充泄漏的电荷。这里只介绍静态随机存储器。图 5-30 是 2114 型 1024×4 倍 RAM 的结构图。其中共有 4096 个存储单元，组成 64×64 存储矩阵，输入地址线中的 $A_3 \sim A_8$ 通过行地址译码器接 64 条行选择线，$A_0 A_1 A_2$ 及 A_9 通过列地址译码器接 16 条选择线，每根列选择线同时接 4 位，因此组成 1024×4 位或简称 1k×4 位。$I/O_1 \sim I/O_4$ 是数据输入输出线，当片选 $\overline{CS}$ 为 0，读写 $R/\overline{W}$ 为 1 时，C9 的输出为 1，则三态门 $C_5 \sim C_8$ 导通，将存储器数据读出传到四条 I/O 线；当 $\overline{CS}$ 为 0，及 $R/\overline{W}$ 0 时，G10 的输出为 1，三态门 $G_1 \sim G_4$ 导通，将四条 I/O 线上的数据写入存储单元；当 $\overline{CS}$ 为 1 时，C9、C10 的输出均为 0，$G_1 \sim G_8$ 均截止，故此片未被选中。

存储单元通常由 NMOS 或 CMOS 管组成。由六管 CMOS 组成的静态 RAM 如图 5-31 所示。图中 CMOS 管 $T_1 \sim T_4$ 组成基本 RS 触发器，用以存储二进制信息；T_5、T_6 为 NMOS 增强型管，用以控制触发器与外界的联系。当行选择线 X_i 为高电平时，T_5、T_6 导通，列选择线 Y_i 为高电平时，T_7、T_8 导通，于是该存储单元的数据端 D、$\overline{D}$ 通过三态门与 $R/\overline{W}$ 和 I/O 线相连。

由 CMOS 组成的 RAM 不但静态功耗小，而且还能在降低电源电压的情况下运行。例如，5101L 型的 RAN，在 +5V 电压供电时静态功耗为 $1 \sim 2\mu W$，而在 +2V 低压运行

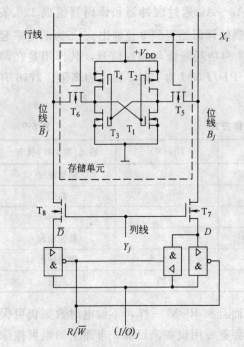
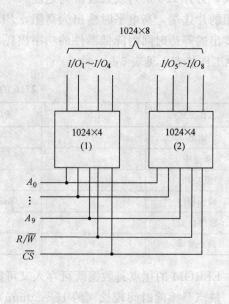

图 5-30 六管 CMOS 静态存储单元的电路图　　图 5-31 2114RAM 由 4 位扩充到 8 位的接法

时，功耗仅为 $0.28\mu W$，有利于电源断电时，利用电容器存储的电压或干电池维持工作一段时间。

当一片 RAM 不能满足存储量的要求时，可以将同类型的 RAM 组合起来以扩充容量。例如，若将 2114 扩充成为 1024×8 位，可按图 5-32 连接；若扩充为 4096×4 位可按图 5-33 连接。ROM 的扩展也可照此处理。

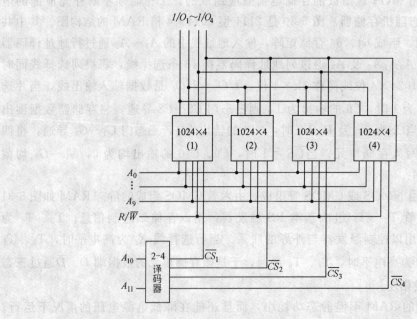

图 5-32　2114RAM 由 1024×4 扩充到 4096×4 的接法

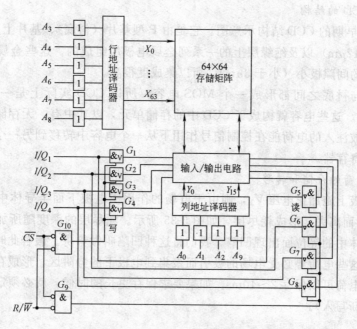

图 5-33 2114 型 RAM 的内部结构图

3.4 存储器的选择

(1) 类型

如果地址中的数据是不变的,应选 ROM;如数据要更换,但不是很频繁或随机更换(例如调试),可选 EPROM 或 E^2PROM;如数据是随机变化的(例如进行运算)应选 RAM;在小系统或存储容量要求不太大的情况下,可选静态 RAM;如容量相当大,为减少扩展的片数,可选动态 RAM,但需要刷新装置。RAM 的缺点是断电后存储的信息即消失。E^2PROM 可以克服这个缺点,但读写时间较 RAM 长,容量较小,价格较贵。

(2) 容量

原则上应根据需要的性能价格比来考虑,即并不是容量越小价格越便宜(因可能需要量少),有时利用片数扩展得到较大的容量要比买一个大容量的片子便宜。

(3) 速度

要和计算机的中央处理器(CPU)的时钟频率相适应,如太慢,则浪费 CPU 的等待时间。

(4) 功耗

由于 CMOS 的功耗低,因此双极型的存储器已较少选用。

3.5 CCD

CCD(Charge-Coupled Device,电荷耦合器件)是一种类似于动态移位寄存器形式的存储器件。它不仅结构简单,成本低,集成度高,而且与普通的 MOS 工艺完全相容,因而它应用广泛。目前已有定型的 CCD 产品出售,主要用于摄像、信号处理及存储器中。它的主要缺点是工作速度较低,因而应用范围受到了一定的限制。

3.5.1 CCD 的结构

图 5-34 是早期的 CCD 结构示意图。它是由 P 型基片（衬底）、基片上生成的 SiO_2 绝缘层（厚约 $0.12\mu m$）以及绝缘层上的一系列金属电极所组成的。这些金属电极排成整齐的阵列，相互的间隙极小（小于 $3\mu m$），所以集成度很高。

每个电极与衬底之间都形成一个 MOS 电容，所以 CCD 实际上是一个高集成度的 MOS 电容阵列。这些电容就构成了 CCD 中的存储单元，以其中有、无存储电荷表示逻辑"1"和"0"。被注入的电荷能在控制信号作用下从一个电容中转移到另一个电容中去，从而构成了移位寄存器。

3.5.2 电荷的存储和转移

如果在电极上施加正电压 V_1，则由于电场的作用使电极下面半导体中的多数载流子（空穴）受排斥而离去，形成耗尽层，如图 5-35 所示。耗尽层的深度随所加电压的增大而加深，使半导体中的等位面出现凹陷。我们将这种凹陷叫做势阱。假若此时向耗尽层中注入电荷，那么这些电荷势必受电场的吸引而聚集到电极下的势阱区，形成存储电荷。在常温下这种存储电荷可以保存 $2\sim 10ms$。如果要求保存更长的时候，就必须定时地将存储的内容刷新（重新写入）。

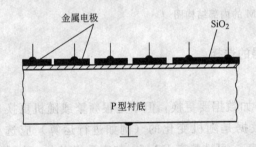

图 5-34 CCD 的结构示意图

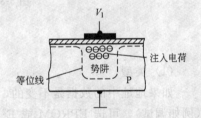

图 5-35 CCD 中电荷的存储

如果我们按照一定的变化规律改变加到相邻电极上的电压信号，就能够使存储电荷从一个电极下面转移到相邻的另一个电极下面。

图 5-36 中画出了在三相时钟信号 ϕ_1、ϕ_2、ϕ_3 的作用下存储电荷转移的过程。由图可见，每一排电极相间地分别接到了三相时钟信号上。三相时钟依次相差 1/3 周期，它们的波形如图 5-36（d）所示。

假定在 t_1 时，$\phi_2=V_1$，$\phi_1=\phi_3=V_3$，则所有电极下都有耗尽层形成，如图 5-36（a）所示。而且，由于电极之间的间距极小，这些耗尽层是连通的。耗尽层中的电位不等，上面高、下面低。因为 ϕ_2 的电位最高，所以电极 2 和电极 5 下面半导体表面的电位也比附近的电位高。如果向势阱 2 中注入电荷，那么它们将聚集在电极 2 下面的半导体表现处，不再移动。

在 t_2 时，ϕ_3 上升为 V_1，ϕ_2 下降为 V_2，而 ϕ_1 保持为 V_3，电极 3 和电极 6 下面半导体表面处的电位最高。因此，原来势阱 2 中的电荷将向势阱 3 移动，如图 5-36（b）所示。到了 t_3 时刻，电荷的转移已经完成，存储电荷右移了一个电极的位置而转移到了势阱 3 中，如图 5-36（c）所示。在转移过程中由于 ϕ_1 始终保持在最低电位，从而有效地防止了存储电荷左移。

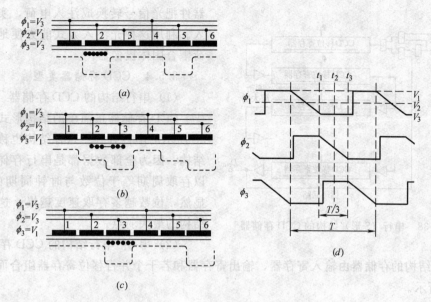

图 5-36 三相时钟 CCD 中电荷的转移

(a) $t=t_1$; (b) $t=t_2$; (c) $t=t_3$; (d) 时钟波形

由图可见，从 t_1 到 t_3 正好等于 1/3 时钟周期，而存储电荷刚好转移了一个电极，因而经过一个完整的时钟周期以后，存储电荷必将移动三个电极的位置。因此，每三个相邻的一级电极构成了移位寄存器的一位。

早期的 CCD 产品采用四相时钟控制。目前用改进工艺制作的 CCD 器件能够在两相时钟信号操作下运行，这就大大简化了控制电路。

3.5.3 信号的输入与输出

在一行电极的两端设置输入、输出电路以后，就构成了一个 CCD 移位寄存器。输入、输出电路的结构形式如图 5-37 所示。

输入电路的作用是将输入的电压信号转换成电荷信号，它由输入源 S_1（N^+）和输入栅 G_1 组成。在工作时，S_1 和 G_1 上各加有正偏压，以使它们下面的半导体表面一层成耗尽层，并与其他电极下面的耗尽层连接起来。当电极 1 上加高电位时，S_1、G_1 和

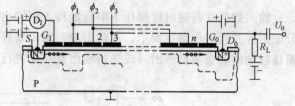

图 5-37 CCD 移位寄存器的输入、输出电路

电极 1 便形成一只 MOS 三极管，若此时 G_1 与 S_1 的电位差小于 V_T，则没有电荷注入。反之，若此时 G_1 与 S_1 的电位差大于 V_T，则有电荷注入到势阱 1 中。这样，就把 G_1 与 S_1 之间大于 V_T 的电压信号转换成了注入电荷。

输出电路的作用在于把电荷信号转换成输出的电压信号，它由输出漏 D_0（N^+）和输出栅 G_0 组成。当最末一个电极 n 的电位低于 G_0 的电位，且电位差大于 V_T 时，CD 下面的沟道导通，电极 n 下面的存储电荷变成电流流过 RL，于是在输出端得到了电压信号。

这种用电压信号产生注入电荷的方式称为电注入方式。此外，还可以用光敏半导体

器件把光信号转换成注入电荷，实现光注入。利用这种光注入方式能方便地构成电荷耦合固体摄像器。

3.5.4 CCD 存储器类型

(1) 串行结构的 CCD 存储器

CCD 存储器最简单的结构形式是图 5-38 所示的串行方式。这种结构也称为 S 形结构。因为全部数据都是串行存储的，所以存取周期等于位数与时钟周期的乘积。显然，位数越多存取速度越慢，这是串行结构的最大弱点。

(2) 串-并-串行结构的 CCD 存储器

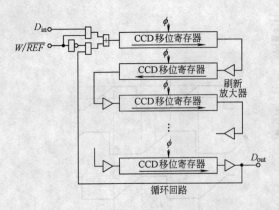

图 5-38 串行（S 形）结构的 CCD 存储器

这种结构的存储器由输入寄存器、输出寄存器和若干个并行移位寄存器组合而成，如图 5-39 所示。

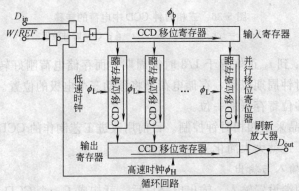

图 5-39 串-并-串行结构的 CCD 存储器

输入数据在高速时钟操作下串行地移入到输出寄存器中，然后在低速时钟信号操作下分配到各并行移位寄存器中。在输出端，输出寄存器在高速时钟操作下把从并行移位寄存器接收到的数据串行送出（或送回输出寄存器进行数据刷新操作）。

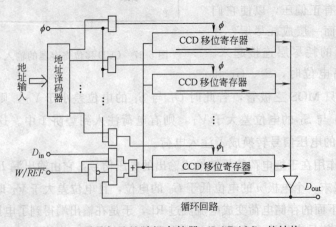

图 5-40 可寻行地址随机存储器（LARAM）的结构

可见，在这种结构方式的存储器中只有输入、输出两个寄存器工作在高速时钟信号下，这样既提高了数据存取速度，又减轻了高速时钟信号源的负担。因为时钟信号驱动的基本上是电容性负载，所以驱动电流几乎随频率的升高而线性地增加。

(3) 可寻行地址随机存储器

图 5-40 为可寻行地址随机存储器的结构示意图，它包含一个 MOS 译码器和若干 CCD 移位寄存器。根据地址代码能从众多的移位寄位器中选中任何一个，然后对其进行输入或输出操作。因为每个移位寄存器都是阵列电容的一行，而任何一行都可以随机被选中，所以把这种结构形式定名为可寻行地址随机存储器，简称 LARAM (Line Addressable Random Access Memory)。

这种存储器的存取周期基本上等于一条移位寄存器的存取时间，因而可以通过增加移位寄存器的数目获得更大的存储量，同时又不增加存取时间。

课题 4 555 定时器

555 定时器是一种多用途的单片集成电路，利用它能极方便地接成施密特触发器、单稳态触发器和多谐振荡器。由于使用灵活、方便，因而 555 定时器在波形的产生与变换、测量与控制、家用电器、电子玩具等许多领域中都得到应用。

4.1 CC7555 定时器功能特点

4.1.1 特点

CC7555 为单定时器电路，其特点为：

(1) 稳态电流较小，每个单元为 80μA 左右。
(2) 输入阻抗极高，输入电流为 0.1μA 左右。
(3) 电源电压范围较宽，在 3～18V 内均可正常工作。
(4) 定时时间长而且稳定。

555 定时器电路应用范围很广，特别适合作单稳态、无稳态电路，做倍频器和波形发生器应用时，更能体现出线路简单，便于调节等优点。

4.1.2 电路结构及电路功能

(1) 电路结构

CC7555 定时器逻辑图与引线排列图如图 5-41 所示。在图 5-41 (a) 中，电路结构由电阻分压器 R、电压比较器 A 和 B、基本 RS 触发器门 1 和门 2、MOS 管 V 和输出缓冲级门 5 和门 6 等几个基本单元组成。

引线排列如图 5-41 (b) 所示，输入端功能见表 5-10。

CC7555 输入端功能表　　　　　　　　　　　　表 5-10

比较器		引出功能表	符号	电压
A	+	阈　值	TH	输入电压
	−	控　制	CO	2/3 V_{DD}
B	+			1/3 V_{DD}
	−	触　发	TR	输入电压

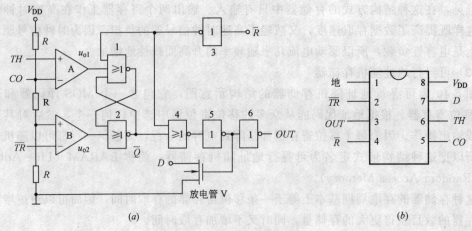

图 5-41 CC7555 定时器
(a) 逻辑图；(b) 引线排列图

(2) 工作原理

定时器的主要功能取决于比较器，若 $V_+ > V_-$，则比较器输出 1，若 $V_+ < V_-$，则比较器输出 0，比较器的输出控制基本 RS 触发器的输出和放电管的状态。

当在复位端 $\overline{R}$ 加低电平时，定时器被置 0。

若 $\overline{R}$ 端为高电平时，当阈值输入端 TH（6）引脚电压超过 $2/3\,V_{DD}$ 时，则 A 输出高电平，使 RS 触发器翻转，$Q=0$。而当低触发端 $\overline{TR}$（2）引脚电压低于 $1/3\,V_{DD}$ 时，比较器 B 输出高电平，RS 触发器再次翻转，$Q=1$，$\overline{Q}=0$。

N 沟道场效应管 V 是一个放电开关，当栅极为高电平时，场效应管导通；当栅极为低电平时，场效应管截止。

两级反相器构成输出级，以提高电路的电流驱动能力。集成定时器 CC7555 在 CO 悬空时的功能表见表 5-11。

集成定时器 CC7555 在 CO 悬空时的功能表　　　　　　　　表 5-11

TH	$\overline{TR}$	$\overline{R}$	Q	$\overline{Q}$	OUT	D
×	×	0	×	×	0	导通
$>2/3\,V_{DD}$	$>1/3\,V_{DD}$	1	0	1	0	导通
$<2/3\,V_{DD}$	$>1/3\,V_{DD}$	1	原状态		原状态	原状态
×	$<1/3\,V_{DD}$	1	×	0	1	截止

可见，随 TH 端与 $\overline{TR}$ 端所接电压的变化，定时器输出 OUT 和放电管 V 分 3 种状态：

1) 只要满足 $u_{TR} < 1/3\,V_{DD}$，无论 TH 端接任何电压，都有 $OUT=1$，V 截止。
2) 若 $u_{TR} > 1/3\,V_{DD}$，$u_{TR} < 2/3\,V_{DD}$，则 OUT 与 V 均保持原状态不变。
3) 仅在 $u_{TR} > 1/3\,V_{DD}$，$u_{TR} > 2/3\,V_{DD}$ 时，才能出现 $OUT=0$，V 导通。

4.2　555 定时器的应用

对集成定时器各种应用的讨论，都是围绕表 5-11 所示功能进行的。将定时器适当地配上 R 元件、C 元件和连线，可以很方便地组成各种电路简单、工作可靠的脉冲电路。

4.2.1 单稳态触发器

(1) 电路组成

单稳态触发器连接与输入输出波形如图 5-42 所示。将 CC7555 按图 5-42（a）连接，电压控制端 CO（5）引脚如果加控制电压，则可以改变比较器的参考电压。不用时，通常加 0.01μF 电容接地，以防止干扰。

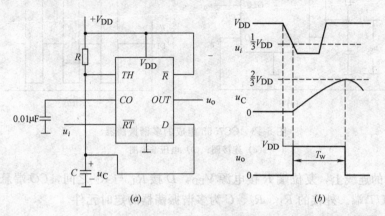

图 5-42 单稳态触发器
(a) 连接图；(b) 输入输出波形图

(2) 工作原理

电源接通瞬间，电路有一个稳定的状态，即电源通过电阻 R 向 C 充电，当 u_C 上升到 $2/3 V_{DD}$ 时，触发器复位，u_o 为低电平，放电管 V 导通，电容 C 放电，电路进入稳定状态。

若触发器输入端施加触发信号（$u_i < 1/3 V_{DD}$），触发器发生翻转，电路进入暂稳态，u_o 输出为"1"，V 截止，电容 C 充电，当电容 C 充电至 $2/3 V_{DD}$ 时，电路恢复至稳定状态。

忽略放电管的饱和压降，则 u_C 从 0 电平上升到 $2/3 V_{DD}$ 的时间，即为 u_o 的输出脉宽 T_W。

$$T_W \approx RC\ln 3 \approx 1.1RC$$

上述分析是在输入的负触发脉冲宽度小于 T_W 的情况下进行的。若这一条件不满足，输出电压 u_o 就不能由"1"转换为"0"，即 u_o 将保持"1"不变。实际运用中如果遇到负脉冲宽度大于或等于 T_W 的情况，可以在 u_i 与定时器 $\overline{TR}$ 端之间串接 RC 微分电路，缩短负脉冲宽度。另外还应注意：在电路处于暂稳态期间（即 T_W 内），不能输入负脉冲。否则，电路不能正常工作。

由此我们可以看出，单稳电路有一个稳态和一个暂稳态，电路由稳态过渡到暂稳态，需外加触发信号，而由暂稳态到稳态，无须外加触发脉冲，其"触发"信号是由电路内部电容充（放）电提供的，暂稳态持续时间是脉冲电路的主要参数。

4.2.2 多谐振荡器

(1) 电路组成

CC7555 组成的多谐振荡器如图 5-43 所示，定时器 TH 端与 $\overline{TR}$ 端短接在电容 C 与

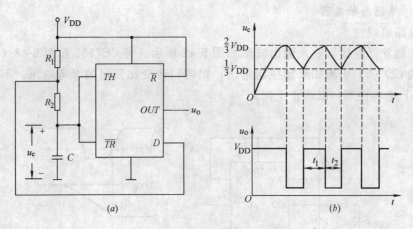

图 5-43 CC7555 组成的多谐振荡器
(a) 连接图；(b) 电压波形图

电阻 R_2 之间的连线上，复位端 $\overline{R}$ 接电源 V_{DD}，D 接 R_1 与 R_2 之间，CO 端悬空，输出信号 u_o 取自 OUT 端。外接的 R_1、R_2、C 为多谐振荡器的定时元件。

(2) 工作原理

多谐振荡器没有稳定状态，只有两个暂稳状态。

如图 5-43 (a) 所示，接通电源前，定时电容 C 上的电压 u_c 为 0，所以刚接通电源时，定时器被置成高电平，OUT = "1"。电源接通后不久，电源电压通过 (R_1+R_2) 对 C 充电。当 u_c 上升到 $2/3\,V_{DD}$ 时，比较器 A 翻转，触发器复 0，Q="0"，V 导通，输出由高电平变为低电平。由于 V 导通，u_c 通过 R_2 放电。当 $u_c < 1/3\,V_{DD}$ 时，比较器 B 翻转，触发器再次被置成高电平，输出由低电平变为高电平。由此形成振荡，在 OUT 端可输出矩形脉冲电压，如图 5-43 (b) 所示。除了 u_o 为高电平的第 1 个波形外，u_o 的高电平持续时间 t_1 是 u_c 由 $1/3\,V_{DD}$ 充电至 $2/3\,V_{DD}$ 所需要的时间；u_o 的低电平持续时间 t_2 是 u_c 由 $2/3\,V_{DD}$ 放电至 $1/3\,V_{DD}$ 所需要的时间；若忽略 V 的导通电阻，则有

$$t_1 = (R_1+R_2)C\ln 2 \approx 0.7(R_1+R_2)C$$

$$t_2 = R_2 C \ln 2 \approx 0.7 R_2 C$$

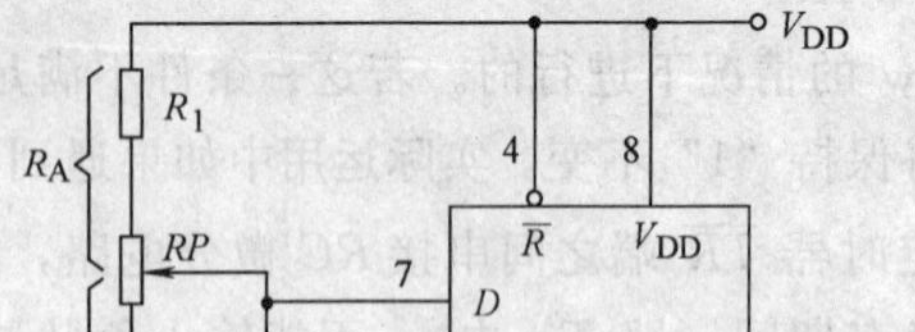

输出矩形波的振荡周期为

$$T = t_1 + t_2 \approx 0.7(R_1 + 2R_2)C$$

脉冲占空比为

$$q = t_1/T = -(R_1+R_2)/(R_1+2R_2)$$

将上述电路稍加改动，就可以构成占空比可调的多谐振荡器，如图 5-44 所示。图中加了电位器 RP，并利用二极管 VD_1 与 VD_2 将电容 C 的充电及放电回路分开。调节 RP 的阻值，使 R_A 与 R_B 比值发生变化，就可以改变输出脉冲的占空比。

图 5-44 空度比可调的多谐振荡器

4.2.3 施密特触发器

(1) 电路组成

CC7555 组成的施密特触发器如图 5-45 所示,将定时器的 TH 端和 $\overline{TR}$ 端短接在一起,作为触发器的输入端,复位端 $\overline{R}$ 接电源 V_{DD},定时器输出 OUT 作为触发器输出。

(2) 工作原理

如图 5-45 (a) 所示,为了便于分析,先将 CO 悬空。并设输入信号为正弦波电压。$u_i < 1/3\ V_{DD}$ 时,$u_o = 1$;在 u_i 上升到 $2/3\ V_{DD} > u_i > 1/3\ V_{DD}$ 期间,u_o 仍保持原状态 1 不变。

输入电压上升到 $u_i > 2/3\ V_{DD}$ 后,输出电压跳变为 $u_o = 0$;u_i 由最高值下降,在 $u_i > 1/3\ V_{DD}$ 期间,u_o 仍保持原状态 0 不变。

输入电压下降到 $u_i < 1/3\ V_{DD}$ 后,输出电压跳变,$u_o = 1$。

输入输出波形如图 5-45 (b) 所示,即该电路具有将正弦波电压转换为矩形电压的功能。

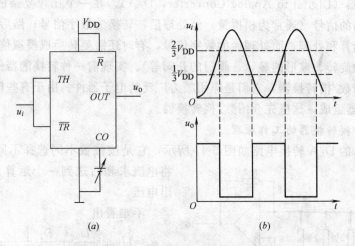

图 5-45 CC7555 组成的施密特触发器
(a) 连接图;(b) 输入输出波形图

由上面分析可知,使电路状态发生翻转的 u_i 是不同的,我们把上升时阈值电压 U_{T+} 称为正向阈值电压,而把下降时的阈值电压 U_{T-} 称为负向阈值电压,它们之间的差值 ΔU_T 称为回差,即

$$\Delta U_T = 2/3\ V_{DD} - 1/3\ V_{DD} = 1/3\ V_{DD}$$

回差是施密特触发器的固有特性。施密特触发器的电压传输特性如图 5-46 所示。

如果控制端 CO 外接电压,则 $U_{T+} = U_{CO}$,$U_{T-} = 1/2\ U_{CO}$,$\Delta U_T = 1/2\ U_{CO}$。可见通过改变 U_{CO} 的数值就可以改变电路回差电压 ΔU 的大小,且电压 U_{CO} 越大,ΔU 越大。

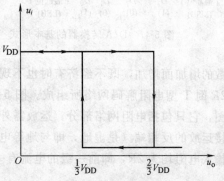

图 5-46 施密特触发器的电压传输特性曲线

课题 5 D/A、A/D 转换器

在电子技术中,信号的处理是非常重要的。例如温度、压力、速度、位移等非电量,绝大多数可以通过相应的传感器,变换为连续变化的模拟量(电压或电流)。模拟量的幅度一般都比较小,波形也可能失真或不满足要求,因此,还要加以处理才能达到预期的目的。若用电子计算机对生产过程进行控制时,首先要将被控制的模拟量转换为数字量,才能送到计算机中去进行运算和处理;然后又要将处理得出的数字量重新转换为模拟量,才能实现对被控制的模拟量进行控制。如在数字仪表中,也必须将被测量转换成数字量,才能实现数字显示。诸如此类的问题,在电子技术中通称为信号的转换与处理问题。

本章从实用角度出发,介绍一些常用的信号转换处理电路。

5.1 数/模转换器(D/A)

数/模转换器(Digital to Analog Converter,D/A)。在一个比较复杂的电子系统中,往往需要将原始的信号(通常为模拟量)经处理后,转换为数字信号;然后送入计算机进行数字信号的运算和处理;而处理后的数字信号,有时还需要转换成模拟信号以驱动执行机构(如电机的旋转、波形的显示、阀门的开阖等)。实现前一种转换的器件称为模/数转换器,后一种为数/模转换器,它们是应用颇为广泛的电子器件。由于有些模/数转换器需要由数/模转换器组成,这里先介绍数/模转换器。

5.1.1 数/模转换器的工作原理

一个最基本的 D/A 转换电路如图 5-47 所示,它是按位数不同选择不同阻值的电阻,将电流求和后送到一个运算放大器得到输出电压。

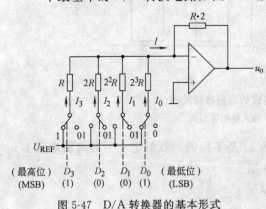

图 5-47 D/A 转换器的基本形式

不难看出

$$u_o = U_{REF}\left[\frac{D_0}{2^3 R} + \frac{D_1}{2^2 R} + \frac{D_2}{2^1 R} + \frac{D_3}{R}\right] \times \frac{R}{2}$$

若选 $U_{REF}=16V$,则 $u_o = D_0 + 2D_1 + 2^2 D_2 + 2^3 D_3$ (V)。在图 5-47 中 $D_0 = D_3 = 1$,01: $D_1 = D_2 = 0$,则 $u_o = 9V$,即将 1001 的数字量变成 9V 的模拟量。其他情况依此类推。

这个方案的缺点是电阻阻值范围随位数的增加而增加,既不经济有时也不现实。所以,目前常用的 D/A 转换电路是由所谓 R-2R 倒 T 型电阻解码网络所组成。图 5-48 是集成 10 位 D/A 转换器 5G7520A 的电路原理图,它只包括电阻网络部分,运放需外加。在图中,并联支路电阻 2R 的下端或接地,或接运放的反相端(是虚地,即与地等电位),因此从网络的任何一段的节点向右看进去的输入电阻均为 2R,即前一级的电流有一半流经并联支路,另一半流经下级。故有:

$$I_9 = \frac{I}{2}, \quad I_8 = \frac{I}{2^2}, \quad \cdots, \quad I_0 = \frac{I}{2^{10}}$$

$$I_F = D_0 I_0 + D_1 I_1 + \cdots + D_8 I_8 + D_9 I_9 = \left(\frac{D_0}{2^{10}} + \frac{D_1}{2^9} + \cdots + \frac{D_8}{2^2} + \frac{D_9}{2}\right) I$$

已知 $U_{REF} = IR$ 并令 $R = R_F$ 则

$$u_0 = \left(\frac{D_0}{2^{10}} + \frac{D_1}{2^9} + \cdots + \frac{D_8}{2^2} + \frac{D_9}{2}\right)$$

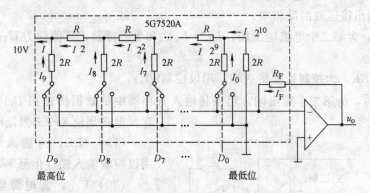

图 5-48 集成 10 位 D/A 转换器 5G7520A 的电路原理图

当 D 取不同的数值组合时，在输出端就得到不同的"模拟"电压。不难看出，输出量以 2^{-10} V 递增的，因此，这种数/模转换器的分辨率为 $(U_{REF}/1024)$ V。若 $U_{REF} = 10$ V，则约为 10mV。

另一种常用的八位 D/A 转换器是 0832 型，采用 CMOS 工艺，适合与微机配合，它在倒 T 型电阻网络中，用电流开关切换，以克服模拟开关导通电阻所产生的误差。此外，它还包括两个寄存器，以便于数据的灵活处理。它的内部结构图如图 5-49 所示。

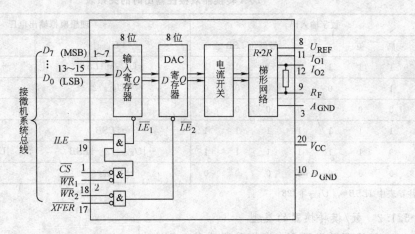

图 5-49 0832DAC 的内部结构图

0832DAC 的各引脚的功能如下：

(1) $\overline{CS}$，为输入片选端，用以控制 $\overline{WR_1}$ 是否起作用。

(2) $\overline{WR_1}$，为第一个写入端，用以使数字量 $D_7 \sim D_0$ 送入输入寄存器中，但必须使 $\overline{CS}$ 和 ILE 均有效。

(3) A_{GND}，为模拟量接地端。

(4)~(7)、(13)~(16) 为 8 个数字量输入端。

(8) U_{REF},为参考电压端,通常用 5V,可正可负。

(9) R_F,外接到运放输出端的反馈电阻端,已制作在芯片内。

(10) D_{GND},为数字量接地端。

(11) I_{01},为第一个电流输出端,当 DAC 寄存器中全为 1 时,I_{01} 为最大;全为 0 时 I_{01} 最小,其输出接运放的反相端。

(12) I_{02},为第二个电流输出端,I_{01} 与 I_{02} 之和为一常数,其值约为 U_{REF} 除以电阻网络的电阻值。

(17) $\overline{XFER}$,为控制数据传送端,用以控制 $\overline{WR_2}$。

(18) $\overline{WR_2}$,为第二个写出端,用以将输入寄存器中的数据传送到 DAC 寄存器中锁存,但必须使 $\overline{XFER}$ 为低电平。

(19) ILE,为输入锁存使能端,用以控制输入锁存信号 WR_i。

(20) V_{CC},为电源电压端,约为 5~15V。

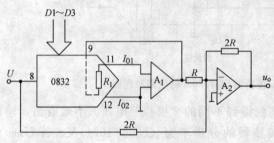

图 5-50 D/A 转换器的双极性输出接法

用户可根据需要,使输出模拟量随数字量的增加而递增,或递减,或全为正值,或全为负值,或正负均有(双极性)。图 5-50 中所示为使输出为双极性的接法,相应的输出与输入关系见表 5-12。

D/A 转换器双极性输出时的关系表   表 5-12

数字输入码								理想模拟输出电压	
高 位							最低位 LSB	$+U_{REF}$	$-U_{REF}$
1	1	1	1	1	1	1	1	$+U_{REF}-1LSB$	$-|U_{REF}|+1LSB$
1	1	0	0	0	0	0	0	$+U_{REF}/2$	$-|U_{REF}|/2$
1	0	0	0	0	0	0	0	0	0
0	1	1	1	1	1	1	1	$-1LSB$	$+1LSB$
0	0	1	1	1	1	1	1	$-|U_{REF}|/2-1LSB$	$|U_{REF}|/2+1LSB$
0	0	0	0	0	0	0	0	$-|U_{REF}|$	$+|U_{REF}|$

注:表中 $1LSB=|U_{REF}|/2^8$

5.1.2 数/模转换器的类型

D/A 转换器种类繁多,若以位数来分,则有:

8 位   如 1408,0800,0832,7524,6081 等。

10 位 如 1210,7520,7522 等。

12 位 如 667、1208、1230、7521、7541 等。

16 位 如 7546、9331 等。

18 位 如 1860 等。

20 位 如 1862 等。

22位 如 ADC100 等。

5.1.3 数/模转换器的主要参数

（1）位数

与 D/A 转换器的分辨率有密切关系，其定义为当输入数字量变化 $1LSB$ 时，输出模拟量的相应变化量。对于一个 8 位的 D/A 转换器，$1LSB$ 占全量程的 1/256，若满量程为 5V，则分辨率为 19.5mV。

（2）建立时间

通常指输入数码变化为满度值（即由全 0 变到全 1，或由全 1 变到全 0）时，其输出达到稳定值的时间。0832 的建立时间约为 $1\mu s$。

（3）输出模拟电流

如 0800，当 $U_{REF}=-5V$ 时，输出电流为 $0\sim 2.1mA$。

（4）参考电压

如 0832，可工作在 $+10\sim 10V$ 之间。

（5）输出逻辑电平

如 0832，可与 TIL 兼容。

（6）温度系数

如 7520，为每度十几万分之几。

（7）非线性度

如 7520，为 0.05% 全量程。

5.2 模/数转换器（A/D）

5.2.1 模/数转换器的工作原理

如前所述，A/D 转换器具有将模拟信号量化为数字信号的功能，它是外界与计算机进行通信的基础。A/D 转换器的类型很多，先介绍数字电压表中所采用的双积分式 A/D 转换器。其结构框图和工作波形图如图 5-51 所示。它的指导思想是，先将电压的高低转换为时间的长短（通称 V/T 转换），然后利用时间的长短去控制送到计数器的脉冲个数，从而实现 A/D 转换。实现 V/T 转换的是利用积分环节。

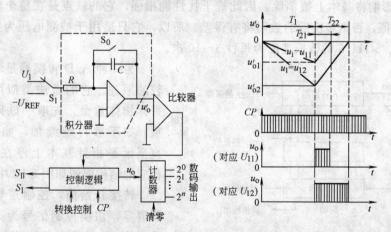

图 5-51 双积分式 A/D 转换器的结构框图和工作波形图

它的工作过程是，转换开始前，先将计数器清零，S_0 闭合，将 C 放电使其两端电压为零。然后将 S_1 合到 u_1，对它进行固定时间为 T_1 的积分，设 u_1 在 T_1 时间内为恒定值，则 u'_o 直线下降，对应于 $u_1=u_{11}$ 时，$u'_o=u'_{o1}$。下一步将 S_1 转接到参考电压 U_{REF} 一侧，此时，u'_o 将上升，经过 T_{21} 的时间后，其值回到零。从图 5-51 中可以看出 T_{21} 与 u'_{o1} 有关，而 u'_{o1} 又与 u_H 有关，可以证明 T_{21} 与 u_H 成正比。若在 T_{21} 的时间内使计数器存储并由 CP 来的脉冲数加以显示，则 u_{11} 的数值即可由数码管的读数得出。同理，若 u_1 值由 u_{11} 升到 u_{12}，则 T_2 的时间由 T_{21} 增至 T_{22}，计数器将记下相应的脉冲。

典型的双积分式 A/D 转换器 5G1443，具有 3（1/2）位的分辨率，即读数可从 1～1999，最高位只能是 0 或 1，而其他位均可从 0～9，故称之为三位半 A/D 转换器。它的结构框图如图 5-52 所示。

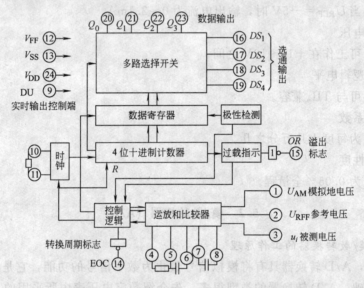

图 5-52　5G1443 三位半 A/D 转换器的结构框图

双积分式 A/D 转换器的优点是，用较少的元器件就可以实现较高的精度（如 3（1/2）位折合 11 位二进制），当固定积分时间 T_1 为对称性干扰周期的整数倍数时，经过积分，干扰的影响将基本上被消除，因此抗干扰性能很强。它的缺点是在整个转换周期内 u_1 应为恒定值，否则转换后的数码将有误差。所以，它只适用于被测电压为直流或变化很慢的场合。5G1443 的转换速度为每秒 3～10 次。

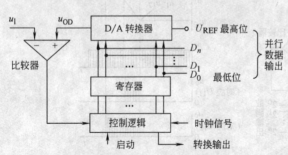

图 5-53　逐次比较式 A/D 转换器的结构框图

另一种 A/D 转换器是利用逐次比较的原理。它的做法类似用砝码和天平称物体重量，先取一砝码看是否够重，如不够再继续加，如过重再减，直至天平指针基本上停在中间位置。相应的结构框图如图 5-53 中所示。

转换开始前，控制逻辑先将寄存器清零，切换控制信号为高电平后开始比较。先将寄存器的最高位置 1，使其输出为 100…000，经 D/A 转换器成为相应的模拟电压 u_{oD} 并与 u_1 比较，如 $u_{oD}>u_1$，则将 1 清除，将次高位置 1 再进行比较，如此时 $u_{oD}<u_1$，则保留次高位的 1 再将下一位置 1 进行比较，依此类推直到最低位为止。比较完毕以后，寄存器所存的数码，就是对应于 u_1 的数字量，可以并行输出。

一个常用的、与微机配合的 A/D 转换器 0809 内部结构如图 5-54 所示。它采用 CMOS 工艺，有 28 个引脚，有 8 个模拟量输入通道，适用于数据采集系统中的巡回检测。

它的工作过程是，先由地址线 (23)~(25) 的逻辑地址组合确定 (1)~(5)、(26)~(28) 8 个模拟输入端中某一路被选中，然后由地址锁存使能端（22）送到相应的输入开关。当在启动端（6）加上正脉冲时，其前沿使逐次渐近寄存器复位，其后沿使寄存器的最高位为 1，

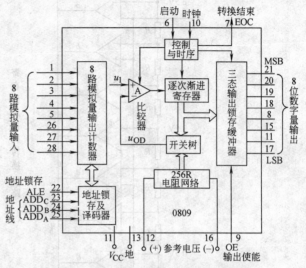

图 5-54　0809 型 A/D 转换器的内部结构图

其余各位均为 0。寄存器有 8 个输出端，每个输出端分别控制一组开关，通过各级开关组成开关树的不同状态，可以确定由 256 个电阻组成的电阻网络中某一个端口被接通，从而把参考电压（12）、（16）经电阻网络的分压值 u_{oD} 送到比较器 A 的反相端与输入电压 u_1 相比较。在上述情况下，u_{oD} 约为参考电压的一半。按前面所述原则，若 $u_{oD}<u_1$，则寄存器最高位保持为 1，再令次高位为 1 进行比较；若比较后 $u_{oD}>D_1$，则令最高位为 0，次高位为 1 进行比较，依此类推逐位比较，直到最末一位。最后，将寄存器中各位的状态经三态输出锁存缓冲器，作为转换后的数字量送到微机的入口。

0809 的时钟需由外部接入，其频率范围为 100kHz～1280kHz（标准值为 640kHz），参考电压标准值为 5V，电源电压为 5V，输出模拟量的范围为 0V～+5V，三态输出为 TTL 电平，可与一般微机兼容，转换误差为 $\pm 1LSB$，转换时间为 100μs。

上述两种 A/D 转换器的转换时间都比较长，双积分型为 100ms 数量级，逐次比较型为 100μs 数量级，都不能满足快速数据采集的要求。为了克服这个缺点，可以采用并联一次比较型的 A/D 转换器。它的指导思想是，将输入模拟量只进行一次比较，即可转换成为数字量。图 5-55 是它的结构框图，由电阻分压器、比较器、寄存器和代码转换器组成。参考电压 u_{REF}（图中设为 7V）经电阻分压后，分别送到每个比较器的反相端，而模拟输入量 u_1 则接到每个比较器的同相端，与之逐一比较，当 u_1 大于分压值时，比较器输出 1，反之则为 0。根据不同的比较器输出组态，再经过寄存器和代码转换器，即可得出相应的数码输出。具体情况见表 5-13。

这种 A/D 转换器的转换速度很快，如 8 位 TDC10071 为 33ns，6 位 AD9006 为 2.1ns。它的缺点是，所用的器件较多，当输出为 8 位时，所需要的比较器和寄存器中的触发器需要 255 个，若为 10 位时则需要 1023 个，因此价格比较昂贵。

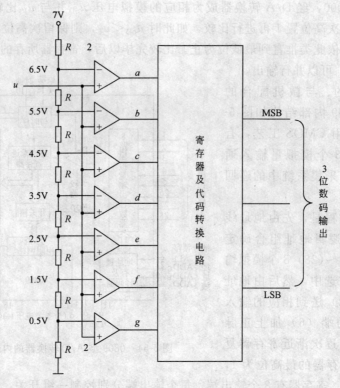

图 5-55 并联一次比较型 A/D 转换器的结构框图

并联一次比较型 A/D 转换器的输出与输入关系　　　　表 5-13

u_1/V	比较器输出							数码输出		
	0	b	c	d	e	f	g	最高位		最低位
0～0.5	0	0	0	0	0	0	0	0	0	0
0.5～1.5	0	0	0	0	0	0	1	0	0	1
1.5～2.5	0	0	0	0	0	1	1	0	1	0
2.5～3.5	0	0	0	0	1	1	1	0	1	1
3.5～4.5	0	0	0	1	1	1	1	1	0	0
4.5～5.5	0	0	1	1	1	1	1	1	0	1
5.5～6.5	0	1	1	1	1	1	1	1	1	0
6.5～7	1	1	1	1	1	1	1	1	1	1

5.2.2 模/数转换器的类型

（1）以位数分

1）8 位　有 ET8B、0801、0802、0803、0804、0808、0809、8703、7570J、0816 等。

2）10 位　有 EK10B、8704、7570L、571 等。

3）10 位或 12 位　有 1210、1211 等。

4）12 位　有 574A、EK12B、7109、8705 等。

5）16 位　有 1143、7701 等。

6）20 位　有 7703 等。

7）22 位　有 1175K 等。

8) 3 (1/2) 位　有 7126、14433 等。

9) 4 (1/2) 位　有 7129、7135、7555、8052 等。

(2) 以转换方式分

1) 双积分型　如 8703、EK8B、14433 等。

2) 逐次比较型　如 574、0804、0809、7570J 等。

3) 并联一次比较型　如 9688、10331（4 位）、9006（6 位）、1007J、9002（8 位）等。

5.2.3　模/数转换器的主要参数

(1) 位数　它与分辨率的关系同 D/A 转换器。

(2) 转换时间　双积分型最慢，约为几十毫秒；并联比较型最快，可达几纳秒；逐次比较型则介于二者之间，约为几十微秒至几百微秒。

(3) 模拟输入范围　对逐次比较型有 0～10V，-10～+10V，-5～+15V，-5～+5V 等规格，对双积分型为 0～10μA。

(4) 电源电压　大多数为 ±5V，0800 系列为 +5V、-12V。

(5) 数字输出方式　有锁存和三态锁存两种。

(6) 模拟输入通道数　0804 为单通道，0809 为 8 通道。

(7) 误差

误差有以下几种：

1) 量化误差。

指将模拟量进行量化后所产生的误差，例如，在表 5-13 中，1.5～2.5V 都转换为同一个数码 010，即量化误差为 1V，约折合 $1LSB$。

2) 零误差。

指将 u_1 由零开始增加到输出码末位由 0 变为 1 的电压与规定电压（表 5-13 中 0.5V）的差别。

3) 满量程误差。

指将 u_1 增加到输出数码全为 1 时的电压与规定电压（表 5-13 中 6.5V）的差别。

4) 线性误差。

指输出数码变动 $1LSB$ 时，相应的 u_1 值变化不等的情况。如表 5-13 中输出数码 000 变到 001 时，相对应的 u_1 变化为 0.5V；而由 001 变到 010 时，相对应的 u_1 变化为 1V。

5) 滞后误差。

指 u_1 增加时所产生的输出数码变化与 u_1 减少时所产生的相同逆向数码变化之间的差别。造成这种现象的原因主要是比较器的滞回特性。

因此，在讨论 A/D 转换器的精确度时，要把这几种误差综合考虑。

5.2.4　选择 A/D 或 D/A 转换器时应注意的问题

(1) 位数。8 位价格的相对说来最便宜，10 位以上就贵得多。

(2) 在整个工作温度范围内，允许的误差是多少。误差常用不同的方式表达。

(3) 满量程读数和最低位对应读数。要注意噪声电平是否比最低位电平还高，如是，则精度难以保证。

(4) A/D 转换器的输入电阻有多大（一般不给出），如太小，则对模拟信号输入不利。

(5) 转换时间需要多长。如为秒级可用双积分型，如要求转换时间更快，则需用并联比较型，但后者价格贵且功耗大。

(6) 时钟是内含有还是需要外接。最高的时钟频率是多少。

(7) 是否需要和微处理器配合。是否属于数字系统的一部分。如是，则接口的配合问题需考虑。

(8) 电网对转换器的干扰是否严重。如是，则应选积分式并使积分时间为电网周期整数倍。

实训课题一 555时基电路及其应用

6.1 实验目的

(1) 熟悉555型集成时基电路结构、工作原理及其特点
(2) 掌握555型集成时基电路的基本应用

6.2 实验原理

集成时基电路又称为集成定时器或555电路，是一种数字、模拟混合型的中规模集成电路，应用十分广泛。它是一种产生时间延迟和多种脉冲信号的电路，由于内部电压标准使用了三个5K电阻，故取名555电路。其电路类型有双极型和CMOS型两大类，二者的结构与工作原理类似。几乎所有的双极型产品型号最后的三位数码都是555或556；所有的CMOS产品型号最后四位数码都是7555或7556，二者的逻辑功能和引脚排列完全相同，易于互换。555和7555是单定时器。556和7556是双定时器。双极型的电源电压$V_{CC}=+5\sim+15V$，输出的最大电流可达200mA，CMOS型的电源电压为$+3\sim+18V$。

(1) 555电路的工作原理

555电路的内部电路方框图如图5-56所示。它含有两个电压比较器，一个基本RS触发器，一个放电开关管T，比较器的参考电压由三只$5k\Omega$的电阻器构成的分压器提供。它们分别使高电平比较器A_1的同相输入端和低电平比较器A_2的反相输入端的参考电平为$\frac{2}{3}U_{CC}$和$\frac{1}{3}U_{CC}$。A_1与A_2的输出端控制RS触发器状态和放电管开关状态。当输入信号自6脚，即高电平触发输入并超过参考电平$\frac{2}{3}U_{CC}$时，触发器复位，555的输出端3脚输出低电平，同时放电开关管导通；当输入信号自2脚输入并低于$\frac{1}{3}U_{CC}$时，触发器置位，555的3脚输出高电平，同时放电开关管截止。

$\overline{R}_D$是复位端（4脚），当$\overline{R}_D=0$，555输出低电平。平时$\overline{R}_D$端开路或接U_{CC}。

V_C是控制电压端（5脚），平时输出$\frac{2}{3}U_{CC}$作为比较器A_1的参考电平，当5脚外接一个输入电压，即改变了比较器的参考电平，从而实现对输出的另一种控制，在不接外加电压时，通常接一个$0.01\mu f$的电容器到地，起滤波作用，以消除外来的干扰，以确保参

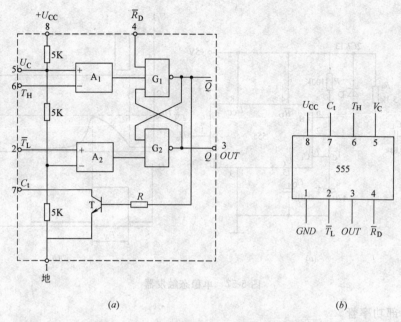

图 5-56 555 定时器内部框图及引脚排列

考电平的稳定。

T 为放电管,当 T 导通时,将给接于脚 7 的电容器提供低阻放电通路。

555 定时器主要是与电阻、电容构成充放电电路,并由两个比较器来检测电容器上的电压,以确定输出电平的高低和放电开关管的通断。这就很方便地构成从微秒到数十分钟的延时电路,可方便地构成单稳态触发器,多谐振荡器,施密特触发器等脉冲产生或波形变换电路。

（2）555 定时器的典型应用

1）构成单稳态触发器。

图 5-57（a）为由 555 定时器和外接定时元件 R、C 构成的单稳态触发器。触发电路由 C_1、R_1、D 构成,其中 D 为钳位二极管,稳态时 555 电路输入端处于电源电平,内部放电开关管 T 导通,输出端 F 输出低电平,当有一个外部负脉冲触发信号经 C_1 加到 2 端。并使 2 端电位瞬时低于 $\frac{1}{3}U_{CC}$,低电平比较器动作,单稳态电路即开始一个暂态过程,电容 C 开始充电,U_C 按指数规律增长。当 U_C 充电到 $\frac{2}{3}U_{CC}$ 时,高电平比较器动作,比较器 A_1 翻转,输出 U_o 从高电平返回低电平,放电开关管 T 重新导通,电容 C 上的电荷很快经放电开关管放电,暂态结束,恢复稳态,为下个触发脉冲的来到作好准备。波形图如图 5-57（b）所示。

暂稳态的持续时间 t_w（即为延时时间）决定于外接元件 R、C 值的大小。

$$t_w = 1.1RC$$

通过改变 R、C 的大小,可使延时时间在几个微秒到几十分钟之间变化。当这种单稳态电路作为计时器时,可直接驱动小型继电器,并可以使用复位端（4 脚）接地的方法来中止暂态,重新计时。此外尚须用一个续流二极管与继电器线圈并接,以防继电器线圈反

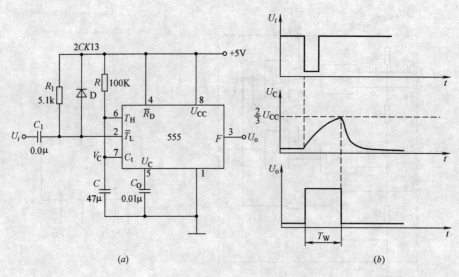

图 5-57 单稳态触发器

电势损坏内部功率管。

2）构成多谐振荡器。

如图 5-58（a）所示，由 555 定时器和外接元件 R_1、R_2、C 构成多谐振荡器，脚 2 与脚 6 直接相连。电路没有稳态，仅存在两个暂稳态，电路亦不需要外加触发信号，利用电源通过 R_1、R_2 向 C 充电，以及 C 通过 R_2 向放电端 C_t 放电，使电路产生振荡。电容 C 在 $\frac{1}{3}U_{CC}$ 和 $\frac{2}{3}U_{CC}$ 之间充电和放电，其波形如图 5-58（b）所示。输出信号的时间参数是：

$$T = t_{w1} + t_{w2}, \quad t_{w1} = 0.7(R_1 + R_2)C, \quad t_{w2} = 0.7 R_2 C$$

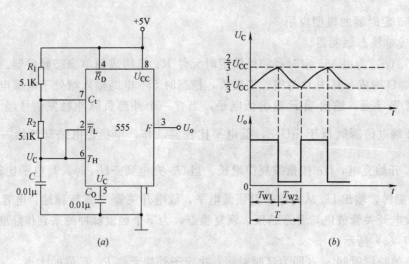

图 5-58 多谐振荡器

555 电路要求 R_1 与 R_2 均应大于或等于 $1\text{k}\Omega$，但 $R_1 + R_2$ 应小于或等于 $3.3\text{M}\Omega$。

外部元件的稳定性决定了多谐振荡器的稳定性，555 定时器配以少量的元件即可获得较高精度的振荡频率和具有较强的功率输出能力。因此这种形式的多谐振荡器应用很广。

3）组成占空比可调的多谐振荡器。

电路如图 5-59 所示，它比图 5-58 所示电路增加了一个电位器和两个导引二极管。D_1、D_2 用来决定电容充、放电电流流经电阻的途径（充电时，D_1 导通，D_2 截止；放电时 D_2 导通，D_1 截止）。

占空比 $P=\dfrac{t_{w1}}{t_{w1}+t_{w2}}\approx\dfrac{0.7R_A C}{0.7C(R_A+R_B)}=\dfrac{R_A}{R_A+R_B}$

可见，若取 $R_A=R_B$ 电路即可输出占空比为 50% 的方波信号。

4）组成占空比连续可调并能调节振荡频率的多谐振荡器。

电路如图 5-60 所示。对 C_1 充电时，充电电流通过 R_1、D_1、R_{W2} 和 R_{W1}；放电时通过 R_{W1}、R_{W2}、D_2、R_2。当 $R_1=R_2$、R_{W2} 调至中心点，因充放电时间基本相等，其占空比约为 50%，此时调节 R_{W1} 仅改变频率，占空比不变。如 R_{W2} 调至偏离中心点，再调节 R_{W1}，不仅振荡频率改变，而且对占空比也有影响。R_{W1} 不变，调节 R_{W2}，仅改变占空比，对频率无影响。因此，当接通电源后，应首先调节 R_{W1} 使频率至规定值，再调节 R_{W2}，以获得需要的占空比。若频率调节的范围比较大，还可以用波段开关改变 C_1 的值。

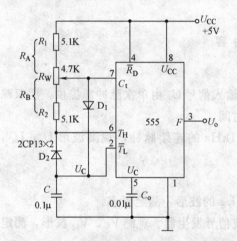

图 5-59　占空比可调的多谐振荡器

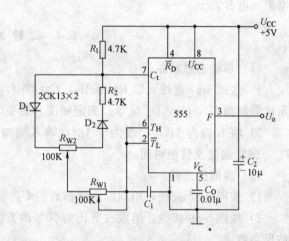

图 5-60　占空比与频率均可调的多谐振荡器

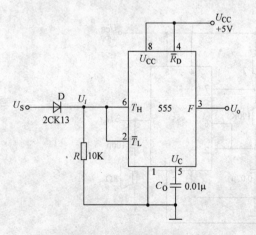

图 5-61　施密特触发器

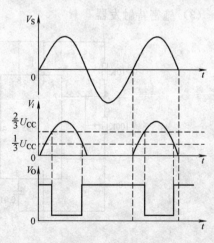

图 5-62　波形变换图

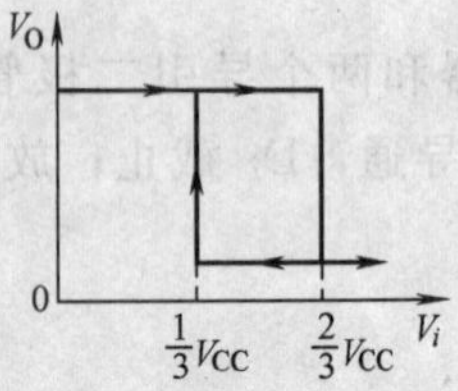

5）组成施密特触发器。

电路如图 5-61，只要将脚 2、6 连在一起作为信号输入端，即得到施密特触发器。图 5-62 示出了 U_S，U_i 和 U_o 的波形图。

设被整形变换的电压为正弦波 U_s，其正半波通过二极管 D 同时加到 555 定时器的 2 脚和 6 脚，得 U_i 为半波整流波形。当 U_i 上升到 $\frac{2}{3}U_{CC}$ 时，U_o 从高电平翻转为低电平；当 U_i 下降到 $\frac{1}{3}U_{CC}$ 时，U_o 又从低电平翻转为高电平。电路的电压传输特性曲线如图 5-63 所示。

图 5-63 电压传输特性

回差电压 $\Delta U = \frac{2}{3}U_{CC} - \frac{1}{3}U_{CC} = \frac{1}{3}U_{CC}$

6.3 实验设备与器件

（1）+5V 直流电源；（2）双踪示波器；（3）连续脉冲源；（4）单次脉冲源；（5）音频信号源；（6）数字频率计；（7）逻辑电平显示器；（8）555×2　2CK13×2，电位器、电阻、电容若干。

6.4 实验内容

（1）单稳态触发器

1）按图 5-57 连线，取 $R=100K$，$C=47\mu f$，输入信号 U_i 由单次脉冲源提供，用双踪示波器观测 U_i，U_C，U_o 波形。测定幅度与暂稳时间。

2）将 R 改为 1K，C 改为 $0.1\mu f$，输入端加 1kHz 的连续脉冲，观测波形 U_i，U_C，U_o，测定幅度及暂稳时间。

（2）多谐振荡器

1）按图 5-58 接线，用双踪示波器观测 U_c 与 U_o 的波形，测定频率。

2）按图 5-59 接线，组成占空比为 50% 的方波信号发生器。观测 V_C、V_O 波形，测定波形参数。

3）按图 5-60 接线，通过调节 R_{W1} 和 R_{W2} 来观测输出波形。

（3）施密特触发器

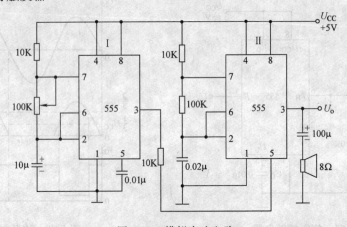

图 5-64　模拟声响电路

按图 5-61 接线，输入信号由音频信号源提供，预先调好 V_S 的频率为 1kHz，接通电源，逐渐加大 V_S 的幅度，观测输出波形，测绘电压传输特性，算出回差电压 ΔU。

(4) 模拟声响电路

按图 5-64 接线，组成两个多谐振荡器，调节定时元件，使Ⅰ输出较低频率，Ⅱ输出较高频率，连好线，接通电源，试听音响效果。调换外接阻容元件，再试听音响效果。

6.5 实验报告

(1) 绘出详细的实验线路图，定量绘出观测到的波形。
(2) 分析、总结实验结果。

实训课题二　数/模、模/数转换器实验

7.1 实验目的

(1) 了解数/模、模/数转换器的基本工作原理和基本结构。
(2) 掌握大规模集成数/模和模/数转换器的功能及其典型应用。

7.2 实验原理

在数字电子技术的很多应用场合往往需要把模拟量转换为数字量，称为模/数转换器（A/D 转换器，简称 ADC）；或把数字量转换成模拟量，称为数/模转换器（D/A 转换器，简称 DAC）。完成这种转换的线路有多种，特别是单片大规模集成 A/D、D/A 转换器问世，为实现上述的转换提供了极大的方便。使用者可借助于手册提供的器件性能指标及典型应用电路，即可正确使用这些器件。本实验将采用大规模集成电路 DAC0832 实现 D/A 转换，ADC0809 实现 A/D 转换。

(1) D/A 转换器 DAC0832

DAC0832 是采用 CMOS 工艺制成的单片电流输出型 8 位数/模转换器。图 5-65 是 DAC0832 的逻辑框图及引脚排列。

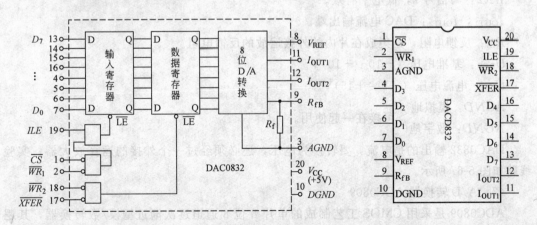

图 5-65　DAC0832 单片 D/A 转换器逻辑框图和引脚排列

器件的核心部分采用倒 T 型电阻网络的 8 位 D/A 转换器,如图 5-66 所示。它是由倒 T 型 $R\sim 2R$ 电阻网络、模拟开关、运算放大器和参考电压 V_{REF} 四部分组成。

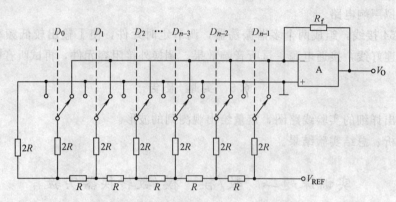

图 5-66 倒 T 型电阻网络 D/A 转换电路

运放的输出电压为:

$$U_o = \frac{U_{REF} \cdot R_f}{2^n R}(D_{n-1} \cdot 2^{n-1} + D_{n-2} \cdot 2^{n-2} + \cdots + D_0 \cdot 2^0)$$

由上式可见,输出电压 U_o 与输入的数字量成正比,这就实现了从数字量到模拟量的转换。

一个 8 位的 D/A 转换器,它有 8 个输入端,每个输入端是 8 位二进制数的一位,有一个模拟输出端,输入可有 $2^8 = 256$ 个不同的二进制组态,输出为 256 个电压之一,即输出电压不是整个电压范围内任意值,而只能是 256 个可能值。

DAC0832 的引脚功能说明如下:

$D_0 \sim D_7$:数字信号输入端。

ILE:输入寄存器允许,高电平有效。

$\overline{CS}$:片选信号,低电平有效。

$\overline{WR}1$:写信号 1,低电平有效。

$\overline{XFER}$:传送控制信号,低电平有效。

$\overline{WR}2$:写信号 2,低电平有效。

I_{OUT1},I_{OUT2}:DAC 电流输出端。

R_{fB}:反馈电阻,是集成在片内的外接运放的反馈电阻。

U_{REF}:基准电压 $(-10\sim +10)V$。

U_{CC}:电源电压 $(+5\sim +15)V$。

AGND:模拟地

NGND:数字地 $\Big\} $可接在一起使用。

DAC0832 输出的是电流,要转换为电压,还必须经过一个外接的运算放大器,实验线路如图 5-67 所示。

(2) A/D 转换器 ADC0809

ADC0809 是采用 CMOS 工艺制成的单片 8 位 8 通道逐次渐近型模/数转换器,其逻辑框图及引脚排列如图 5-68 所示。

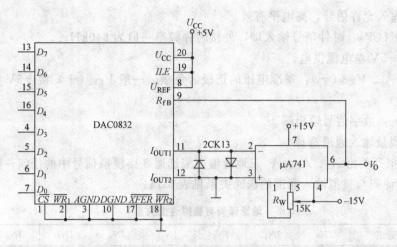

图 5-67 D/A 转换器实验线路

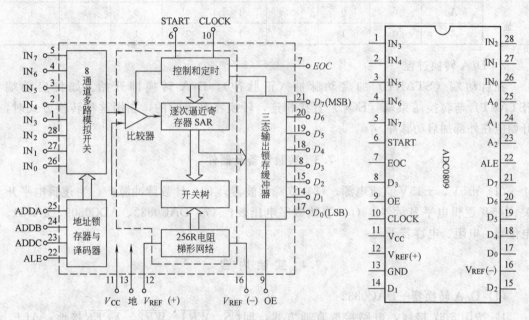

图 5-68 ADC0809 转换器逻辑框图及引脚排列

器件的核心部分是 8 位 A/D 转换器,它由比较器、逐次渐近寄存器、D/A 转换器及控制和定时 5 部分组成。

ADC0809 的引脚功能说明如下:

$IN_0 \sim IN_7$:8 路模拟信号输入端

A_2、A_1、A_0:地址输入端

ALE:地址锁存允许输入信号,在此脚施加正脉冲,上升沿有效,此时锁存地址码,从而选通相应的模拟信号通道,以便进行 A/D 转换。

START:启动信号输入端,应在此脚施加正脉冲,当上升沿到达时,内部逐次逼近寄存器复位,在下降沿到达后,开始 A/D 转换过程。

EOC:转换结束输出信号(转换结束标志),高电平有效。

233

OE：输入允许信号，高电平有效。

CLOCK(CP)：时钟信号输入端，外接时钟频率一般为 640kHz。

U_{CC}：+5V 单电源供电。

$U_{REF}(+)$、$V_{REF}(-)$：基准电压的正极、负极。一般 $V_{REF}(+)$ 接 +5V 电源，$V_{REF}(-)$ 接地。

$D_7 \sim D_0$：数字信号输出端。

1) 模拟量输入通道选择

8 路模拟开关由 A_2、A_1、A_0 三地址输入端选通 8 路模拟信号中的任何一路进行 A/D 转换，地址译码与模拟输入通道的选通关系见表 5-14。

地址译码与模拟通道关系　　　　　表 5-14

被选模拟通道		IN_0	IN_1	IN_2	IN_3	IN_4	IN_5	IN_6	IN_7
地址	A_2	0	0	0	0	1	1	1	1
	A_1	0	0	1	1	0	0	1	1
	A_0	0	1	0	1	0	1	0	1

2) D/A 转换过程

在启动端（START）加启动脉冲（正脉冲），D/A 转换即开始。如将启动端（START）与转换结束端（EOC）直接相连，转换将是连续的，在用这种转换方式时，开始应在外部加启动脉冲。

7.3　实验设备及器件

(1) +5V、±15V 直流电源；(2) 双踪示波器；(3) 计数脉冲源；(4) 逻辑电平开关；(5) 逻辑电平显示器；(6) 直流数字电压表；(7) DAC0832、ADC0809、μA741、电位器、电阻、电容若干。

7.4　实验内容

(1) D/A 转换器—DAC0832

1) 按图 5-67 接线，电路接成直通方式，即 $\overline{CS}$、$\overline{WR1}$、$\overline{WR2}$、$\overline{XFER}$ 接地；ALE、U_{CC}、U_{REF} 接 +5V 电源；运放电源接 ±15V；$D_0 \sim D_7$ 接逻辑开关的输出插口，输出端 U_O 接直流数字电压表。

2) 调零，令 $D_0 \sim D_7$ 全置零，调节运放的电位器使 μA741 输出为零。

3) 按表 5-15 所列的输入数字信号，用数字电压表测量运放的输出电压 U_O，并将测量结果填入表中，并与理论值进行比较。

(2) A/D 转换器—ADC0809

按图 5-69 接线。

1) 八路输入模拟信号 1～4.5V，由 +5V 电源经电阻 R 分压组成；变换结果 $D_0 \sim D_7$ 接逻辑电平显示器输入插口，CP 时钟脉冲由计数脉冲源提供，取 $f=100kHz$；$A_0 \sim A_2$ 地址端接逻辑电平输出插口。

2) 接通电源后，在启动端（START）加一正单次脉冲，下降沿一到即开始 A/D 转换。

输入数字信号与输出模拟量   表 5-15

D_7	D_6	D_5	D_4	D_3	D_2	D_1	D_0	输出模拟量 U_o(V) $U_{CC}=+5V$
0	0	0	0	0	0	0	0	
0	0	0	0	0	0	0	1	
0	0	0	0	0	0	1	0	
0	0	0	0	0	1	0	0	
0	0	0	0	1	0	0	0	
0	0	0	1	0	0	0	0	
0	0	1	0	0	0	0	0	
0	1	0	0	0	0	0	0	
1	0	0	0	0	0	0	0	
1	1	1	1	1	1	1	1	

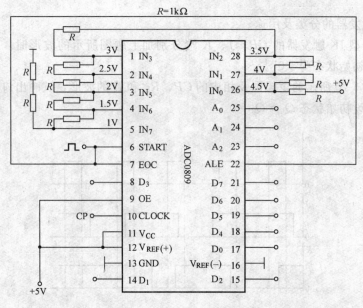

图 5-69 ADC0809 实验线路

3)按表 5-16 的要求观察,记录 $IN_0 \sim IN_7$ 八路模拟信号的转换结果,并将转换结果换算成十进制数表示的电压值,并与数字电压表实测的各路输入电压值进行比较,分析误差原因。

模拟信号转换   表 5-16

被选模拟通道 IN	输入模拟量 v_i(V)	地 址			输 出 数 字 量								十进制
		A_2	A_1	A_0	D_7	D_6	D_5	D_4	D_3	D_2	D_1	D_0	
IN_0	4.5	0	0	0									
IN_1	4.0	0	0	1									
IN_2	3.5	0	1	0									
IN_3	3.0	0	1	1									
IN_4	2.5	1	0	0									
IN_5	2.0	1	0	1									
IN_6	1.5	1	1	0									
IN_7	1.0	1	1	1									

7.5 实验预习要求

(1) 复习 A/D、D/A 转换的工作原理。
(2) 熟悉 ADC0809、DAC0832 各引脚功能，使用方法。
(3) 绘好完整的实验线路和所需的实验记录表格。
(4) 拟定各个实验内容的具体实验方案。

7.6 实验报告

整理实验数据，分析实验结果。

思考题与习题

1. 说明触发器的分类及用途。
2. 当主从型 JK 触发器的 CP、J、K 端分别加上题图所示的波形时，试画出口端的输出波形。设初始状态为"0"。
3. 根据图 5-70 所示的逻辑图及相应的 CP、R_D 和 D 的波形，试画出口 Q_1 端和 Q_2 端的输出波形，设初始状态 $Q_1=Q_2=0$。

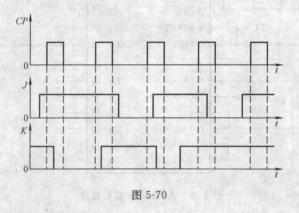

图 5-70

4. 说明时序逻辑电路的用途。
5. 说明半导体存储器的分类及用途。
6. 说明 555 定时器的用途。
7. 图 5-71 是一个防盗报警电路，a、b 两端被一细铜丝接通，此铜丝置于窃者必经之处。当盗窃者闯入室内将铜丝碰断后，扬声器即发出报警声（扬声器电压为 1.2V，通过电流为 40mA）。(1) 试问：555 定时器接成何种电路？(2) 说明本报警电路的工作原理。
8. 图 5-72 是照明灯自动点熄电路，白天让照明灯自动熄灭；夜晚自动点亮。图中 R 是 2CU2B 光敏电阻，当受光照射时，电阻变小；当无光照或光照微弱时，电阻增大。试说明其工作原理。
9. 说明半导体存储器的分类及用途。
10. 如何正确选择存储器？
11. 说明 D/A、A/D 转换器的用途。

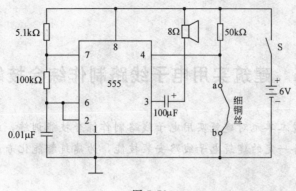

图 5-71

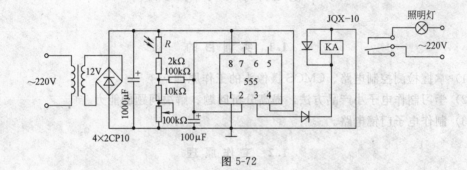

图 5-72

单元 6　建筑实用电子线路制作综合技能训练

教学目标：通过本单元对建筑实用电子线路制作综合技能训练，以了解智能建筑的一般电子电器，并具备一定的建筑电子线路安装技能，为建筑智能化专业后续课程的学习打好基础。

实训课题一　电子门镜制作

1.1　实训目的

（1）掌握检测控制电路、CMOS 摄像头的工作原理。
（2）学习制作电子小产品方法，提高分析问题、解决问题的能力。
（3）制作电子门镜电路。

1.2　工作原理

猫眼式门庭监视器，主要包括敲门检测控制电路、CMOS 摄像头以及其配接电路，监视器及其改制配接电路和电源供给电路等部分。其中 CMOS 单板摄像头与监视器均可购得成品，它们只须经过有机的配接即可，其重点制作的部分是敲门检测控制电路和电源供给电路。

图 6-1 为敲门检测控制电路，压电陶瓷片 HTD 将敲门声信号转换成电信号，然后经与非门 F_1、F_2 及其外围元件构成的线性放大器放大，触发由 F_3、F_4 组成的单稳态延时电路，再由 BG2 推动继电器 J 开启摄像头和监视器工作开关。其中 R_9、LED 为敲门检测电路的工作指示，RP_1 为敲门触发灵敏度调节电位器，R_4、C_4 决定了打开 CCD 摄像头与监视器后的工作延迟时间，电路中的 R_1、R_2 为与非门直流负反馈电阻，通过 C_1 滤除交流成分而获得了该级的稳定偏置；另为免除开关门时的振动使敲门检测电路误动作，利

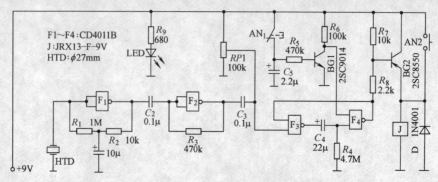

图 6-1　敲门检测控制电路

用常开开关 AN_1、C_5、BG_1 等构成闭锁电路，开门时 AN_1 闭合，C_5 上的电压使 BG_1 导通，门 F_4 输入端被低电平封锁，反之关门时 C_5 上的电压仍能维持 BG_1 的导通，使这时的任何声振动不会影响后续电路的状态；另一方面为使门关着时家人也能控制摄像机与监视器工作，增加了开关 AN_2。

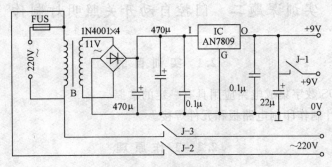

图 6-2　电源控制电路

图 6-2 为电源控制电路，市电经变压器 B 降压、二极管桥式整流、电容滤波和三端稳压器 1C 输出 +9V 的直流电，其输出直接供图 6-1 电路正常工作，另外由继电器 J 的触点 J—1 与摄像机及其配接电路联动供电，同时继电器的控制触点 J—2、J—3 向监视器提供交流电。

图 6-3 是单板摄像头的配接电路图。大多数不带音频输出的 CMOS 摄像头组件，都有三根引出线，即由红黑线引出的电源正负极和由黄线引出的视频输出端。视频端一般输出峰峰值电压为 1.0V，输出阻抗

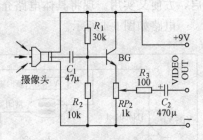

图 6-3　摄像头的配接电路图

75Ω，为隔离摄像头输出电路与监视器的 S 端输入，增加了由射极跟随器组成的阻抗隔离与变换电路是必要的，其输出由带插头的同轴电缆线连至监视器。

1.3　元件选择

CMOS 单板摄像头一般为带镜头的一体化器件，也可选用型号为 MTV—858—1/3 的针孔型 CCD 摄像头，其解像度均达 380 线以上，该镜头都具有自动快门，焦距 F3.6mm，摄取角度 92°，其低照度为 $0.2L_x$，若配合红外射灯还可进行夜视摄像，工作供电为 +12V(±3V)，其供电电流为 130~180mA。监视器可选用 5.5 英寸的显示器。

电源控制电路中的 B 选取功耗 3W、次级为 11~13V 的小型电源变压器；F_1~F_4 由一片 CD4011 担任；压电片 HTD 应选直径 27mm 以上的，并为之加装助声腔集声；继电器 J 可选用带三组常开控制触点的 JRX13—F (9V) 型继电器，若摄像头及其配接电路能够直接由监视器供电，则可省去继电器的一组控制触点 J—1，但其工作电压应满足摄像头的要求；图 6-1 电路中 BG_1、BG_2 的漏电电流要小，BG_2 最好选用中功率管；其他元件无特殊要求，可照图选择。

1.4　调试制作

根据电路原理图将元器件焊接安装在印制电路板上，装配与接线无误后。可通电调节

敲门检测电路中的 RP_1，使敲门触发灵敏度较高即可。然后调节摄像头与监视器匹配电路中的 RP_2，使输出电平适合监视器正常显示即可。安装时，可将单板摄像头置于门庭的 1.2m 高处位置，若有原"猫眼"洞，最好安装在原来位置。

实训课题二　门控自动开关照明灯制作

2.1　实训目的

（1）对 CMOS 数字集成电路应用具有一定的掌握。
（2）练习设计制作印制电路板和元件焊接。

2.2　工作原理

黑夜进入室内时，摸寻照明灯开关很不方便。为此，制作由房门开启控制的门厅照明灯控制电路，并具有延时自动关闭、光控封锁等功能，可以在白天自动封锁门厅灯的开启，方便又实用。现将具体电路介绍如下。

电路如图 6-4 所示。

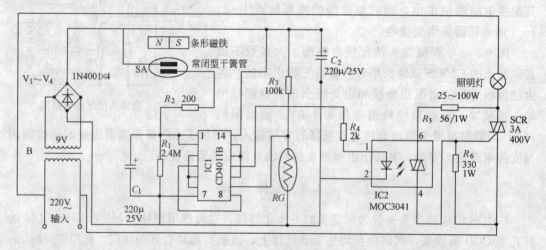

图 6-4　电路原理图

该自动开关采用了一片 CMOS 数字集成电路 IC_1，CD4011B 和一只光电耦合过零触发型双向可控硅 IC_2（因 IC_1 带载能力太小，所以用 IC_2 来增大驱动能力）组成光电隔离的控制电路。IC_1 为 4 与非门电路，如图 6-5 所示。

其中，YF_1 用于延时控制；YF_2 接成反相器；YF_3 同外接的光敏电阻 RG 等元件，构成了光线检测控制电路；YF_4 接成反相器，其输出经 R_4 至 IC_2（MOC3041）以控制双向可控硅 SCR 的导通与截止，SCR 直接控制着门厅的照明灯。SA 为常闭型干簧管，与 R_1、R_2、C_1 及 YF_1 的输入电阻组成了充、放电回路。干簧管 SA 及全部电路均安装固定在房门的门框上（根据需要，也可只将 SA 固定在门框上，用导线将其接入置于别处的主电路上），在房门上，安装固定一只条形磁铁，并与 SA 相对应，以构成磁控式开关电路。在正常情况下，输入的 220V 交流市电经变压器 B 降压，$V_1 \sim V_4$ 组成的桥式整流器整流，

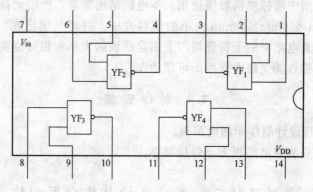

图 6-5 4 与非门电路

C_2 滤波后输出约 10V 的直流电压为 IC_1 供电。当门关闭时，由于安装在门框上的干簧管 SA 受到固定在门上的磁铁磁力的作用，其常闭接点处于断开状态，YF_1 输入端经 R_1 接低电平，输出则为高电平，YF_2 输出为低电平，YF_3 输出为高电平，YF_4 输出为低电平，使 IC_2 中的发光二极管及双向可控硅截止，SCR 不能导通，照明灯不亮，电路处于关闭状态；当夜晚打开房门时，门上固定的磁铁就会随门一起远离门框上固定的干簧管，SA 因失去磁力作用而恢复常闭状态。此时，+10V 电源经 R_2 向 C_1 充电，由于 R_2 阻值较小，可使 C_1 快速充电，致使 YF_1 输出变为低电平，经 $YF_2 \sim YF_4$ 的作用后，YF_4 输出的高电平通过 R_4 驱动 IC_2 内部的发光二极管发光，从而触发光耦双向可控硅导通，SCR 也随之导通，照明灯点亮。当房门关闭后，门上的磁铁又恢复对 SA 的作用，常闭接点受磁力作用而断开，此时 C_1 由于充有电荷，因而能继续使 YF_1 保持高电平输入，电路进入延时工作状态，照明灯仍处于开启状态。这时，C_1 经 R_1 及 YF_1 的输入端电阻放电，经一定时间后，C_1 两端电压降至 YF_1 的转换电压以下时，YF_1 输出变为高电平，经 $YF_2 \sim YF_4$ 后输出为低电平，光耦双向可控硅又截止，SCR 也随之截止，照明灯熄灭，又回到初始加电的工作状态。再次开门时，电路将自动重复上述的工作过程。当在白天时，由于 RG 受光照射，其阻值较小，与 R_3 串联分压后，使 YF_3 的控制输入端为低电平，则 YF_3 门被关闭。此时无论 YF_1、YF_2 输出状态如何，YF_3 均保持输出高电平，使 YF_4 保持输出低电平，照明灯则不受门的控制而开启，电路被光控封锁。而在夜晚时，因环境光线较低，RG 阻值较大，约为 $1M\Omega$，与 R_3 串联分压后，使 YF_3 的控制输入端为高电位，则 YF_3 门开启，故光控封锁被自动解除，电路便处于待触发的工作状态。

2.3 元器件选择

电路中主要元器件的规格型号如图 6-4 所标注。其中 IC_2 选用型号为 MOC3041 的光电耦合过零双向可控硅；SCR 的耐压要大于 400V，功率则可根据所需要控制的照明灯的功率大小而定；RG 选用亮阻在 10k 左右、暗阻在 $1M\Omega$ 左右的光敏电阻；SA 选用灵敏度较高且具有常闭接点的小型干簧管；桥式整流器可用小型桥堆，也可使用四只 1N4001 二极管连接而成；变压器 B 选用输入为 220V、输出为 9V、功率为 3W 的小型电源变压器即可；由于 CMOS 电路输入端阻抗远远大于 R_1 的阻值，故本电路的延时时间主要由 C_1 的容量和 R_1 的阻值大小所决定，具体数值可根据所需要的延时时间来确定。其余阻容元件无特殊要求,可按图中所标规格数值选用。本电路结构简单,所用元器件较少,整个电路可装在一个 100mm×70mm×50mm 大小的塑料盒中。并将其固定在门框的适当位置上。在实际安装时应注意电路中的干簧管与门上固定磁铁的大小和相对位置必须匹配,以保证房门关闭时干簧管接点能受磁力作用而可靠动作。

2.4 制作安装

根据图 6-1 原理设计制作印制电路板。

将元件按要求安装在电路板上,焊接可靠。

实训课题三 声、光控电路应用制作

3.1 实训目的

(1) 掌握声、光控照明电路的工作原理。

(2) 学习制作电子小产品方法,提高分析问题、解决问题的能力。

(3) 制作并调试声光控照明控制电路。

3.2 电路功能及工作原理

声、光控电路是目前应用非常广泛的一种自动控制电路,广泛应用于楼梯照明灯的自动控制。当光线照度较强或无声音时照明灯不亮,只有光线较暗,且声音较强时,照明灯才会发光,应用非常方便。

声、光控电路原理如图 6-6 所示。

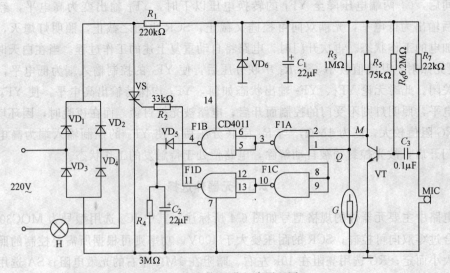

图 6-6 声光控照明电路原理图

图示电路中,220V 市电经二极管 $VD_1 \sim VD_4$ 整流电路整流,R_1、VD_6、C_1 组成 +9V 稳压滤波电路,三极管 VT 从 R_5 获得正向偏置。

当有较强的光线照射到光敏电阻 G 上时,G 阻值变小,Q 点处于低电位,加到与非门

F1A 的一个输入端 1 脚，此时不管 2 脚输入为什么电平，其输出端均为高电平，F1B 则输出低电平。此时，8、9 脚输入低电平，F1C 输出高电平，于是 F1D 输出低电平，因此晶闸管 VS 是关断的，电灯 H 不亮。

当光线较弱时，G 阻值增大，近似于断开状态，于是 Q 点为高电位。但如果没有声音信号，驻极体话筒阻值较大，VT 的基极电位较高，VT 呈导通状态，则 M 点仍处于低电位，所以 F1A 仍输出高电平，电灯 H 仍然不亮。只有光线较弱，且有声音信号存在时，声音信号使话筒 MIC 产生电信号。此信号经 C_3 耦合到三极管 VT 的基极，使 VT 瞬时截止，M 点迅速变成高电位。这时，M、Q 两点均处于高电位，使得 F1A 输出端为低电位，F1B 输出高电位，使二极管 VD_5 导通，C_2 迅速充电；与此同时，F1C 输入高电平，输出低电平，F1D 输出高电平，VS 经 R_2 获得高电位而导通，电灯 H 点亮。

一般声音信号存在时间较短，所以 VT 的截止时间也较短。但灯 H 应有一定的点亮时间，这就需要一定的时间延迟，其工作过程是：当声音信号消失后，M 点恢复到低电平状态，于是 F1A 输出高电平，F1B 输出低电平，VD_5 截止。这时充足了电的 C_2 开始时仍有电压，其高电位加到 F1C 输入端，使 F1C 输出低电平，F1D 输出高电平，使 VS 导通，H 继续点燃；同时 C_2 通过 R_4 放电，随着时间的推移，C_2 两端的电压逐渐降低，当低到一定电平时，促使 F1C 输出高电平，VS 立即关断，从而使电灯 H 熄灭。

3.3　元器件选用及测试

常用电子元器件的判别、测试，在本书前面章节已有介绍，下面只详细介绍在本节中用到的两种电子元器件。

(1) 驻极体话筒

驻极体话筒由于体积小、结构简单、价格低廉，近年来得到了广泛应用。驻极体话筒属于电容式话筒的一种，它是在电容器金属极板之间加上一层驻极体薄膜，作为电介质。当薄膜受声波作用而振动时，就引起电容量的变化，并在极板上产生电荷。如果施以直流电源电压，即可输出音频信号，实现声—电转换。其使用寿命可达几年至几十年。用万用表检查驻极体话筒的方法如下：选择 R×100 档，将黑表笔接话筒正极，红表笔接负极，然后正对着话筒吹一口气，表针应作大幅度摆动，假如表针不动，可在交换表笔位置后重新试验。若表针仍然不动，说明话筒已经损坏；摆动幅度很小，表明话筒灵敏度低。

(2) CD40114/2 输入与非门

它为 4 组 2 输入端与非门，属 CMOS 电路，电源电压可取 3～18V，在使用过程中须注意其使用方法。

3.4　电路的安装调试

(1) 电路焊接

根据声、光控照明电路电路图及印制电路板图，进行各种元器件的插装及焊接。在各种元器件的插装及焊接中，除了驻极体话筒焊在线路板焊接面中、光敏电阻将其管腿预留较长部分焊好，并将其反转至线路板焊接面外，其余元器件均按常规插装、焊接。

(2) 调试

焊接完毕，检查无误后，即可检查本装置工作是否正常。检查时，可在晚上或用黑色绝缘胶布将光敏电阻遮挡后进行。将声、光控照明电路接入220V市电，给出一个声音信号，看电灯是否能点亮，并能在延迟一段时间后熄灭，若能，则证明该电路一切正常。

在本装置中，延迟时间的长短取决于电阻器 R_4 和电容器 C_2 的乘积，即 $\tau = R_4 \times C_2$。

当电阻器 R_4 阻值一定时，适当增大或减小 C_2 的容量，即可延长或缩短延迟时间。

当电容器 C_2 容量一定时，适当增大或减小 R_4 的阻值，同样可延长或缩短延迟时间，如表 6-1 所示。

照明电路延时时间　　　　表 6-1

C_2 容量	延迟时间（$R_4=3\mathrm{M}\Omega$ 时）	R_4 阻值	延迟时间（$C_2=22\mu\mathrm{F}$ 时）
4.7μF	15s	500kΩ	10s
10μF	30s	1MΩ	20s
22μF	60s	3MΩ	60s
47μF	150s	6MΩ	130s
100μF	300s	12MΩ	260s

在本电路中，驻极体话筒 MIC 灵敏度由 R_7 调整，适当调整 R_7，可改变 MIC 的灵敏度。当 $R_7=22\mathrm{k}\Omega$ 时，有效距离在 10m 左右，就可以使电灯 H 亮。若将 R_7 改为 44kΩ，有效距离将缩短至 5m 左右。

(3) 常见故障检查与维修

接入电源后，如果灯不能点亮，则应检查电路。首先应检查整个电路，看各管脚有无虚焊，有无连焊；其次应该检查 $VD_1 \sim VD_4$ 和 C_1，因为这些元件直接和 220V 市电相连，要查看它们是否被击穿；最后检查除 IC 外的其他外围电路，看有无击穿和损坏，若有，应将其用好的元器件替换。

由于 IC 易损坏，在焊接 IC 时，最好先在线路板上焊上集成电路管座，整个电路焊接完毕后，再将 IC 直接插装在管座上，如果 IC 有损坏，可直接用镊子拔下，更换新的即可。

(4) 总装

整个电路焊接、调试完成后，可将其安装在大小适中的、用绝缘材料制作的机壳中，将光敏电阻从机壳面板的小方孔中伸出。驻极体话筒 MIC 紧贴在机壳面板正面稍低于光敏电阻下方的小圆孔中，在话筒口径范围内适当开若干个小孔，用于透声。

线路板用固定螺丝直接固定在机壳上，外面再罩上外壳用于绝缘。注意，用于固定的螺丝一定不能与壳内电路板及元器件相碰，以免造成事故。

由于该装置与 220V 市电有直接联系，故要特别注意绝缘问题，绝不能用铝、铁等导电材料制成的外壳。

3.5 安装元器件清单

声、光控照明电路元器件清单见表 6-2。

声、光控照明电路元器件清单　　　　　表 6-2

符号	名称	规格	符号	名称	规格
R_1	电阻	RJX-0.125W, 220kΩ	C_3	电容	0.1μF/60V
R_2	电阻	RJX-0.125W, 33kΩ	$VD_1 \sim VD_5$	二极管	1N4007
R_3	电阻	RJX-0.125W, 1MΩ	VD_6	二极管	2CW16
R_4	电阻	RJX-0.125W, 3MΩ	VT	三极管	9014
R_5	电阻	RJX-0.125W, 75kΩ	VS	单向晶闸管	944
R_6	电阻	RJX-0.125W, 6.2MΩ	G	光敏电阻	MG44
R_7	电阻	RJX-0.125W, 22kΩ	NIC	驻极体话筒	CZN17
C_1, C_2	电容	22μF/50V	IC_1	集成电路	CC4011 或 CD4011

主要参考文献

1. 孟贵华. 电子技术工艺基础. 北京：电子工业出版社，2005
2. 梁华. 建筑弱电工程设计手册. 北京：中国建筑工业出版社，1998
3. 秦增煌. 电工学. 北京：高等教育出版社，1985
4. 张洪润. 电子线路与电子技术. 北京：清华大学出版社，2005
5. 梁廷贵. 现代集成电路实用手册. 北京：科学技术文献出版社，2002
6. 白淑珍. 电子技术基础. 北京：电子工业出版社，2004